U0238094

全球城镇化水问题丛书

城市地下水管理高级仿真与建模
UGROW

[塞尔维亚/英国]Dubravka Pokrajac(杜布拉夫卡·波克拉贾克)
[加拿大]Ken Howard(肯·霍华德) 编

郭晓晨 雷晓辉 穆祥鹏 廖卫红 马景胜 等 译

图书在版编目（CIP）数据

城市地下水管理高级仿真与建模——UGROW / (英)波克拉贾克，(加)霍华德编；郭晓晨等译. -- 北京：中国水利水电出版社，2015.5
（全球城镇化水问题丛书）
书名原文：Advanced Simulation and Modelling for Urban Groundwater Management - UGROW
ISBN 978-7-5170-2893-2

Ⅰ. ①城… Ⅱ. ①波… ②霍… ③郭… Ⅲ. ①城市用水－地下水资源－水资源管理－仿真模型 Ⅳ. ①TU991.31

中国版本图书馆CIP数据核字(2015)第097344号

书　　名	全球城镇化水问题丛书 **城市地下水管理高级仿真与建模——UGROW**
原 书 名	Advanced Simulation and Modelling for Urban Groundwater Management-UGROW
编　　者	[塞尔维亚/英国] Dubravka Pokrajac（杜布拉夫卡·波克拉贾克） [加拿大] Ken Howard（肯·霍华德）
译　　者	郭晓晨　雷晓辉　穆祥鹏　廖卫红　马景胜 等
出版发行	中国水利水电出版社 （北京市海淀区玉渊潭南路1号D座　100038） 网址：www.waterpub.com.cn E-mail：sales@waterpub.com.cn 电话：(010) 68367658（发行部）
经　　售	北京科水图书销售中心（零售） 电话：(010) 88383994、63202643、68545874 全国各地新华书店和相关出版物销售网点
排　　版	中国水利水电出版社微机排版中心
印　　刷	北京嘉恒彩色印刷有限责任公司
规　　格	170mm×230mm　16开本　14.75印张　217千字　14插页
版　　次	2015年5月第1版　2015年5月第1次印刷
印　　数	0001—1000册
定　　价	**58.00**元

全球城镇化水问题丛书

专家委员会

（排名不分先后）

译 者 序

城市地区是世界经济的动力引擎，其长期可持续发展的能力在很大程度上依赖于充足的水供给。对此，建立整个城市水循环的数值模拟模型，揭示城市地下水和地表水的交互作用机理，优化利用各种水资源，应成为城市发展的一个主题。

我国目前有2/3的城市以地下水作为主要的供水水源。近年来，随着城市化进程的加快、城市人口的增长以及经济的发展，水资源供需矛盾突出，大大增加了城市对地下水资源的开采，同时人们对地下水资源认识的不足和开发利用的不当，导致了令人触目惊心的地下水问题。突出表现在过度开采引起的水位下降、地面沉降、海水入侵等地质危害，以及污染状况严重引起的疾病流行、可供水量减少。并且在我国已经造成了巨大危害。如果可用地下水资源受到严重的污染，会导致可供水源的缺乏，严重制约城市经济的发展和社会的进步。但是为了维持城市的正常运转，人们不得不花费人力、物力和财力寻找新的水源。我们必须对此予以高度重视，采取有效措施以促进城市地下水资源合理开发、利用和保护。因此，需要借助城市水系统数值模拟技术的进步，研究地下含水层中水体的运动以及被污染的地下水中污染物的迁移情况。从而，揭示地下水、城市供水系统、城市排水系统、城市地表径流系统之间的相互作用机理，提出解决这些问题的具体措施。

UGROW是目前最先进的城市水管理建模工具之一，它完全集成了包括城市地下水在内的所有城市水系统模拟组件。UGROW的应用能够显著提高人们对城市水系统中各组件之间相互作用的认识水平，对城市水问题的决策作出必要的支撑，解决广泛存在的城市水问题。UGROW建立在坚实的科学基础上，具有高效的计算效率和杰出的图形界面支持。UGROW是作为联合国教科文组织国际水文计划第六阶段（IHP－Ⅵ）项目的一部分开发的，基于城市水环境的需求进行了测试和改进。

本书中提出的概念和新的想法，将对城市水管理者、政策决策者以及我国从事相关专业的科研工作者都有巨大的价值。本书的翻译，是促进城市水资源可持续管理科学知识的一大贡献，将有助于更好地理解城市水系统之间的相互作用关系，在整体上优化城市水资源的配置，更好地管理城市区域的地下水资源。

本书第1章详细介绍了城市地下水管理中存在的问题，地下水系统独特的水文地质特点，城市典型含水层模型的挑战，以及城市地区地下水数值模拟技术的现状；第2章介绍了UGROW模型的基本概念，模型算法及应用，地下水模型的模拟过程（包括：非饱和土中的水运动、地表径流、用户界面），以及模型应用中的模型率定、不确定性分析和灵敏度分析；第3章对3个典型案例进行了详细介绍，对数值模拟结果进行了分析和总结，并给出了解决措施；第4章对本书进行了总结，并对UGROW的未来发展进行了展望。

本书的翻译工作由郭晓晨总体组织，并负责译稿的整理和校核工作。参与该书翻译工作的还有：郭晓晨、雷晓辉、穆祥鹏、廖为红、马景胜、郭春生。此外，水利部海河水利委员会王道坦、国务院南水北调工程建设委员会办公室张晶、水利部水资源管理中心万毅、雅砻江流域水电开发有限公司张东明、水利部水文局董秀颖也参与了部分章节的翻译、校译工作。

本书的出版工作得到了国家自然科学基金面上项目"基于延迟微分方程的明渠输水预测控制方法研究"（51079161）、水利部公益性行业科研专项经费项目"地下水开发与绿洲安全用水关键技术研究"（201301102）、国家科技重大专项课题"水质水量调控与应急处置关键技术研究与运行示范"（2012ZX07205－005）等项目的资助，在此一并感谢。

由于译者水平所限，译文中难免有错漏和不足之处，敬请读者批评指正。

译者

2014年10月

原　著　序

地下水是储量最大的可用淡水资源，为人类提供了可靠的饮用水源。当今，世界上大部分城市人口以地下水为饮用水。一般情况下，地下水水质比地表水好，仅需要适度处理即可直接作为饮用水。由于地下水资源容易开发且成本相对较低，在世界范围内，被广泛应用于生活、工业和农业用水。因为地下水水质良好，而且在城市水循环中能够减轻干旱，对城市水系统影响方面有着重要作用，人们广泛认识到地下水的重要性。然而，由于过度开采和污染导致地下水水质退化，使得大部分城市及周边地区的地下水资源受到威胁。

编写本书的目的是使用模拟和仿真工具促进城市地下水资源的有效管理，以更好地了解地下水与城市水系统的相互作用。本书介绍了一种模拟和仿真工具——UGROW，是迄今为止最先进的城市地下水模拟系统，它集成了所有的城市水系统单元。UGROW 技术以支持城市水管理决策为目标，并通过研究不同的城市地下水案例进行了测试。

为更好地推动城市地下水资源管理，联合国教科文组织国际水文计划第六阶段（IHP－Ⅵ，2002—2007 年）开展了一项针对城市地下水模拟的项目。该项目得到了由城市地下水专家、水文地质专家和建模专家组成的专家组的支持，通过一系列的研讨会，最终实现了本书的出版。英国阿伯丁大学的 Dubravka Pokrajac 以及加拿大多伦多大学的 Ken W. F. Howard 是本书的编辑和主要撰稿人，他们的贡献对于本书的出版是不可缺少的，在此对他们表示诚挚的感谢。

作为联合国教科文组织国际水文计划城市水系列丛书之一，本书是在国际水文计划城市水管理项目负责人、国际水文计划副秘书长 J. Alberto Tejada-Guibert 以及联合国教科文组织国际水文计划城市水管理和水质专家 Sarantuyaa Zandaryaa 的主持和协调下筹备出版的。作为该系列丛书的联合主编，他们为本书出版所作的努力是至关重要的。同时也要感谢另一位联合主编，英国帝国理工的Čedo Maksimović。

联合国教科文组织感谢所有撰稿人的突出贡献。相信，在这本书中提出的概念和新的想法，将对全世界范围内从事城市水管理、政策决策以及相关专业教育工作的人员都有巨大的价值。本书的出版，是对促进城市水资源可持续管理的一大贡献。将有助于更好地理解城市区域的地下水资源。

联合国教科文组织（UNESCO）
国际水文计划项目（IHP）

原　著　前　言

UGROW 是 IHP-Ⅵ的一部分

在人口密集的地区，确保健康和可持续的生活条件已成为一个严重的全球性的挑战，为饮用和卫生设施提供安全和可持续的水供应是这个问题的核心。我们应该采取重要的管理决策，承认整个城市水循环以及地下水、地表水和复杂的供水服务网络——包括污水管道和增压供水系统——之间发生的复杂的相互作用是至关重要的。

从历史上看，地下水在城市水循环过程中发挥的至关重要的作用已被严重忽视。在一定程度上，这反映了一种“眼不见，心不烦”的思想，主要反映在忽略了地下水的运动。此外，因为地下水和地表水系统的空间层次分明，在水流速度上，地表水和地下水的时间尺度差异较大，因此，人们常常忽略地下水的作用。撇开这些原因不谈，不幸的是，城市水管理的工具很少。如果有的话，无论是在分析阶段还是在随后的决策过程阶段，都未能对城市含水层和地下水的相互作用进行充分的了解。这些态度必须改变，并且必须马上改变。世界范围内对优先考虑城市水循环整体管理的需要的认同日益增加。相应地，如果要实现城市可持续发展的目标，实用的、健全发达的城市水系统的建模工具是必不可少的。

面对这样的挑战，UGROW（UrbanGROundWater，城市地下水）是目前最先进的城市供水管理工具之一。UGROW 是联合国教科文组织国际水文计划第六阶段（IHP-Ⅵ）期间开发的，充分整合了包括地下水在内的城市水系统的所有组成部分。其主要目的是提高对城市水系统组成部分之间相互作用的认识，以支持决策管理，并解决广泛的城市水问题。该模型具有坚实的科学基础，计算高效，并有出色的图形支持。它已通过一系列苛刻的城市条件测试，并在这一过程中不断完善。

Ken W. F. Howard 和 Dubravka Pokrajac

图　目　录

表 目 录

缩 略 词

3D	三维
3DNet－UGROW	UGROW 集成的一种水文信息工具
AISUWRS	评估和改善城市水资源和水系统的可持续性
ARCINFO®	一种 GIS 软件
ASCⅡ	美国信息交换标准代码
ASR	含水层存储和恢复
CCTV	闭路电视
CNTB	坦帕湾中北地区
CSIRO	联邦科学与工业研究组织
DAG	有向无环图
DELINEATE	UGROW 中一个用于确定集水区面积的组件
DHI	丹麦水力研究所
DHI-WASY GmbH	DHI 在德国的分公司
DSS	决策支持系统
DTM	数字地形模型
ESI	国际环境系统
EU	欧洲联盟
FEFLOW®	一种有限元地下水模型
GEOLOGY	UGROW 中一个用于处理地质层的组件
GEOSGEN	UGROW 中生成 3D 实体的算法
GIS	地理信息系统
GO	图形对象
GRID	用于数据处理的一种 GIS 参照物

GROW	UGROW 中模拟地下水流的模型
GTA	大多伦多地区
GUI	图形用户界面
HSPF	Fortran 语言编写的水文模拟程序
ICU	中间结构单元
IHP	联合国教科文组织国际水文计划
ISGW	地表水和地下水集成软件
IWRM	水资源综合管理
MESHGEN	UGROW 中用于生成网格的算法
MKL	中间砾石层
MODFLOW	一种有限差分地下水模拟模型
MODFLOW-SURFACT	一种包括包气带水流、延迟给水和垂直流模块的模型
MODPATH	一种三维的粒子追踪模型
MS-Access	一种数据库软件
MT3D	一种三维的污染物运移模型
NAPL	非水相流体
NEIMO	网络渗出渗入模型
OKL	上部砾石层
OROP	优化区域行动计划
PEST	参数估计和自动率定软件代码
POSI	一种专门设计的不饱和区模型
PSLG	平面直线图
QA	第四纪早期
SAS	表层含水层系统
SDI	SDI 环境服务公司，一家从事水文咨询服务的公司
SEAWAT	一种变密度的瞬态地下水流三维模型
SEWNET	WATER 中处理城市排水的模块
SI	国际标准单位制

SLeakI	一种专门设计的不饱和区模型
STREAMNET	WATER 中处理城市河流的模块
TIN	不规则三角网
UFAS	上佛罗里达含水层系统
UFIND	UGROW 中为每个网格单元分配补给源的算法
UGROW	城市地下水建模系统
UL _ FLOW	一种专门设计的不饱和区模型
UNSAT	UGROW 中模拟不饱和区水流的模型
USDA-SCS	美国农业部土壤保持局
USGS	美国地质调查局
UTM	通用横轴墨卡托
UVQ	城市体积和质量模型
UWP	城市水计划
WATER	UGROW 中用于处理所有水系统的组件
WATNET	WATER 中处理供水系统的模块
W - E	由西向东

符　号　表

a	系数
as	表示第 s 个面源的下角标
a_i	第 i 个多项式的系数，与时间相关的未知系数
a_i^{new}	H 在计算节点的新值
a_i^{old}	H 在计算节点的旧值
a_s	定义第 s 个面源位置的面的几何形状
b	系数
d	地下水位的深度
$\mathrm{d}t$	时间微元
$\mathrm{d}x$	x 坐标微元
$\mathrm{d}y$	y 坐标微元
$\mathrm{d}W$	W 微元
f	沿有限元的一侧定义的函数
f_j^q	第 j 个方程的右侧项
f_j^B	第 j 个方程的右侧项
g	重力加速度
h	毛细管压力水头
h_0	压力水头参考值
h_1	土壤表面的毛细管势能
h_j^{k+1}	节点 j 处，t^{k+1} 时刻的水头
h_p	土壤表面水层的规定深度
i	表示笛卡尔坐标方向的下角标
$\vec{i}$	x 坐标的单位基矢量
j	表示笛卡尔坐标方向的下角标
$\vec{j}$	y 坐标的单位基矢量
k	渗入或渗出的阻力系数，非饱和土的水力传导率
k_0	渗漏参数参考值

$\vec{k}$	z 坐标的单位基矢量
k_a	渗入或渗出的阻力系数
k_b	渗入或渗出的阻力系数
k_c	渗入或渗出的阻力系数
k_{ij}	多孔介质固有渗透系数
l_{top}	覆盖在含水层单元上部的低渗透层（隔水层）的厚度
ls	表示第 s 个线源的下角标
l_s	定义第 s 个线源位置的线的几何形状
m	Genuchten 土壤参数
n	固体基质的有效孔隙率，基函数的序号，Genuchten 土壤参数
n_{eff}	有效孔隙率
n_x	边界的单位法向量的 x 分量
n_y	边界的单位法向量的 y 分量
p	宏观压力，REV 内部的平均孔隙压力
ps	表示第 s 个点源的下角标
q	单位体积通量
q_i	比流量（达西速度）
q_i^{leak}	第 i 个渗漏源的单位排放量
q_z^{bot}	含水层底部渗漏率
q_z^{top}	含水层上边界渗漏率，水进入潜水含水层地下水位以上存储区域的渗漏率
q_{G1}	土层表面的势通量
r	表示“相对”的下角标
s	表示“固体”的下角标——沿迹线的固有坐标
t	时间
t_c	从单元到出口的移动（集中）时间
t_k	第 k 个时间点
v	试或权重函数
$\overline{v}$	沿域边界的试或权重函数
x_0	REV 的中心
$\boldsymbol{x}$	REV 内的点
x	笛卡尔坐标，全局笛卡尔坐标

x_i	第 i 个方向的笛卡尔坐标
x_s	源 s 的 x 坐标
y	笛卡尔坐标，全局笛卡尔坐标
y_s	源 s 的 y 坐标
z	垂直向上或垂直向下的笛卡尔坐标
A	系数
A_{as}	面源 s 的系数
A_j	时间-面积图的增量面积
A_{ls}	线源 s 的系数
A_{ps}	点源 s 的系数
B	系数，饱和含水层厚度
B_{as}	面源 s 的系数
B_{ls}	线源 s 的系数
B_{ps}	点源 s 的系数
C	系数，土壤含水量
C	控制体积 W 内的污染物浓度
C_{as}	面源 s 处的污染物浓度
C^{bot}	通过含水层底部的补给中的污染物浓度
C_{ls}	线源 s 处的污染物浓度
C_{ps}	点源 s 处的污染物浓度
C_{sr}	地表径流系数
C_G	沿模型边界的地下水中的污染物浓度
D	系数，直径
D_3	基于段的迹线追踪传播
D_n	基于节点的迹线追踪传播
ET	潜在蒸发
ET_0	潜在蒸发参考值
ET_p	潜在蒸腾
H	电势（水头），地下水位
H_i	高斯点 x_i 的权重系数
$H_{\min}$	影响下水道补给的最低水位
H_s	下水道典型水头
H^*	哈伯特流体势，电势

$\overline{H}$	边界处规定的水头
Inflow	进入控制体积的水的体积
J	雅可比矩阵
K_{ij}	水力传导系数张量，第 j 个方程的第 i 个系数
K_{top}	低渗透层（隔水层）的水力传导系数
K_s	饱和水力传导系数
K_x	x 方向的饱和水力传导系数
K_y	y 方向的饱和水力传导系数
K_z	竖直方向的饱和水力传导系数
L	基础 PDE 的一般形式，长度
M	含水层单元的厚度，水的分子量
N	计算节点的总数
N_1，N_2，N_n	多项式形式的基函数
N_a	面源数
N_i	外部来源流入的水的积累率，第 i 个多项式
N_j	第 j 个多项式，计算节点数
N_l	线源数
N_p	点源数
N'	N 的转置
Outflow	流出控制体的流体体积
P	净降雨量
PAT	描述一个量如何随时间变化的形函数
P_0	降雨量参考值
P_{eff}	有效降雨量
Q	出口处的径流
Q_{as}	来自面源 s 的体积补给率
Q_{ls}	来自线源 s 的体积补给率
Q_{ps}	来自点源 s 的体积补给率
R	通用气体常数
R_1	第一时间步长的过量降雨
R_{off}	直接径流
RH	相对湿度
S	含水层释水系数

Storage	存储体积的变化
S_0	多孔介质的单位储水量或单位释水系数
S_e	相对饱和度
S_{ij}	第 j 个方程的第 i 个系数
S_s	单位释水系数
S_t	地形坡度
S_y	与地下水位相关的有效孔隙度（单位产水量）
T	气体温度
T_x	含水层在 x 方向上的透射率
T_y	含水层在 y 方向上的透射率
U_j	单位流量曲线图的值
V_i	流体体积平均速度的 i 方向的分量
V_t	移动速度
V_x	流体在 x 方向上的速度分量
V_y	流体在 y 方向上的速度分量
V_z	流体在 z 方向上的速度分量
W	宽度
W_2^2	类函数
$W_{\max}$	最大含水量
W_r	残留水含量
Z_{bot}	含水层单元底部的海拔
Z_{ter}	地形水平海拔（地面海拔）
Z_{top}	含水层单元顶部的海拔
α	Genuchten 土壤参数，多孔骨架压缩系数
β	流体压缩系数
d_{as}	定义面源 s 的位置的 Diraq 函数
d_{ls}	定义线源 s 的位置的 Diraq 函数
d_{ps}	定义点源 s 的位置的 Diraq 函数
e	固体基质的宏观体积应变，加权因子
μ	流体的动力黏度
v_i	固体边界速度
r	流体密度，水的密度
θ	定义配置点的系数，含水量

θ_0	非饱和土的含水量
x	局部笛卡尔坐标
x_i	高斯点
h	局部笛卡尔坐标
Dt	计算时间步长，时间间隔
Δz	空间步长
Δt_k	第 k 个时间步长
Γ	边界
G_1	UNSAT 建模域的上边界
Γ_H	指定水头的边界
Γ_q	指定单位流量的边界
W	控制体积的面域，模拟域
Ψ	一般流特性
∇	梯度

术　语

取水　将水从某个源头，暂时或永久地取出。

算法　用于解决问题的一种有效方法，表现为一个有限的指令序列。

各向异性　各向异性的性质，不同方向具有不同的值。

含水层　能够存储、传输和出产可开采的水的地质构造。

含水层补给（地下水补给）　将水从外部引入含水层饱和区的过程，或者直接引入到某个地层，或者间接通过另一个地层引入。

弱透水层（半承压层）　水力传导率低，以非常缓慢的速度传输水的地质构造。

人工回灌补给　通过井水或者通过增强传输或改变自然条件，增加地下水对含水层或地下水储层的自然补充。

基流（基本径流）　长时间没有降水或融雪发生时，地下水、湖泊和冰川排入河道的水。

毛细管张力　水分子和土颗粒表面之间的引力，是粘合力和凝聚力或毛细管力的总和。

毛细管力　水分子和土颗粒表面之间的吸引力，是粘合力和凝聚力的总和。

笛卡尔坐标系　通过确定与3个互相垂直平面的距离，在空间中确定每个独一无二的点的坐标系。

集水区　以地形特征为界，区域内的水从下游同一位置排出的地表区域。

可压缩性　压力变化导致的流体或固体的相对体积变化的度量。

计算机代码　用于解决计算机中某一数学模型的一组命令。

概念模型　对某一对象、过程或某个系统的一般描述，可以是绘制在纸上、用文字描述或想象出的。

承压含水层　介于不透水层或者弱透水层之间的含水层。

数据库　一组有序的数据集。

分区　将集水区划分成子区域或子流域的过程。

排水　通过重力或者抽水移除一定地区的地表水或地下水。

排放　单位时间内通过管道或者溪流横截面的液体的体积。

有效孔隙度 可用于流体传输的连通孔隙空间。表示为连通空隙的体积与包括空隙的整个多孔介质的总体积之比。

渗出 从介质或管道等物体流出的水。

蒸散 通过土壤蒸发和植物蒸腾进入到大气中的水量。

流速 表示水等移动的液体在某一点的速率和方向的矢量。

流量（排放） 单位时间内通过管道横截面的液体的体积。

自由表面流 表面暴露在大气中的水流。

地下水 占据了饱和区的地表以下的地下水

图形对象 （UGROW 中）点、折线或点和折线的组合。

地下水流 含水层中的水流运动

地下水水位 特定时间、特定地点含水层地下水位或测压表面高程。

地下水补给（含水层补给） 将水从外部引入含水层饱和区的过程，或者直接引入到某个地层，或者间接通过另一个地层引入。

地下水储存量 含水层饱和区的水量。

水头 将测压计与含水层中某点相连，测压计中水面到达的高度即为水头。流体高程和压力水头的总和，用高度单位表示。

水力传导率 多孔介质的特性，决定了达西定律确定的水力梯度和渗流速度的关系。

水力梯度 （多孔介质中）沿流动方向单位距离水头的减小程度。

水文地质边界 侧向不连续的地质构造，形成从含水层中渗透材料到水文地质特性显著不同的其他材料的过渡。

水文地质学 研究地下水，特别是地下水的出现的地质学分支。

水位图 某个基准面以上的水深或排放，关于时间的函数的图形表示。

水文循环（水循环） 水通过大气层到地球并重回大气层的一系列连续阶段，包括从陆地、海洋或内陆水体蒸发到空中，凝结成云，行成降雨，入渗、浸润、渗透，形成径流或汇聚在土壤或水体中，然后再次蒸发。

不透水性 在地下水静水压力下，不允许水通过的能力。

不透水边界（无流量边界） 流动区域的一种边界，因边界一侧的渗透性大大降低而导致另一侧的水流无法通过该边界。

不可压缩流体 压缩性可以忽略不计的流体，即其体积不随压力变化而改变。

入渗 水从地表进入土壤等多孔介质，或从土壤进入排水管道的流动过程。

入渗率 在给定条件下，单位面积的特定土壤吸收水的最大速率。

综合管理 一种规划和运作的过程，在这一过程中，有关各方、各利益相关者和监管机构就资源的保护、可持续利用以及经济发展和经济多元化的最佳平衡达成全面一致。

等时图 用一系列的线（等时线）描述源自每条等时线的水到达流域出口的时间的图或表。

渗漏 水通过下层或上层的半透水层，或其他水源从含水层流入或流出的运动。

数学模型 利用数学语言，通常是控制方程，来描述某一系统的模型。

矩阵 由行和列组成的矩形数字组合。

模型 对某一物体、过程或系统以任何形式进行的展现。

模型率定 基于物理因素或数学优化对模型参数进行的调整，以使观测到的数据和模型输出的预测值之间尽可能吻合。

数值模型 数学模型的一个近似解。

优化 从一些可选择选项中，选择最好的元素。

潜水面（潜水位） 自然地下水位。

压力计 用于测定某一个点的水头的井，除最底端外完全被包裹起来。

点源 排放污染物的某一固定位置或固定设施；任何可确定的单一污染源；如管道、沟渠、船舶、矿石坑、工厂的烟囱。

污染物 进入环境后会对资源的有用性或人类、动物、生态系统的健康产生不利影响的物质。

污染 向水中加入污染物。

孔隙率 土壤等某种给定的多孔介质样本中，连通空隙的体积与包括空隙的整个多孔介质的总体积之比。

多孔基质 包含相连接的空隙的可渗透介质，从水力特性的角度可看作是连续介质。

多孔介质 包含相连接的空隙的可渗透介质，从水力特性的角度可看作是连续介质。

降水 从云中降落或者在空气中沉积至地面的由水蒸气凝结形成的液体或固体产物。计量标准为单位时间内单位水平表面上的数量。

压力水头 某一点上可以由静压力承受的静水水柱高度。

降雨强度 降雨率，用单位时间内的单位深度表示。

降雨强度图 暴雨期间，降雨率的分布格局。

残余含水率 暴露于非常低的压力中很长一段时间后，残留在多孔介质样本中的水量。

径流 形成水流的那一部分降雨。

饱和区 含水材料中所有的空隙都充满水的部分。

土壤湿度曲线 描述土壤湿度随深度变化的曲线。

敏感性 激励和与之对应的响应之间的变化关系，或者是能够造成超过其他原因引起的响应出现的激励值。

污水（废水） 由住宅或商业源产生的并流入下水道的废物和废水。

污水管 收集和输运污水或径流的地下管道系统（管和/或隧道）；输运自由流水或污水的重力污水管道；加压抽取污水的压力污水管道。

污水处理系统 污水收集、处理和清理的整套系统。

暴雨 暴雨降水引起的建筑物积水或者地表径流。

化粪池系统 用于处理和处置生活污水的现场系统。典型的化粪池系统包括一个接收来自住宅或商业区域的废物的容器以及一个处理经细菌降解后仍存在于容器底部的流体排出物（淤泥）的瓦管或坑，这些排出物必须定时抽出。

单位储水量 单位水头改变导致的单位体积含水层释放或吸收的水的体积。

沉降 由于移走下覆的液体或者固体材料或者由于水移走了可溶性材料导致的较大面积的地表区域的高度下降。

可持续生活 长期维持福祉的潜能，其依赖于自然界的健康和负责任地使用自然资源。

张量 几何实体，扩展了标量、几何矢量和矩阵的概念。

瞬时流动（非稳定流） 导致流场中任何点流速的大小或方向随时间变化的情况。

三角剖分 生成一系列连接所有地形点的三角形的过程。

非承压含水层 包含具有水位和非饱和带的非承压地下水的含水层。

非饱和区（非饱和土） 水位以上的表层区域，颗粒间的空隙含有气体和水，并且水压力比大气压低。

非稳定流 流速大小或方向随时间改变的流动。

城市排水 城市积水的转移和储存系统。

城市水管理 规划、设计、建设、运行和恢复城市排水系统的过程（交叉学科，涉及多个专业和行业技能）。

城市水循环 包含自然水循环中所有要素以及由饮用水供应、废水和雨水收集和处理等水服务产生的城市水流的水循环。

城市化 许多城市中心表现出来的人口增长和居住密度升高的趋势。

用户界面 （计算程序中）计算机代码呈现给用户的图形和文本信息。

矢量 能够分解成分量的量。

渗流区（非饱和区、透气区） 水位以上的表层区域，颗粒间的空隙含有气体和水，并且水压力比大气压低。

含水量 单位体积的多孔介质样本中含有的水的体积。

水管理 对水资源进行的有计划的规划、分配和利用。

水质 水的物理、化学、生物和感官（与味觉相关的）特性。

废水 含有废物的水，也即含有制造过程中排出来的无用流体或固体物质的水。

湿润面 水渗入土中时的水汽界面。

撰稿人名单

Ken W. F. Howard
加拿大多伦多大学物理和环境科学系

Dubravka Pokrajac
英国阿伯丁大学工程学院

Christina Schrage
德国卡尔斯鲁厄地质生态学项目经理

Miloš Stanić
塞尔维亚贝尔格莱德土木工程学院水力工程研究所

John H. Tellam
英国伯明翰大学地理、地球与环境科学学院

Leif Wolf
德国卡尔斯鲁厄大学应用地球科学研究所

目　　录

第 1 章　通过介绍城市地下水模拟的挑战引入 UGROW

Ken W. F. Howard[1]，
John H. Tellam[2]

1.1　城市地下水管理

世界人口正以惊人的速度增加，增加的人口大部分出现在城市地区（见图 1.1）（联合国，2005）。从 1990 年到世纪之交，全球人口增长了 15%（从 53 亿到 61 亿）。而城市地区的人口增长了 24%，已达近 30 亿，目前几乎以每天 20 万的速度增加。到 2010 年，超过一半的世界人口将居住在城市地区；而到 2030 年，城市居民人数预计将达到近 50 亿，将占到届时全球人口预测值——82 亿的 60%。

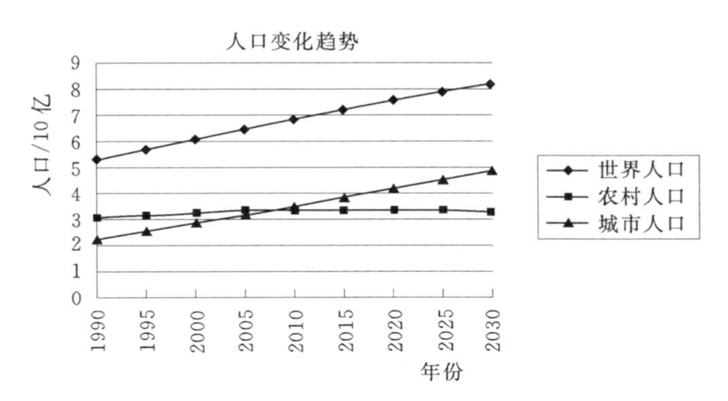

图 1.1　1990—2030 年的世界、农村和城市人口变化趋势
来源：联合国，2005。

[1] 加拿大多伦多大学物理和环境科学系。
[2] 英国伯明翰大学地理、地球与环境科学学院。

城市地区是世界经济增长的动力引擎，但其长期可持续发展的能力在很大程度上依赖于充足的水供给。对此，全面管理整个城市水循环成为城市的一个主要优先发展主题，它能够揭示城市化集水区的地下水和地表水的交互作用机理，并且能够满足在整体上优化利用水资源的需要。不幸的是，在世界许多地区，地下水在城市水循环中的关键作用继续被忽视（Howard 和 Gelo，2002），并没有充分纳入水资源综合管理（IWRM）的框架之中（Van Hofwegen 和 Jaspers，1999；全球水伙伴，2000，2002）。从某种程度上说，出现这个问题是因为地下水和地表水在明显不同的空间和时间尺度上运动，它们的管理方法——包括建模工具的发展——是独立发展的。如果世界上迅速发展的城市希望实现长期可持续性，那么这种情况必须改变。地下水需要完全集成在水资源综合管理中，并且要求城市水系统的建模工具能够无缝整合城市水循环的所有组成部分。

受当地城市发展的推动，在不同的时期，人们对城市发展和水之间的关系产生了兴趣，这一现象有很长的历史。例如，在 20 世纪中期，第二次世界大战加快了城市发展，特别是在欧洲和北美，引发广泛的严重水文问题。大多数问题与无限制的不透水路面的迅速增长有关，导致城市洪水频率和强度的急剧增加。在短短几年内，“城市水文学”这一学科产生，并吸引来自不同学科、研究资金充足的研究人员。

城市地下水问题出现的较晚，因此，城市地下水这一学科相对年轻。目前，修复和解决城市地下水已经出现的问题要优先于发展含水层管理和地下水保护等地下水管理措施。然而，在一些关键问题上人们已取得了显著的进步，并已经积累了丰富的知识（Howard 和 Israfilov，2002；Lerner，2003；Tellam 等，2006）。大体上，1.2 节中详细介绍了一些涉及城市化对地下水资源质量或数量的影响的问题。1.2.5 小节表明，此类问题构成了对城市地下水环境仿真模型发展的重要挑战。

在过去的 25 年，数值模拟技术模拟含水层中水体的行为以及模拟被污染的地下水的能力的进步，使得我们对城市地下水的相关认识和了解不断深入。正如1.3节中所论述的，某种意义上而言，数值模拟领域的进步是一般性的，绝大多数是饱和区域内基本流动以及迁移过程的模拟，很少有只针对考虑市区独特水文地质条件类型的模拟。这是改变的开始。在过去的十年中，相当多的注意力集中到了发展具有城市特征的模型上，比如考虑供水管道和下水道的渗漏。UGROW代表着目前最先进、全面集成的城市地下水模型。

1.2　城市地下水系统独特的水文地质特点是什么？

UGROW的发展以城市地下水系统独特的特点为前提，这些特点要求开发一种专门的地下水模拟工具。本节探讨了这些独特的特点。

许多城市地下水研究的结果［例如Chilton等（1997，1999）；Howard和Israfilov（2002）；Tellam等（2006）］表明，对城市系统而言，基本过程很少是真正独一无二的。使城市水文地质学有别于其他水文地质学的原因是特定元素出现的频率，这些元素会影响地下水流系统或地下水的化学成分。这些“元素”通常和居民、交通运输、工业活动以及表1.1中所列的活动有关。

表1.1　　城市区域出现频率较高的较重要元素

元素		影响/解释
地质情况	“人工填地”	水力特性的改变影响补给；溶质供给
	基础和隔水墙	流型改变
	诱发滑坡	水力特性改变
	取水导致的沉降	地表水水文地质特性的改变；导致管线泄漏；含水层系统性质的改变

续表

元素		影响/解释
含水层补给	路面硬化	径流增加；减少渗透；减少蒸散；增强不稳定非饱和区流动/漏斗效应：如果硬化路面的排水系统与污水渗透坑而不是与雨水管相连的话，可能会增加本地补给
	被建筑物和道路截断	除非污水渗透坑存在，否则补给会减少
	管线泄漏	补给增加
	下水道泄漏	往往有比较小的补给增加
	工业排放	往往有比较小的补给增加
	城市微气候	改变蒸发或蒸腾；降雨
	抽取地下水	通过垂直及水平梯度上的改变来增加补给
	人工回灌补给	补给增加
含水层排放	抽取	情况复杂，有时会迅速改变流型；水位降低
	被动排水	排水系统使径流流向下水道
	蒸散	取决于含水层水位；因植被有限，影响可能是有限的
	排放到地表	流态变化；可能改变地表水稀释排放地下水的能力
	隧道	排放地点改变
地下水化学成分	大气降水	酸性降水；施工冲刷
	径流	往往质量较好，除非使用了除冰盐，但有机和生物质量较差
	管道渗漏	质量好的水的主要渗漏来源，氯化副产物，化工管道泄漏
	下水道漏水	从无机、有机和微生物角度来说，质量差
	人工填地释放	长期污染源
	地表水渗入	其水质决定于地表水质量以及与河床沉积物的相互作用
	渗出到地表	没有直接作用，但是地下水会影响地表水质量，决定于河床沉积物的组成
	工业排放	质量差别大；短期到长期释放，片状到大型羽状

续表

元　素		影响/解释
地下水化学成分	抽取	促使污染羽流移动，向包括深度方向土的移动，以及通过充分的混合影响抽取的地下水质量
	总负载与衰减能力	可能会在区域或局部范围内超出含水层的总衰减能力；非水相流体（NAPLS）在后一种情况更重要
	“新”化学物质	新合成有机物，人造的纳米颗粒，不确定的环境行为
	“老”化学物质	“过时的”化学物质仍可能存在于含水层
	抽取率的主要变化	地下水位的改变可能会改变化学过程，比如，导致氧化还原条件的改变
	混合	充分混合；导致与毒性较大的产品反应的危险混合

所有这些元素在非城市地区表现出的程度较轻，但通常可以忽略并且不会影响任何区域地下水评估的准确性。同样，农村含水层中的某些元素（如树木和广泛喷洒的农药），虽然有时会出现在城市地下含水层，一般不属于后者的重要组成部分。

下文探讨了流动和化学迁移的有关问题及其影响，这些流动和迁移源于表1.1中列出的高频率出现元素。讨论大致分为四个主题（见表1.1），这大致反映了模型设计的一些主要方面：地质情况、含水层补给、含水层排放和地下水化学成分。不同主题间必然会有重叠，且作者并非对每个主题的各方面都进行了讨论，因为许多并不是城市系统特有的。

1.2.1　地质情况

城市主要地质单位的分布未受到城市发展的影响。然而，少数情况下，城市发展会影响浅层地下物质的分布。

- 人工填地：这些土层可以覆盖城市区域的一大部分，影响地下水流和地下水化学性质。“填地”或“填”是指用人为的材料，例如，建筑、工业或生活垃圾（Rosenbaum 等，2003），来填充洼地，并为工程建设提供一个基础。本节讨论的“人工填地”不包含表面覆盖物，如铺设的路面和建筑物，后者将在 1.2.2 小节（含水层补给）中加以讨论。

人工填地的组成往往是非均质的，其水力和化学性质往往表现出相似的非均质性。人工填地的某些组分是化学惰性物质，但其他物质可能非常活泼，例如，石膏或可滤取的工业或生活垃圾。

人工填地也可以是沟槽的填实材料，包括非人造的或其他人工填地沉积层（Brassington，1991；Heathcote 等，2003）。这些沟槽的水力传导系数比周围材料的高，可以与潜在的污染源联系起来，例如，下水道。

然而，有时候，现场勘察钻孔数据可以通过先前的建设工作获得。人工填地的渗透系数低的话，其补给是有限的。在其他系统中，可能发生土地松软，可能会导致补给和污染物通量的重新分布。如果通过渗透区域产生漏斗效应时，在非饱和区的停留时间会被减少，同样会接触到潜在衰减的含水层材料。通常情况下，人工填地的作用是不明确的，并且建模研究需探索各种各样的概念（如 Heathcote 等，2003）。作为一个复杂的因素，抽水或者气候变化导致的地下水位上升，可能会导致浅层污染地面氧化还原状态的变化，增强或抑制污染物分解。

- 基础和防渗墙：在浅层地下水中，基础可显著影响地下水流动模式，带来截流和漏斗效应。基础也可以影响水质，化学反应灌浆是一个实例（Eiswirth 等，1999）。在某些情况下，泥浆沟或其他防渗墙可能会影响浅层地下水流。
- 诱发滑坡：作为人类活动的结果，诱发滑坡产生于城市区域，主要是由于水位上升（例如由水管泄漏所造成）（见图 1.2）或建筑物荷载（如 Alekperov 等，2006）的作用。易于滑动的材料，可能包含建筑瓦砾，因此影响当地补给和水质。
- 沉降：在地下为砂/黏土层的城市区域密集抽取地下水，可导致明显的地面沉降，这种情况已出现在墨西哥城和曼谷。威尼斯也开始出现地面沉降。这可能对城市地表排水有重大影响，诱发管道破裂泄漏，并改变含水层系统的水力特性。

图1.2　在阿塞拜疆巴库，强降雨和水管道泄漏造成的高地下水位导致的城市滑坡（点X）（见彩图1）

来源：作者。

1.2.2　含水层补给

城市发展往往对含水层补给有着深刻的影响。影响因素包括地面覆盖的改变程度、高密度的饮用水和污水处理系统、向地下有意识和无意识地高密度污水排放、抽水井过于密集导致的渗透。鉴于一个城市复杂的土地覆盖情况（例如图1.3和图1.4所示），补给分布往往是非常不均匀的。上文简要地介绍了人工填地的影响，这里重点讨论路面硬化、建筑物和水排放。

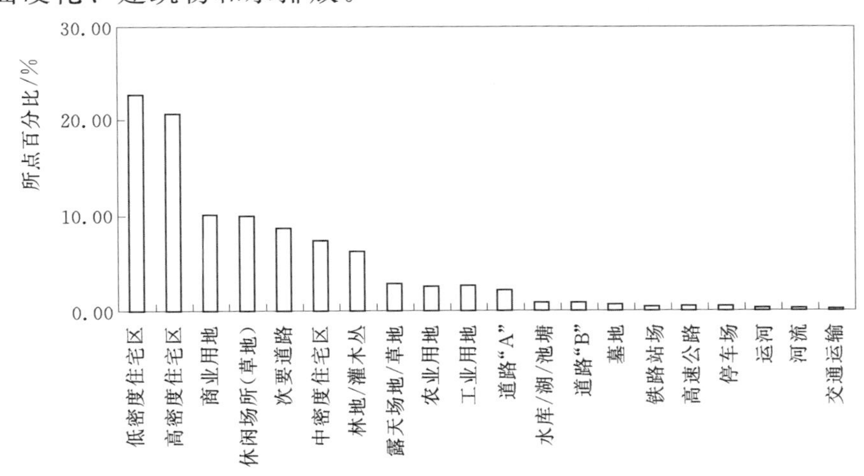

图1.3　英国伯明翰市砂岩潜水含水层部分的土地覆盖比例

来源：Thomas和Tellam，2006a。

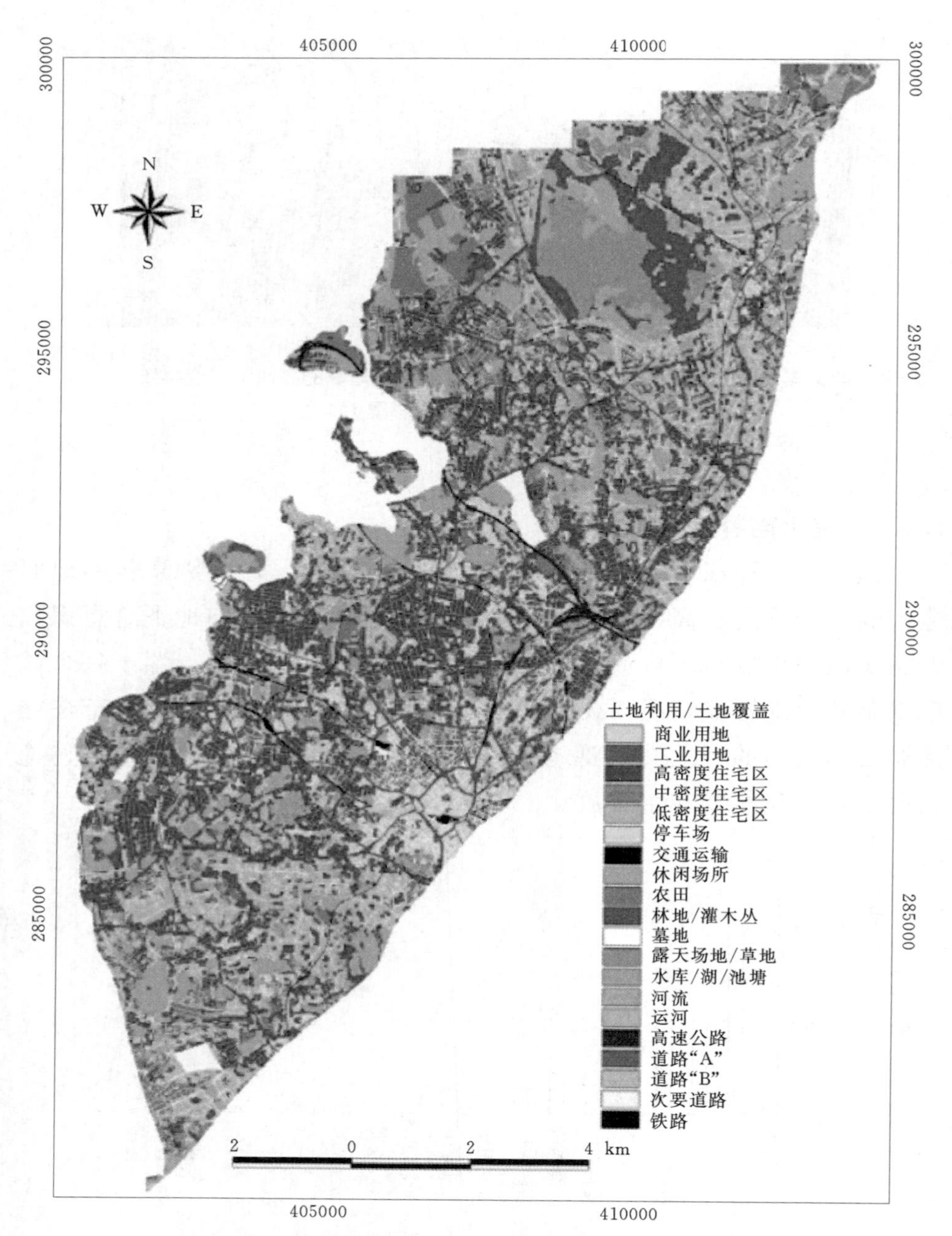

图 1.4 英国伯明翰砂岩潜水含水层的土地覆盖情况（见彩图 2）

来源：Thomas 和 Tellam，2006b。本图部分基于英国地形测量局（Ordnance Survey）的数据。©英国地形测量局皇家版权。

- 路面硬化：虽然表面植被仍占据许多城市总面积的一大部分（见图1.3和图1.4），城市集水区的路面硬化程度比农村集水区的要高得多。这促进了地表径流的增加，并减少直接浸润。然而，很少有铺设系统是完全不透水的，在许多情况下，水可通过缺陷渗透，如地表集水坑（如Cedergren，1989）。这可能会导致水通过漏斗迅速通过不饱和区（如Kung，1990），几乎没有蒸发和只有有限的自然衰减（Thomas和Tellam，2006a）。这种情况下的渗透与植被完全覆盖地表的情况相比，几乎无蒸散、补给，不会明显随季节变化。快速的降水漏斗可能导致土质松软，或者在低渗透层之上，或者在具有较高气体压力的粗粒土层之上。后者将产生不稳定非饱和区流动（Glass等，1988）。

在一些城市地区，道路系统已设计成具有高渗透能力的结构（如Martin等，2001），以增加渗透和减少径流泛滥。偶尔，但不是故意的，其他覆盖材料会促进地下水补给：一个明显的例子是经常用于铁路轨道，或渗水与道路相关的砾石床。这样的覆盖材料也可能导致杀虫剂和石油快速进入地下，这些杀虫剂和石油来自日常维护、车辆排放或油罐事故（如Atkinson和Smith，1974；Lacey和Cole，2003；Atkinson，2003）。

- 建筑物和道路截断：一些建筑物、房屋将截断草洼地或污水渗透坑与地下水的连接通道。由于蒸散作用，含水层补给可能增强。其他建筑物、房屋截断将会形成暴雨排入下水道的通道，并且对补给有贡献的降雨将直接补给地表水系统。
- 管道漏水：虽然认为铺砌区的存在能减少地下水的净补给，许多城市的地下含水层的额外补给源是自来水系统（水管）渗漏。这可能是一些含水层的主要补给源，例如秘鲁首都利马（Lerne，1986）。渗漏量的变化可能相当大。Puri（私人通信，2004）估计在一些发展中国家的农村乡镇，渗漏率高达90%：英国最近几年的渗漏率已经高达30%，虽然渗漏率正在下降，而 Van de Ven 和 Rijsberman（1999）估计荷兰的渗漏率约 5%。在英国，一些研究（Rushton 等，1988；Lerner，1997，2002，2003；Knipe 等，1993）表明，由于铺设路面导致的地下水补给的降低量在很大程度上已经被供水管路渗漏的增加量补偿了。在国际上，城市化进程导致补给的增加（见 Foster 等人的摘要，1999），渗漏的自来水的水质可能远远优于原位地下水，但是有产生三卤甲烷的可能性（请参见 1.2.4 小节）。

- 下水道渗漏：与自来水系统一样，下水道系统密集分布在城市地区。下水道系统也经常渗漏，但下水道系统是无压的，其渗漏率远远小于自来水的渗漏率（Misstear 等，1996）。例如，Yang 等（1999）估计下水道渗漏给英国诺丁汉提供的地下水补给小于地下水补给总量的 10%。在某些情况下，下水道高度低于地下水水位，在这种情况下，会有来自地下水系统的渗透。虽然，下水道渗漏是一种线源污染，但是从一般的观察尺度来讲，下水道分布得如此密集，常常会显现出弥漫的性质。类似的原则通常也适用于其他线源污染，如道路除冰化学品。
- 工业排放：工业用地通常集中在城市地区。来自工业用地的垃圾可能直接排放到地表水系统、地面，或直接进入含水层，这种行为可能是合法的也可能是非法的，换句话说，可能是受控制的也可能是不受控制的。在许多国家，随着时间的推移，法律发生了改变，有些行为以前是合法的，现在可能就是非法的。在某些情况下，污染物通过废弃的钻孔被人类有意或无意地加以传播。有些排放可能是定期的和有记录的，很多可能是没有规律的，并且也没有记录。通常情况下，以城区化学物质渗漏为例，其渗漏量很小、时间也很短暂，可能源于化学容器的溢流。有时，污染源存在时间很短暂，原因是由于渗漏造成的容器流体的失衡很快会被发现。而其他污染源的寿命较长，因为其长时间不被发现或监管机构允许这类渗漏源存在。

- 城市微气候和土壤热源：城市存储和释放的热量会改变城市当地的气候并使地下温度升高，使地温梯度出现反转。这可能会影响补给率，改变降水率和蒸发蒸腾比（如 Grimmond 和 Oke，1999）。越来越多的城市地区全年利用地下水和热交换系统来控制建筑物的温度（如 Anon，2002），进一步影响了流动系统，并潜在影响了反应率。
- 通过地表水的补给：许多城市沿河流修建。由城市河流补给含水层在很多城市是由于过量开采地下水导致的。在某些情况下，则是由河堤渗透方案专门设计的（Hiscock 和 Grischek，2002）。水的流入部分由河床沉积层控制。排入河流上游的废水中所含的悬浮物，比如人为排放的淤泥，可能会改变河床的水力特性。类似的情况可发生在城市的湖泊和运河中，特别是运河，在城市地区很常见（如英国中部的大城市伯明翰，拥有大约 180km 的运河）。如果某含水层位于海岸附近，并且被大量抽水，就有可能发生海水入侵，成为破坏当地含水层的潜在因素（例如 Howard，1988；Carlyle 等，2004）。有些地区实施复杂的注入井方案以控制海水入侵。拦河坝的建设改变了一些沿海城市系统（如英国加的夫），这将对当地的地下水流系统有重大影响（Heathcote 等，2003）。此外，沿海以及河口的含水层，对与气候变化相关的海平面上升较敏感。
- 水位变化：城市局部抽水导致的水面下降会造成整个非饱和区水力梯度的增加，从而增加补给，尤其是浅层低渗透沉积层，如某些类型的人工填地。相反，如果远程供水或者经济压力导致的工业生产率降低使城市水位上升的话，补给可能会减少。
- 人工回灌补给：随着城市用水需求的增加，越来越多的城市正在考虑各种方式的人工回灌手段或“补给管理”（如 Dillon 和 Pavelic，1996；Chocat，1997，Pitt 等，1999）。这些措施包括流域的补给、（人工）含水层存储和恢复等形式的钻孔注水（ASR）（Pyne，2005；Jones 等，1998），以及铺设透水路面——虽然后者更多是作为降低城市径流的一种手段。水源包括雨水径流和棕色/绿色屋顶集雨等方式的城市排水。回补的水可以在原位（例如 ASR 计划）或者较远的位置得到恢复。如果“灰水”的质量能够满足当地需要（如清洗或冷却），则前一种方法比较适用。而后一种方法利用含水层的自然能力来减少各种污染物。在某些情况下，灰水的水质实际上可能比其注入到的地下水的水质更好。然而，通常情况下，注入的水的水质比较差，尤其是所含的微粒和微生物方面（例如 Datry 等，2006；Anders 和 Chrysikopoulos，2005）。对于大型计划，如果只是为了降低堵塞率，对注水要进行处理。

1.2.3 含水层排放

大多数城市地下含水层的排放边界和非城市含水层的排放边界类型相同。然而，抽水井密集分布和分布广泛的地表排水系统会改变城市含水层，这些都会影响城市含水层排放过程的特性。

- 抽取：取水点密集是许多城市地下含水层的一大特点（但并非所有城市都如此），特别是在一个城市的发展初期，那时人们还没意识到污染的危害，大规模的调水还没出现（Morris 等，1997）。在很多城市，取水模式一直受到交通要道、历史上的土地所有权和现有的水系统等非水文地质因素的制约，而且许多情况下仍然如此。结果，抽水经常造成干扰，流动模式很复杂，特别是抽水泵的运行频率随昼夜或季节变化和/或不受管制的情况下。抽水形成的流动系统与自然发生的流动系统有很大差异，尤其是在取水过度的地方（如 Knipe 等，1993）。大量取水造成的水流中断使得断层等内部边界在城市含水层中更加明显（如 Seymour 等，2006）。建设往往需要控制水的流动，这将再次影响城市流动系统（如 Brassington，1991；Preene 和 Brassington，2003；Attanayake 和 Waterman，2006）。尽管在不断扩大的城市区域，许多工地几乎同时在施工，但通常，这种影响是短暂的。一些情况下需要连续抽水，如在一些深隧道里（Rushton 等，1988）。抽水策略的复杂性和泵运行速率以及抽水时间的记录不够详细，使得在这样的环境下模拟流动和溶质迁移显得非常困难。历史记录有时可以找到，但至关重要的历史数据常常再也找不回来了。

- 被动排放：如上所述（Brassington，1991），交通路线往往需要排水系统。某些情况下，这将引起径流汇集和向污水渗透坑的排放，从而增加了补给。然而，在其他情况下，收集到的水将被转移到雨水管网系统，并且大部分排放到含水层区域之外。
- 蒸散：过量抽取地下水会导致水位下降，在某些情况下，这反过来会减少蒸散损失（如 Khazai 和 Riggi，1999）。
- 排放到地表水：由于排水沟、人工渠道、暗渠的建设，城市河道通常会发生很大改变（如 Petts 等，2002；Bradford，2004）。由于这个原因，同时因为来自污水处理系统和工业生产的排放以及集水区径流特性的改变，与其自然状态相比，水文曲线改变较大，往往显得更加“急剧”。这会影响基流和其他水文组件之间的关系，增大地表水和地下水系统响应的时间差。

1.2.4　地下水化学性质

城市地下含水层容易出现水质问题，特别是因为城市产生大量的废弃物，其中一些物质不可避免地进入地下水系统。下文将简要概括了一些主要问题。

- 大气以及降水的化学性质：发电、工业和车辆向大气的排放，会导致大气中气态物质、固态物质以及颗粒间广泛的化学反应。结果，降雨的化学性质被改变。一个常见的结果是“酸雨”的产生。酸雨降落在城市范围之内，从而影响城市地下水补给的水质；也可能降落在邻近农村地区，或转移到更远的地方。在一般情况下，因为这些物质在空气内的反应速率不同，盐酸（通常来源于煤炭燃烧）可能在靠近源的区域内沉积。NO_x 形成硝酸需要更长的时间，因此富含硝酸根离子的酸雨将降落在离源更远的地方。硫酸形成得最慢，有时其影响在离源数百千米的地方才会出现（如 Harrison 和 de Mora，1996）。因此，酸雨的影响范围远远超出了城市界限，但酸雨的精确化学性质会随距离变化。当然，一个城市的酸雨也可能部分来自邻近的城市。进入大气的其他污染源可能来自施工扬尘、海洋污染和土壤污染源。城市中的树木可以收集受污染的大气中的水分，并通过树干或树枝滴灌过程将其转换为地下水补给，所以对于烟雾易发的城市，有大量树木能够起到更加重要的净化作用。

- 径流水质：平整路面形成的径流水质往往比较好，主要污染物、金属和有机物的浓度较低。虽然在某些情况下，尤其是干旱期之后，首次降水形成的径流中含有较高的金属和有机物。在使用除冰盐的城市，铺设路面形成的径流盐分较高（见图 1.5），这些城市的入渗补给浓度较高。即使大部分径流会被输送到地表水排放系统，但仍会出现渗透，一些城市的地下水已被预测具有较高的氯离子浓度，并且氯离子浓度保持在稳定状态，例如，多伦多的氯离子浓度为 400mg/L（Howard 和 Haynes，1993；Howard 和 Beck，1993）。除了岩盐，尿素和合成有机物也可用于除冰（如 Wejden 和 Ovstedal，2006）。屋顶径流水质与当地雨水水质往往不会有显著差异，但径流中夹带的有机物可能会由于污水渗透而导致化学作用降低，同时一些屋面径流含有大量的重金属［浓度达每升数百微克（Harris，2007）]。

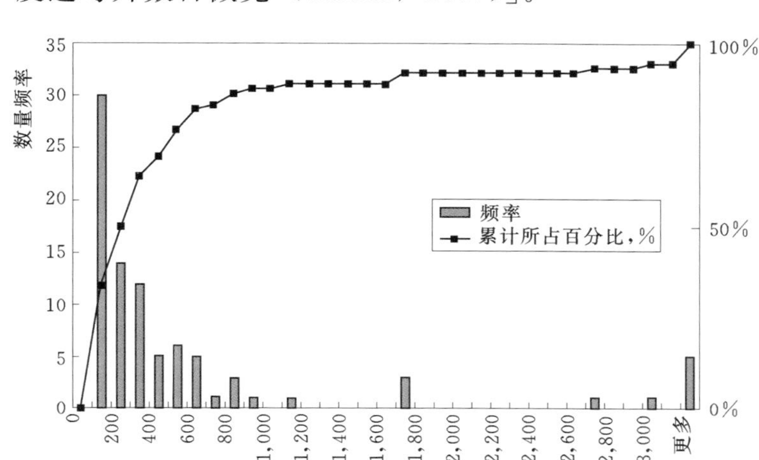

图 1.5 英国伯明翰大学校园流出的道路沟渠水的导电率。样本收集时间主要为冬季、春季和秋季。记录的导电率最高超过 100,000μS/cm

来源：Harris，2007。

- 管道渗漏：管道渗漏的水质通常比其渗入的地下水的水质要好，具有一定的稀释作用，但是自来水或其他处理后的水的渗漏可能含有残余的氯气，氯气可能与地下水或含水层中的有机物质反应生成三卤甲烷（Fram，2003）。管道材料溶解产生的某些污染物，也可能伴随渗水被释放，包括来自金属管的铜、锌和来自塑料管的邻苯二甲酸酯。有时候，城市地区还存在其他类型的管道，如输送石油和化学品的管道。有时还会在含有机流体的管道内敷设高压电缆。这些类型的管道也是重要的潜在污染源。
- 下水道渗漏：下水道渗漏的水的水质很差，含有高浓度的BOD、COD、Cl、N、微生物，以及由本地工业废物产生的金属和合成有机物（如 Misstear 等，1996；Barrett 等，1999；Pedley 和 Howard，1997；Powell 等，2000，2003；Wolf 等，2004，2006a；Cronin 等，2006）。一些地方的地下水中，出现了可以测量到的药品和其他化合物（如 Scheytt 等，1998；Held 等，2006）。自来水管道有时候铺设在下水道上方，这些地方可能同时发生管道渗漏和下水道渗漏，并且被沿着管道沟的水流混合在一起，可能会对释放出的组分的运动产生有利或不利的影响。有些雨污合流的下水道系统，同时输运生活污水和地表径流（如 Butler 和 Davies，2000）。在这样的系统中，脏水被稀释，但大暴雨期间下水道溢出的可能性更大。化粪池污水渗漏也会发生，脏水直接排放到地面，这种情况会出现在世界上最大的一些城市的棚户区。一些污染成分存在时间相对短暂（Barrett 等，1999），例如，人体细菌和病毒，后者也许在地下水系统中只存在几年（Sellwood，个人通信，2006；Joyce 等，2007）。其他污染成分更难降解，包括 N 和 Cl。城市地区的硝酸盐含量往往和农村的同样高（如 Lerner 等，1999）。最终这些污染物浓度在含水层内可能达到准稳态，但是这可能需要几十年，即使城市中社会经济、物理化学系统的相关部分保持稳定。

- 人工填地释放：一些人工填地活性很大，特别是来自居民生活垃圾、某些类型的工业废物以及建筑垃圾的填地。根据所释放的物质的量，人工填地可能在很长一段时间内是溶质的来源。
- 地表水渗入：地表水体受到污染的地方面临污染物进入含水层的风险。但是，湖泊和河床中的沉积物可能会使污染物衰减（如 Smith，2005）。
- 渗出到地表：基流排放到城市河流可能是稀释受污染的地下水或受污染的河水的有效措施（如 Ellis 和 Rivett，2006）。1.2.3 小节中讨论的城市地表排水系统的改变可能会显著改变地表水成分和基流之间的关系：在一些系统中，枯水期较大的河流流量可能意味着基流稀释作用的减弱。
- 工业污水排放：工业污水的成分组成可能千差万别，有许多是其特有的。短期污染源将形成通过含水层迁移的羽状污染物区域，污染范围变大但污染物浓度降低。与其他补给来源相比，工业排放量往往较小，但在某些情况下，其污染程度较大，会带来大量的污染物。通常短暂存在、相对较小的排放，会导致工业污染物在河水中呈斑点状分布（如 Tellam 和 Thomas，2002），这样的分布很少能达到稳态浓度，往往很难找到其具体来源。在一些城市，工业用地集中分布，因此排放的污染也比较集中。然而，即使在城市的住宅区也密集分布着加油站和干洗店，这是城市地区的两种污染源，规模小但频繁排放着有机污染物。例如，伯明翰（英国）非承压含水层区域，大约每 $2km^2$ 有一个加油站（Thomas 和 Tellam，2006b）。

- 抽水：含水层抽水可以在局部产生垂直梯度，导致污染物的垂直渗透（如 Taylor 等，2003，2006）。如果之后抽水减少，水位将上升，以前不饱和的含水层将重新饱和。这可能会进一步导致残余非水相流体的渗流，这种现象很可能发生在厌氧条件下，而不是先前的有氧条件。与受扰动较小的含水层相比，抽水的空间和时间复杂性可能意味着许多城市地下含水层内的污染羽分散较快（Jones 等，2002）。这将增加自然衰减，但是这种作用是否显著尚不明确。最后，用泵抽取受污染的水会降低含水层的污染负荷（如 Lerner 和 Tellam，1992；Rivett 等，2005）。
- 总负载和衰减能力：长时间高浓度排放可能会超出本地含水层的衰减能力（如 Ford 和 Tellam，1994）。此效应可能随着不断混合至少被部分抵消（见前文“抽水”）。Foster 等（1999）提出的城市发展的一般模式就是一个例子：该模式提出，在没有污水处理设施的城市系统中，由于有机负荷较高，氧化还原电位将逐渐下降，同时含水层中会形成一个氧化还原带。另一个例子是，Foster 等（1992）所描述的砂岩含水层的酸化（见 Shepherd 等，2006）。局部范围内，非水相液体（NAPL）含有高浓度的有机污染物，会超过含水层的衰减能力。可能需要很多年 NAPL 才能被溶解除去，在这期间其将一直作为一种浓度边界存在。NAPL 可能是一种相当复杂的浓度边界，因为其组成、冲洗速度，甚至位置可能会随时间而改变。几乎可以肯定，非水相液体在许多城市的含水层都很常见。在英国，工地上使用氯化溶剂，溶解相氯化溶剂通常出现在施工现场的井水中（Rivett 等，1990；Burston 等，1993；Shepherd 等，2006）。大多数情况下，溶解相的存在也意味着游离相的存在，溶解相浓度越高，这种现象越明显。然而，城市的含水层中，许多非水相液体将永远不会被注意到，即使被注意到了，也不一定会被记录下来。

- "新"化学品：新化学品不断生产出来，其制造场所通常位于市区。大多数新的化学品是合成有机物，但未来可能还包括人造纳米粒子。其中有些可能对人体有毒害，有些已确知对细菌有毒害，其中可以包括那些能降解其他污染物的化学品（Anon，2004）。
- "旧"化学品：新的化学品在取代旧的化学品，但后者可能仍然值得考虑，因为它们可能仍然存在于地下水系统内。
- 取水率变动：如果抽水发生显著变化，水位将上升或下降。这通常会改变氧化还原状态，从好氧变为厌氧，反之亦然，从而影响进行中的化学反应。例如，石油烃的好氧降解可能不再发生，或可能会使氯化溶剂的厌氧降解停止。Robins 等（1997）报道了一个案例，其中，水位下降引起了氧气涌入，导致硫化物氧化，并产生大量硫酸盐以及 pH 值较低的水。
- 混合：一个或多个污染羽可能渗入井中，并且抽水会导致它们在井内混合。这种混合会引起反应，可能会形成有害物，虽然我们尚无文字记载的例子。这种混合不同于前面描述的（抽水）分散混合，混合后的水与含水层的固相不接触，可能与空气接触，并且反应时间可能有限。在此背景下，混合虽然会与有机物接触，但与向地面的排放仍具有较大相似性。主管道渗漏产生的稀释作用在前面已经提到了。

1.3　城市典型含水层模型面临的挑战

许多城市沿河流或地下含水层建设和发展。虽然这种地点有明显的好处，但缺点之一是高密度的人类（动物）居住产生的垃圾可能进入到主要水源。最大限度地提高可用水质量以及减轻水质恶化是所有水资源规划者的主要任务，但水质标准对城市地下含水层尤为重要。因此，用于城市水资源规划的任何城市地下水模型都应该具有同时处理流动和反应性溶质迁移过程的能力。

忽略海水入侵和 ASR（含水层储存和恢复）等特殊情况，城市的含水层系统具有一些具体和特有的特征，包括：

- 迄今为止，大量不同的补给机制中仍有不少缺乏易处理的定量描述（甚至是物理过程的理解）；
- 补给的时空间分布具有明显的非均匀性；
- 地表水和地下水系统响应时间不匹配，并因许多城市地表水系统波动的增大而加剧；
- 取水点密集，通常随时间而变化（有时随空间而变化），但变化方式不明确，并在含水层水流中占主导地位；
- 城市含水层大量开采导致系统行为出现很大变化；
- 土地利用的时空不均匀导致污染物荷载发生（未知的）改变，反过来导致整个含水层中污染物的时空分布不均匀；
- 不断引入各种化学物质，有些物质的环境化学行为不明确；
- 含有不明确迁移特性的污染物，如 NAPL 和颗粒（特别是微生物颗粒）；
- 存在长期的、有时是可移动的溶解相污染源（NAPL、人工填地）。

这些问题可以简化为模型面临的三个挑战：

（1）许多过程的时间和空间尺度较小，如

1）补给，

2）污染源。

（2）许多过程强度较大，如

1）水位改变（补给作用，流动中断），

2）污染程度。

（3）对生物、化学、物理过程缺乏理解，如

1）不稳定非饱和流，

2）填土的水力和化学特性，

3）渗漏特性，

4）微生物颗粒以及 NAPL 的运动，

5）许多污染物——尤其是新化学品的化学行为。

（4）地表水系统、管道网络以及地下水导致编程代码的复杂性。

理想的城市地下水模拟程序，除了运算速度快、易于使用，还应该具有以下特点：

- 能够用来解决三维问题，并且能够描述复杂的几何边界，包括：

1）能够与 GIS 输入模块相连接，利用储存在其中的土地利用和其他数据源，

2）能够描述线性、点状和扩散的地下水补给；

- 具有模拟瞬时流动的能力；
- 具备处理小尺度时间和空间变量的能力；
- 能够描述非饱和区域的流动，并且：

1）完全考虑旁通流量，

2）具有处理随水头变化补给率的能力，

3）蒸发量是含水量的函数，

4）蒸发量是地下水深度的函数，

5）时空改变造成的土地利用率的改变会形成变化的地下水补给

过程（可能通过一个单独的 GIS 模块实现），

6）能处理由变化的河床沉积层导致的三角洲；

- 描述地表水的流动情况，使之可以与水文图对比；
- 能够描述溶质的迁移，并且：

1）至少能够模拟包括河床沉积层的不限制介质数目的线性延迟和一阶衰减，

2）能够描述内部和模型边缘的浓度边界（主要用于模拟NAPL），

3）能够追踪向地表水运动的溶质，

4）具有模拟密度效应的能力；

- 模拟各种井，包括套管深度，以便设计不同井时，评估流动和溶质迁移；
- 能够在随机模态中运行。

这些特点的重要性，在很大程度上取决于建模工作的目的（以及由此产生的兴趣范围）和含水层的特征。例如，为了区域监管调查而建模的话，许多污染物可以被认为来自扩散面源；而为了研究一口新井的开发而建模时，同样是这些污染物，则可以被认为来自点源。然而，尽管认为污染物是面源污染，但实际上评价其大尺度的行为与考虑其小尺度的迁移过程同样具有挑战性。不过，一般情况下，人们更有信心在较大的范围内进行预测。和其他大部分的地下水模拟一样，随机建模以显示这种不确定性常常是一种有吸引力的办法。

考虑城市地下水系统演化或比较那些发展中城市与建设成熟的城市已有的系统时，技术的不断进步和社会制度的不断变化，意味着过去的经验并不一定可以为通向未来提供重要借鉴。这并不是说历史不是了解特定城市含水层、现今地下水径流和水质的基础：每个城市系统都是独特的，不仅是因为每一个含水层都有不同的物理化学组成，还因为人类强烈的活动对含水层的历史影响。正是通过把这些变量和变化的影响考虑在内，城市地下水模型代码才从根本上有别于其他地下水模型代码。

1.4 城市区域地下水数值模拟技术现状

地下水被广泛认作地球上最大、最重要、可获得的淡水饮用水源，对全球快速发展的城市的健康和可持续性发挥着至关重要的作用。在可用的情况下，地下水往往要优于湖泊和河流中的地表水，因为地下水相对保护得较好，不易受到污染，并且受旱灾的影响较小，可以采取一次只建一口取水井的方式对地下水逐渐进行开采，以最少的资金投入满足城市日益增长的需求。

然而，新技术和精心规划、执行的管理策略对于地下水资源的有效和合理利用至关重要。反过来，适当的管理战略的形成需要健全的城市地下水科学知识，以及测试资源管理战略替代方案、辅助决策的含水层模拟工具的应用（Howard，2007）。尤其需要考虑的是城市供水预算、地下水开采对诱导补给的影响，以及这些因素反过来是如何与地下水可持续开采相联系的（Sophocleous，2000，2005，2007）。所有这些因素都紧密相连，数量上随时间变化。因此，数值模型是评估资源管理方案唯一可行的方法。

本节旨在通过回顾在城市地区应用的地下水建模的现状来介绍UGROW 模型的广阔背景。首先简要介绍了含水层模拟数值方法的历史，接下来回顾现有的地下水模型以及它们可以应对的城市地下水系统的复杂程度。这一回顾将有助于突出 UGROW 将要填补的重要空白。

1.4.1 数值模拟的发展

过去的 25 年里，我们对城市地下水问题的了解和建立地下水模型的能力有了重要发展。大多数情况下，这两个方面并没有交集。只是在最近几年，两条发展道路才得以互相结合，主要是因为考虑到具体处理与城市相关的水文地质条件的模型设计。

最早的数值模型采用的是基于近似控制方程的有限差分方法(Rushton 和 Redshaw，1979 年)。这些模型通常是二维的，概念简单，计算效率高，通常从纯粹的定量角度研究流域尺度的水资源问题。后来的模型开始使用有限元分析方法，相比有限差分技术具有一定优势，但对数学的需求更多，因此更难以用代码实现。今天，有限差分和有限元模型代码共存。两者都充分利用快速微处理器、大内存和复杂的图形用户界面（GUI），以提供地下水的高度稳定状态以及瞬时流动的模拟，同时能够模拟变密度以及变边界条件下三维溶质迁移问题。

迄今为止，大多数地下水模型被设计成通用形式，以满足更广泛的用户需求。例如，滑铁卢水文地质公司的“Visual Modflow”和ESI（国际环境系统）公司的“Groundwater Vistas”，可以运行USGS的有限差分代码 MODFLOW 的商业环境（McDonald 和 Harbaugh，1988，2003）包括：

- MODFLOW/MODFLOW2005——世界上使用最广泛的三维地下水模拟软件，能够模拟水井、河流、溪流、水渠、水平向流动约束、蒸发和补给流对流动的影响；
- MT3D——一个3D的污染物运移模型，可以模拟可溶性溶质的对流、弥散、汇/源混合和化学反应；
- MODPATH——一个3D的粒子追踪模型，计算特定时间内粒子在稳态或瞬态流场的路径；
- PEST——参数估计和自动率定。

这些模型还支持更先进的技术发展：

- MODFLOW-SURFACT——包含非饱和带流、延迟时间和垂直流模块；
- SEAWAT——可以模拟三维变密度、瞬态地下水渗流。

这些功能大大提高了我们模拟城市地下水流动以及夹带污染物的能力。然而，没有哪一种是明确针对城市地下环境的某些特点和独有的问题而设计的，如漏水管道和设施坑道、雨水渠、压实不良的填土和隧道、洞穴等统称为“城市岩溶”的大型地下洞室（Sharp 等，2001；Krothe，2002；Krothe 等，2002；Sharp 等，2003；Garcia-

Fresca，2007）。

与此类似，柏林 WASY GmbH 公司开发的 FEFLOW®，一种流行的多用途有限元模型，能够模拟三维流动和迁移过程，并能处理：

- 双孔隙介质；
- 饱和与非饱和条件；
- 质量和/或热传输；
- 化学反应和降解机制；
- 温度和/或盐浓度变化导致的变密度问题；
- 随时间变化的边界。

然而，尽管城市含水层系统经常会具有这些特性，模型用户仍然需要报据城市地下环境的独特的复杂之处调整模型。

1.4.2 临时解决方案

直到最近为止，模拟城市地下水系统问题的解决方案，仍然要么是使用可用的地下水流动和运移模型，并调整城市数据以满足建模要求，即“合适”的方法；要么是开发独立的城市供水系统或城市水系统组件模型并将这些城市系统模型与现有的流动和迁移模型相结合，即“耦合”的方法。

下面列举几个使用这些方法的实例。

合适方法

作为合适方法的一个例子，Visual Modflow 最近已被用来研究加拿大安大略省南部大多伦多地区城市增长的潜在影响（Howard 和 Maier，2007）。研究区域为中央皮克林灵发展地区，即广为人知的西顿地区。该地区是 Duffins 溪流域的一部分，Gerber 和 Howard（1996，2000，2002）用 MODFLOW 研究和模拟了该集水区域，目的是了解 Newmarket Till 弱含水层的水文地质行为。研究中开发的模型是这项工作的一部分，随后被修改并被用于影响分析。这个模型包括 9 个层，网格离散为 200m×200m（110 列和 150 行），使用安大略省环境部记录的约 7,000 条水井钻孔数据，辅以从垃圾填埋场和区域水资源调查获得的钻孔数据。全部模型细节和稳态率定可见 Gerber

和 Howard (2002)。

西顿地区如图1.6所示。该地区是大多伦多地区(GTA)下一阶段城市发展的主要目标。在很多人看来，这种发展是对省政府作出的确保大多伦多地区的发展具有环境可持续性这一决定的重要检验。涉及该地区的主要问题包括发展对当地水平衡的影响、敏感湿地的出路以及除冰盐 NaCl 对地下水水质的潜在影响。

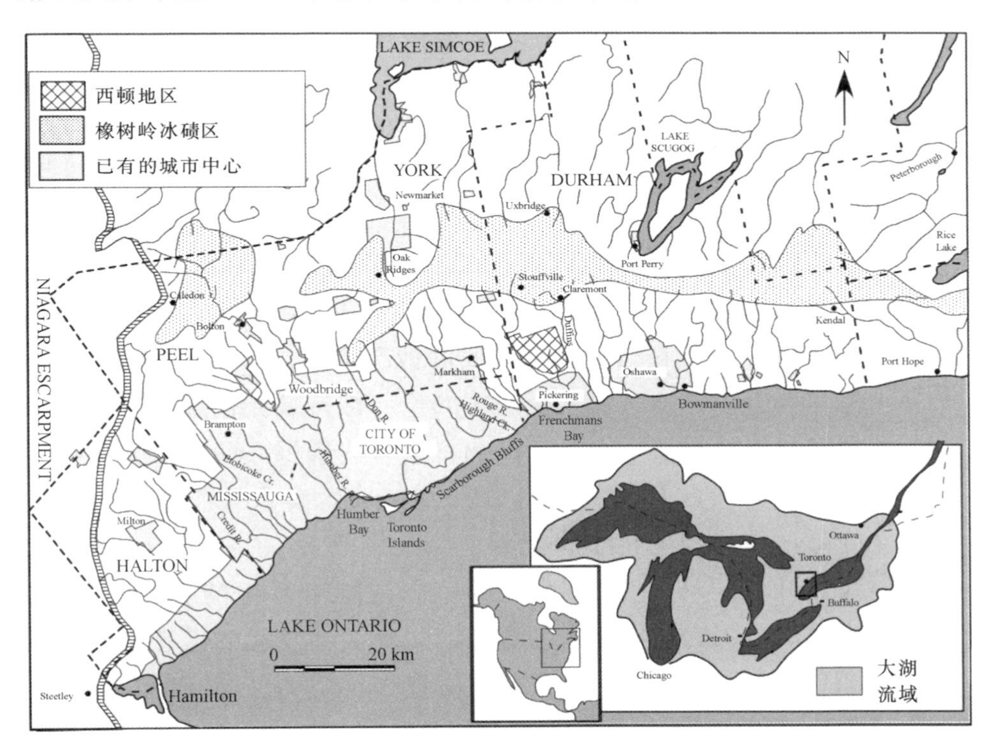

图1.6 研究区域：大多伦多地区(GTA)，显示了其组成区域、现有的城市中心和西顿地区

来源：Howard 和 Maier，2007。

利用 Visual Modflow 研究道路除冰对当地含水层潜在影响时，需要作两个重要的假设以克服基本模型公式的局限性：

- 释放到地下的盐立即转移到地下水中。换句话说，MODF-

LOW 模型中未模拟非饱和区的影响，其潜在的影响被忽略了。这种假设是可以接受的，因为盐迁移到浅水层的垂直运行时间与在含水层中的迁移时间相比很小。

- 通常表现为盐类线污染源的主要干线公路和高速公路，可以表示为多个点污染源，盐浓度视为最临近的模型节点的年平均浓度。考虑到所研究地区的尺度，这种假设是可以接受的。

为进行预测，研究还假设未来的盐使用率维持在目前水平。

模型的建立包括两个阶段：

- 在没有盐负荷的情况下，模型运行至稳定状态，重启 Gerber (1999) 的建模工作。
- 在流域内现有的道路及高速公路上使用盐 50 年，以达到盐对系统的历史荷载。这有效地反映了西顿地区开发之前的情况。

随后，在两种情境下预测盐的影响：

- 长期条件下，在没有任何开发的情况下的化学稳定状态，换言之，当通过补给进入系统的盐的量与被排放到溪流、河流和安大略湖的盐的量平衡时，影响将会自然累积（见图 1.7）。
- 长期条件下，西顿地区得以开发，从而向系统施加额外的盐负荷，并达到的化学稳定状态（见图 1.8）。

尽管 MODFLOW 无法描述局部范围内城市系统的更细节问题，但在区域范围内，该结果还是有用的，并确实就发展的潜在影响及其发生的时间框架提供了有价值的指示信息。

耦合方法——OROP

首次成功应用耦合方法的实例之一是由佛罗里达州最大的水批发供应商——坦帕湾水组织率先提出并于 1999 年实施的“优化区域行动计划”（OROP）（见图 1.9）（Hosseinipour，2002）。坦帕湾水组织的政府成员包括纽波特里奇、圣彼德斯堡和坦帕市政府，并且 OROP 是当地水资源决策支持系统（DSS）的一个关键组成部分（见图 1.10），为坦帕湾地区的 200 多万名居民提供服务。

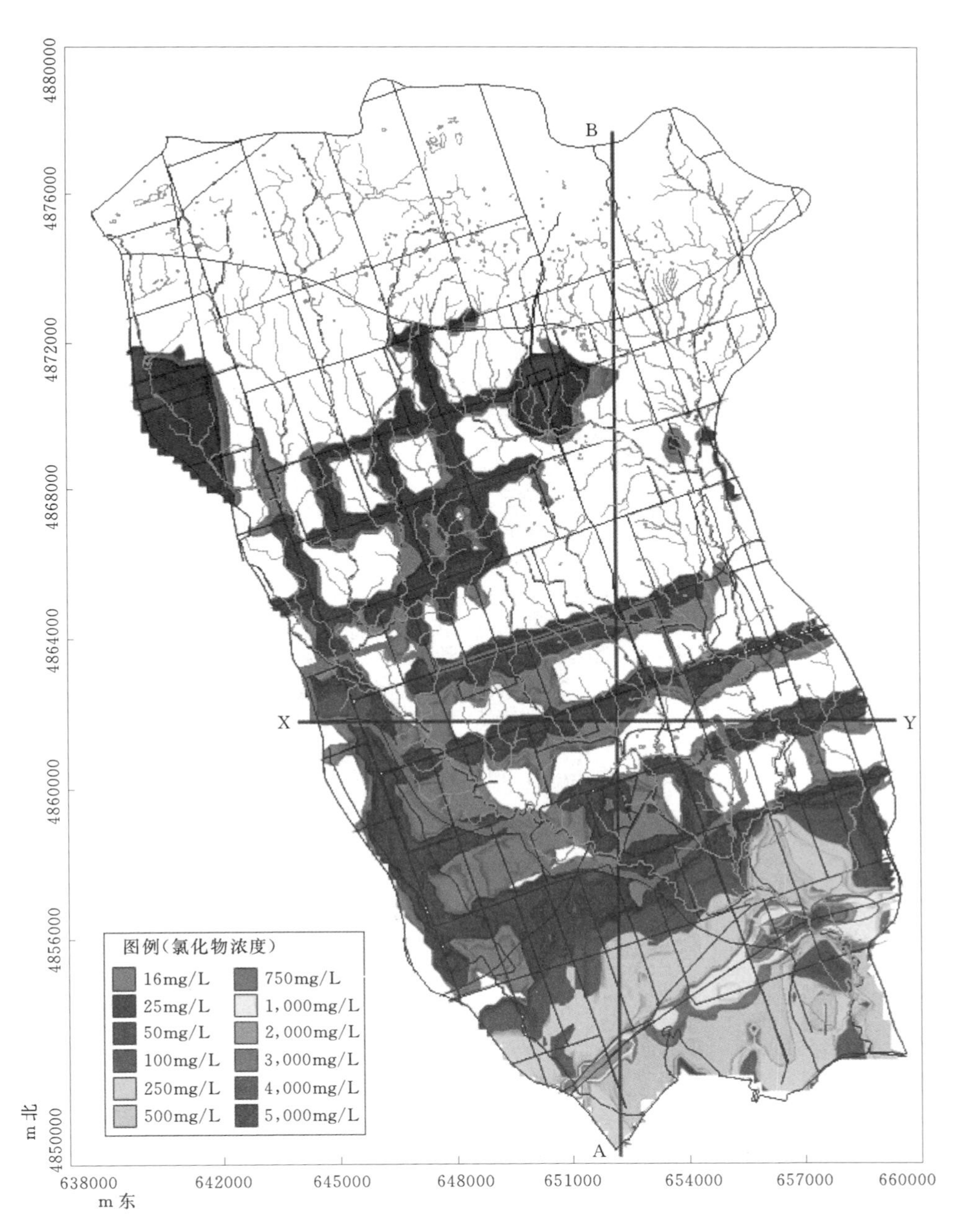

图 1.7　西顿地区研究区域未开发时，预测的长期、稳定状态下最上层含水层中的氯化物浓度。几百年后仍未达到化学稳定状态，浓度变化主要发生在最初的 **100** 年内（见彩图 **3**）

来源：作者。

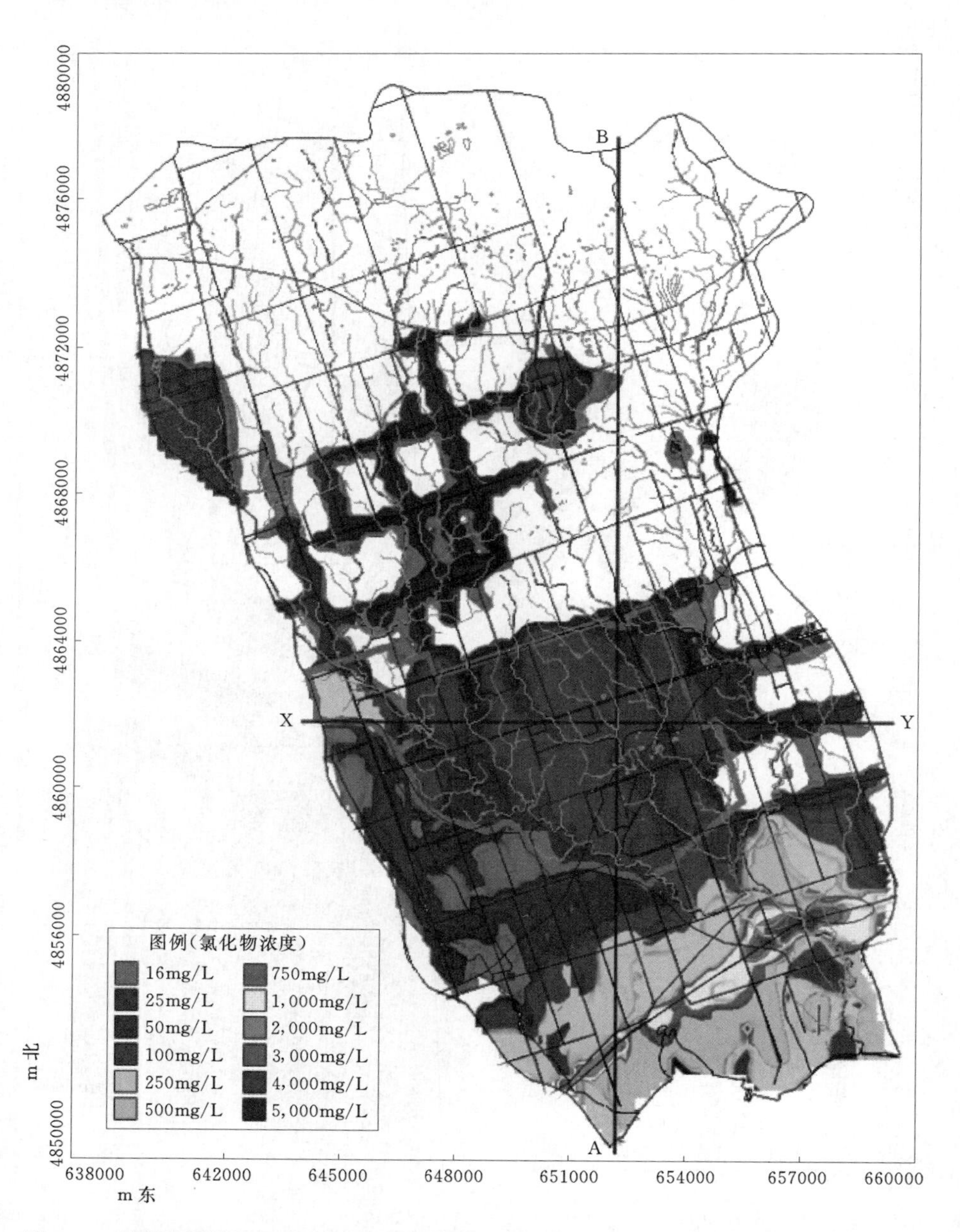

图 1.8　考虑西顿地区研究区域发展过程中道路上盐的应用，预测的长期、稳定状态下最上层含水层中的氯化物浓度。数百年来仍未达到化学稳定状态，改变大多发生在最初 100 年的时段内（见彩图 4）

来源：作者。

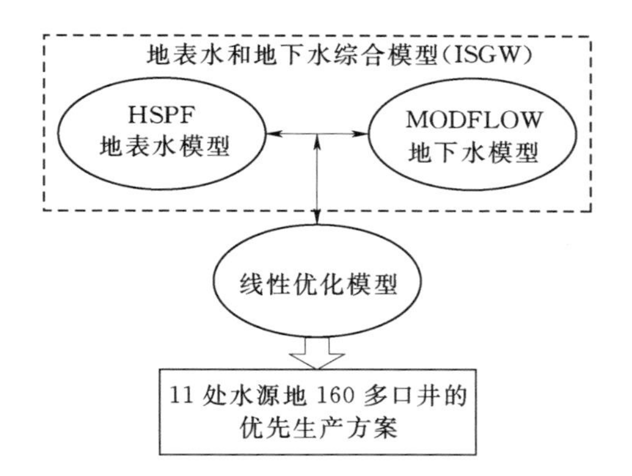

图 1.9　优化区域行动计划（OROP）

来源：作者。

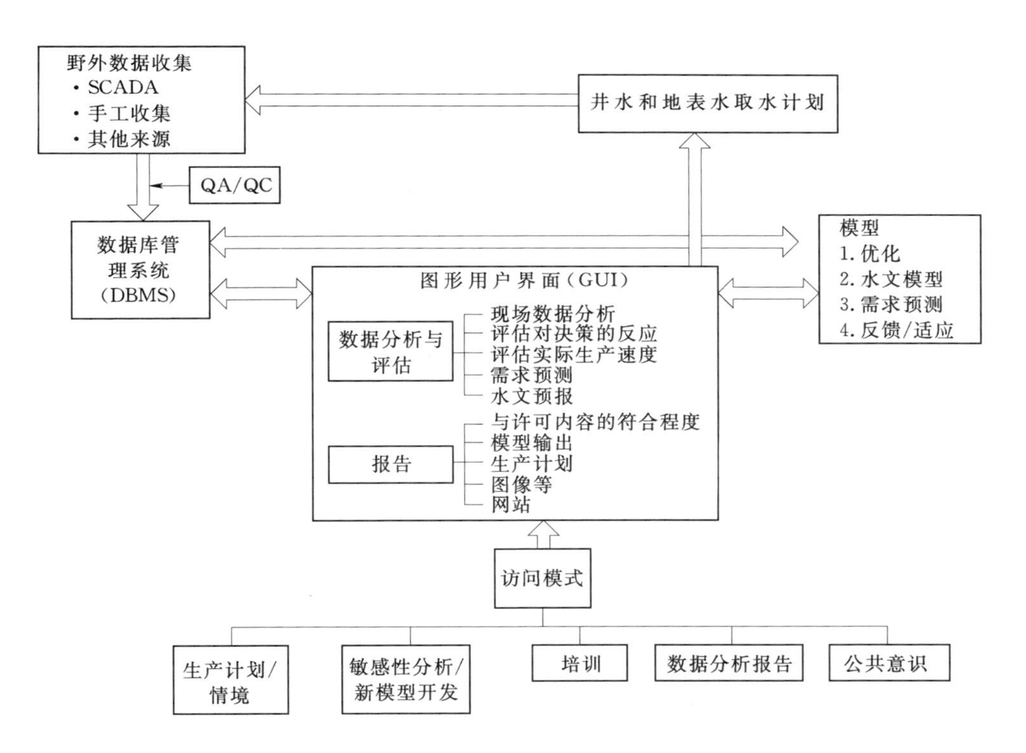

图 1.10　Hosseinipour 设想的决策支持系统的组成部分

来源：Hosseinipour，2002。

OROP是一种定制的计算机工具，可以通过预测地表水的可利用量、降雨数据、当前水位和操作约束条件来确定水源地的可利用供水量，在满足对环境无害要求的条件下循环生产，例如，防止湿地的恶化和海水入侵。这种工具将地表水和地下水综合模拟模型和优化程序结合起来，可以针对11处水源地的160多口井制定优先生产方案。

OROP的一个关键组成部分是由SDI环境服务有限公司（SDI）开发的坦帕湾中北地区（CNTB）综合水文模拟模型。CNTB模型采用SDI的ISGW（综合地表水和地下水）软件，耦合了HSPF模型（水文仿真程序）模拟的地表水水文（Johanson等，1984）和由MODFLOW（McDonald和Harbaugh，1988）模拟的含水层系统。鉴于OROP对坦帕湾水组织的水源地管理系统有着至关重要的作用，理解和量化CNTB模型所作出的预测的不确定性对于确保水资源的长期可持续发展非常重要。

在下面两种主要水文地层单元里，MODFLOW可以用来模拟地下水流：一般的潜水表层含水层系统（SAS）和上佛罗里达含水层系统（UFAS），由于受到中间结构单元（ICU）面积的限制，UFAS在大部分模型中受到限制。该模型包含两层（SAS和UFAS），153行和152列，单元尺寸在1/4英里（约400m）至1英里（约1,600m）之间。中间结构单元（ICU）在MODFLOW模型内没有明确离散，模型域内可能会出现数百个ICU“窗口”。这些中间结构单元通常由倒塌或污水池造成，通常会直接导致地表水体和UFAS水文系统之间产生直接的水力联系。

OROP所采用的建模方法描述城市区域重要特征——如溶洞以及离散的多重含水层补给源的能力显然是非常有限的。OROP之所以成功，是因为模型的尺度较大，被要求能够应对广泛的资源问题。这种类型的模型显然不适于用来研究城市水平衡和局部小尺度的城市水质影响。AISUWRS模型更适合处理这样的问题，如下所述。

耦合方法——AISUWRS

最先进的采用“耦合方法”的一个例子是AISUWRS模型（评

估和改进城市水资源和系统的可持续性)。这种建模工具涉及一系列紧密联系的城市组件模型。它由一个为期三年的国际多学科研究项目开发而成，该项目由第五框架计划下欧盟委员会，澳大利亚教育、科学与培训部和英国自然环境研究理事会资助。参与机构包括：德国卡尔斯鲁厄大学（协调人）、英国地质调查局、澳大利亚联邦科学与工业研究组织、德国 FUTUREtec Gmbh 公司、德国 GKW 咨询公司、斯洛文尼亚矿业和地质研究院和英国萨里大学（罗本斯公共与环境健康中心）。

模型的全部细节发表在《城市水资源工具箱》(Wolf 等，2006b) 一文中。

将地下水并入城市水管理的需求推动了 AISUWRS 项目的发展。该项目的核心是认识到尽管城市地区土地和水的使用情况非常复杂，但城市规模在扩大，不能仅因为地下水是难以评估的，市政自来水公司就忽视具有潜在供水能力的含水层中的水。

正如最初所设想的（Eiswirth，2002)，AISUWRS 模型与已经存在的城市体积和质量模型（UVQ 模型）相挂钩。UVQ 由澳大利亚联邦科学与工业研究组织城市水计划（UWP）利用一种地下水流模型（FEFLOW®）通过一系列（ARCINFO®）地理信息系统层（见图 1.11）开发而成。此后，AISUWRS 项目又开发了一系列其他组件模块，包括网络渗出渗入模型（NEIMO）以及一系列为 UVQ 和模型提供接口的不饱和区模型（见图 1.12)。完全连接系统包括决策支持系统（DSS）和 Microsoft Access 数据库，如图 1.13 所示。

1.4.3 UGROW 的用途

尽管其表现出来的能力很强大，AISUWRS 建模工具只取得了有限的成功。在某种程度上，这是因为其高度复杂性和高数据量需求使其不适用于没有完善的数据基础或没有足够的资金以获取必要数据的城市。另外，更根本的问题涉及到 AISUWRS 采用的“耦合方法”。这最终依靠自主开发的地下水流模型，如有限元模型 FEFLOW，以完善程序包并提供结果。在实践中，实现 AISUWRS 模型组件与 FE-

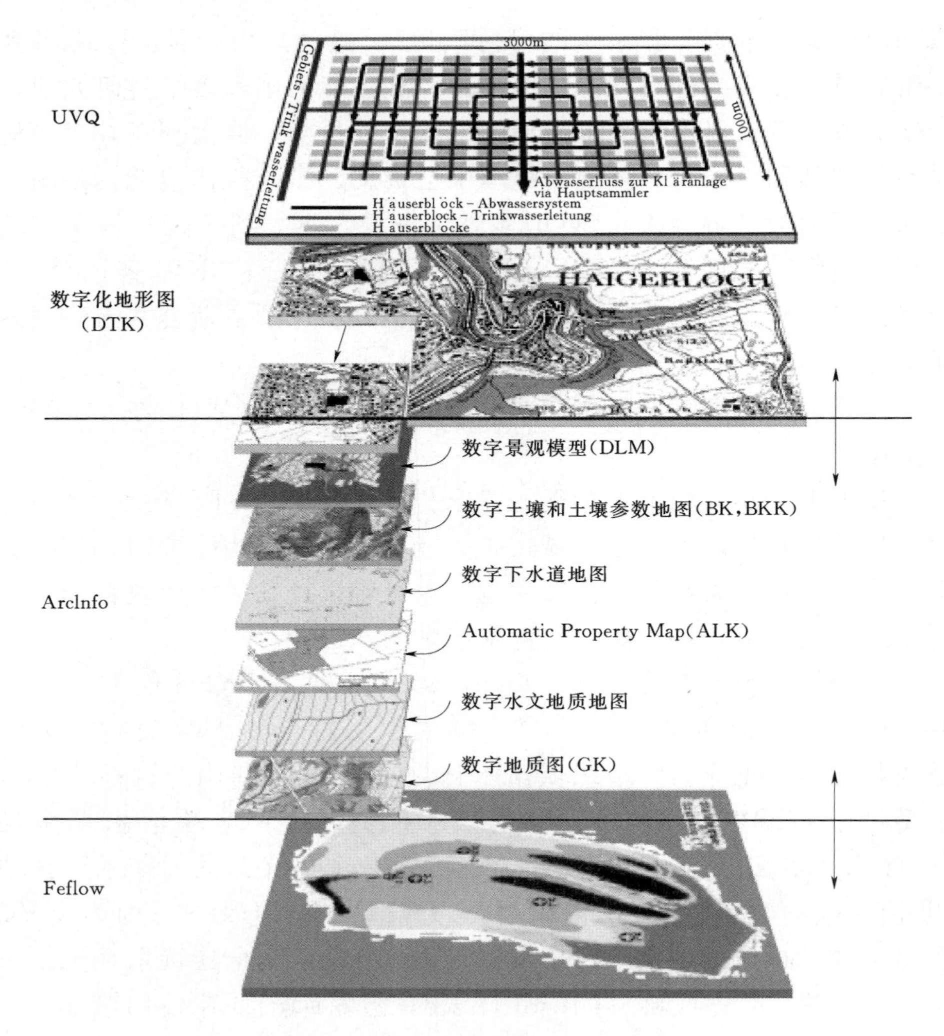

图 1.11 Eiswirth 构想的 AISUWRS 概念模型

来源：Eiswirth，2002。

FLOW 的无缝“对接”存在问题（Wolf 等，2006b），只有时间可以告诉我们，是否可以完全解决这类问题。

作为致力于研究城市供水系统的一种全面集成的模型，UGROW 弥补了 AISUWRS 先前的不足，具有完整的、全面集成的模拟城市供水系统的建模软件包。UGROW 的某些组件可能缺乏 AISUWRS

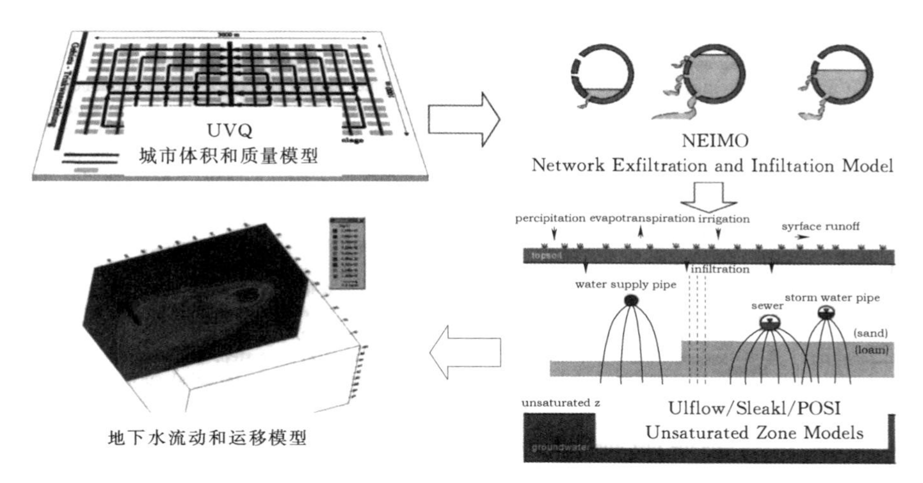

图1.12　AISUWRS集成方法的主要模型划分（见彩图5）

来源：Wolf等，2006b。

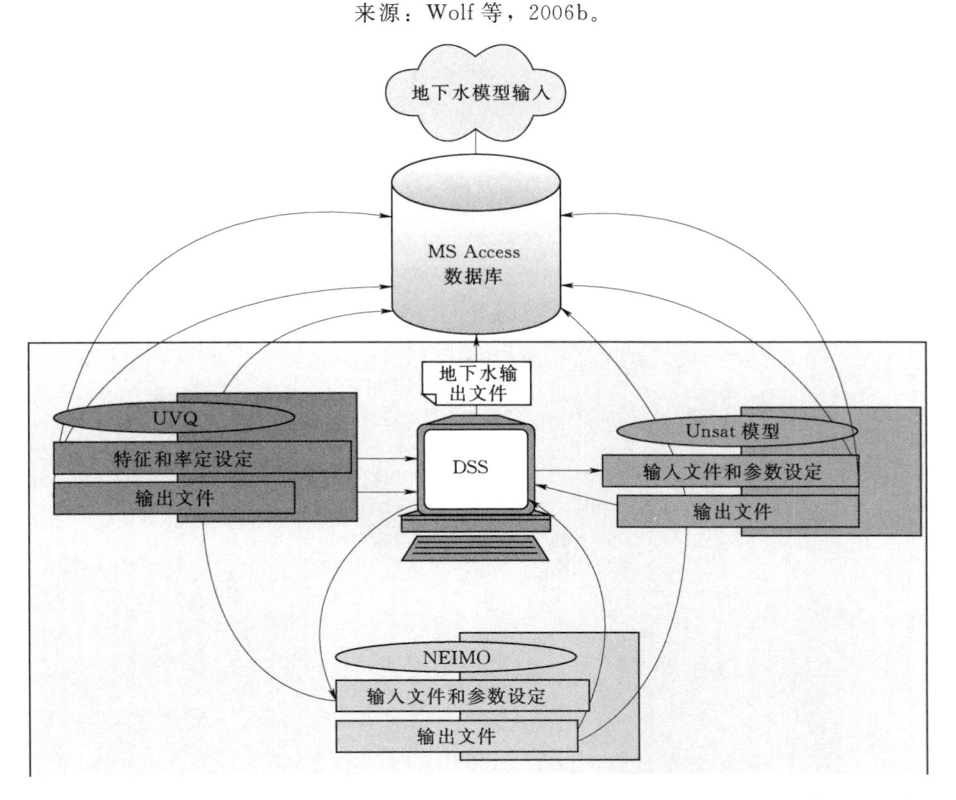

图1.13　AISUWRS模型组件、决策支持系统和Microsoft Access数据库之间的联系（见彩图6）

来源：Wolf等，2006b。

所具有的灵活性，但具有所有重要的城市水系统单元，并实现了无缝连接。当前版本的UGROW有一定的局限性，特别是无法模拟复杂的多层含水层系统。尽管如此，它是一个可行的、用户友好的城市水仿真程序包，很容易用于范围广泛的城市水资源问题。因此，该模型填补了城市供水系统管理者和决策者可获得的工具的一个重要空白。

第2章　UGROW——城市地下水模拟系统

Dubravka Pokrajac[1],
Miloš Stanić[2]

第1章中提出了UGROW软件开发中的主要概念和基本原理。在第2章中，我们将阐述了UGROW模型的系统及其重要属性。2.1节定义了系统的应用范围和局限性，详细介绍了UGROW解决各类实际问题的适用范围和不适用的条件。2.2节介绍了该模型的理论基础，包括其构件的详细信息。2.3节介绍了地下水模拟模型UGROW，2.4节和2.5节分别介绍了不饱和水流模型UNSAT和地表径流模型RUNOFF，2.6节列举了描述实际问题和运行UGROW所需的数据。2.7节侧重于图形用户界面（GUI），给出了用于处理地理数据模型的几何算法，并给出了一个简单的假设研究案例，介绍了模型逐步建立的过程。最后，2.8节简要介绍模型的率定、不确定性和灵敏度，这些因素对任何地下水模拟模型的实际应用均是重要的，并非只针对UGROW。

2.1　模型基本概念

2.1.1　一般特征

城市地下水管理是完善的城市水系统管理的有机组成部分。第1

[1] 英国阿伯丁大学建筑工程学院。
[2] 塞尔维亚贝尔格莱德水利工程研究所土木工程学院。

章介绍了城市水系统，尤其是城市地下水综合管理的主要特点和特殊需求，以及解决这些需求的城市水系统管理工具。

UGROW是一种软件工具，用于管理城市水系统中的城市地下水组成部分。该软件系统的开发主要是为了提高对城市地下水和其他城市水系统之间相互作用的认识，提高展现这种相互作用的模拟模型的能力。其主要目的是为了实现城市地下水系统与其他城市水系统相互作用的可视化，使其可以被展现，可以被量化。这一目的的实现需要存储大量的数据来描述不同的城市水系统，并有效地处理这些数据。随着功能强劲的桌面计算资源的快速发展，开发出的新一代模拟模型能够完成高度复杂的任务。在UGROW中，复杂动态的模拟模型与GIS（地理信息系统）联合应用，是目前可用的最先进的城市地下水模拟系统之一。

UGROW的基本结构，如图2.1所示。UGROW的主要组成部分包括一个进行数据操作的图形用户界面、一个GIS城市水系统数据库、进行数据操作的一套算法以及三种模拟模型。

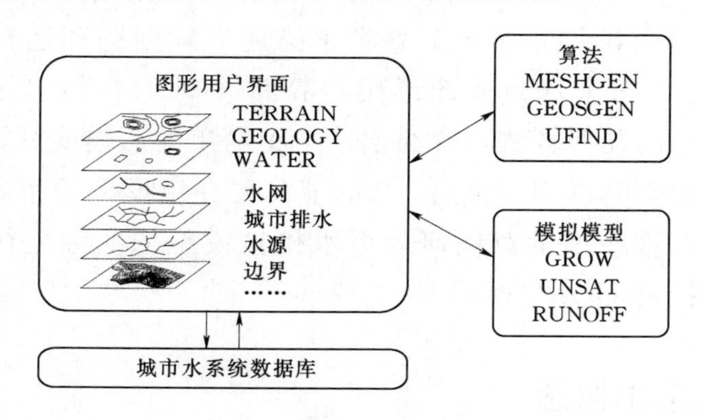

图2.1 UGROW的基本结构

来源：作者。

2.1.2 用户界面

UGROW的用户界面被称为3DNet，专门用于3D（三维）展示不同的城市水系统，主要采用网络（Networks）的模式。它是一种基于 Microsoft Windows 的图形预/后处理器，并带有地理信息系统（GIS）的功能。这意味着信息会被组织在一系列的层内，这些层可以叠加并以图形方式展现（见图 2.2）。然而，同传统的地理信息系统不同，地形轮廓、管道、水流和模型边界等图形对象是真正三维立体的。3DNet 用户界面与数据库连接读取图形对象，并将其写入到数据库。它还可操作如图 2.2 所示的三维视图和绘图场景的俯视图。

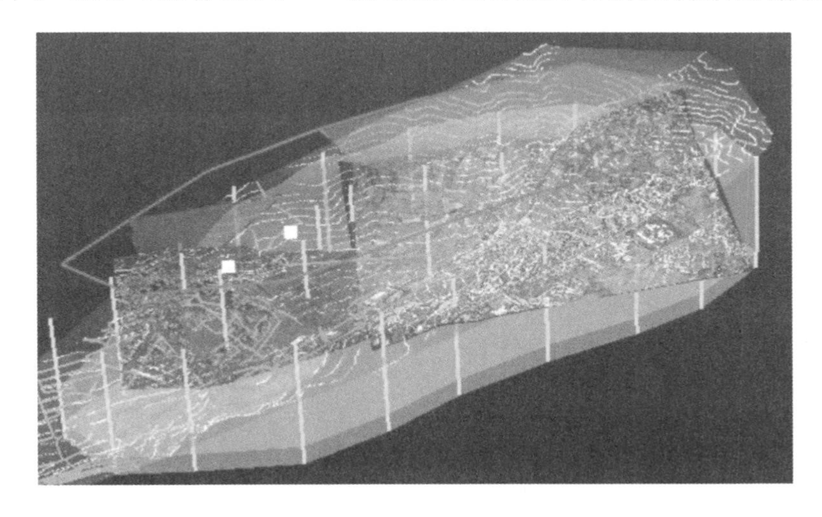

图 2.2　地形模型和水文地质层的三维视图（见彩图 7）

来源：作者。

3DNet 用户界面是一个综合的水文信息处理工具，包含三个关键组成部分。

（1）TERRAIN，用于专门展现和处理地表信息，可以：

- 插入和安装扫描的地图；
- 插入数字化高程点和地形等高线；
- 通过 Delaunay 三角剖分创建数字地形模型（DTM）；
- 创建等高线。

TERRAIN 使用预定义或自定义的彩色地图来展现数字地形模型。

（2）GEOLOGY，处理由一系列钻孔定义的地质层，每个钻孔包含几个地质层。这些钻孔可以是：

- “真实的”，使用特定地点的钻孔记录；
- “虚构的”，将其插入以真实展现解析后的地质层。

GEOLOGY 组件还可以操纵真实和虚构的钻孔数据，运行算法，创建地质层。

（3）WATER，可在所有水系统和水模拟模型中运行，可以创建供水网络（WATNET）、城市排水管网（SEWNET）和城市河流网络（STREAMNET）。它还可操纵运行模拟模型所需的所有数据，其中包括：

- RUNOFF，用于平衡地表径流；
- UNSAT，用于非饱和土壤水流动模拟；
- GROW，用于地下水流模拟。

对于地下水模拟，WATER 组件定义了水文地质单元（主要含水层和存在的上覆弱透水层）和模型域边界，它运用 MESHGEN 算法生成有限元网格，通过 UFIND 算法将城市水网络和地下水模拟模型连接起来。

2.1.3 数据库

城市水系统数据库为某个特定的城市或城市的某个部分存储有关地形、地质层、水系统和地下水模型的数据。地形数据包括一系列的地形点坐标（x、y、z）、连接各点的线、由线形成的三角形，以及生成的数字地形模型。通过从钻孔数据提取点的坐标，在它们的上表面和下表面之间创建地质层，这些点使用相同的算法，用于形成地质层表面的数字模型。这些表面模型之间的空间充满了被称为 GEOSGEN 的固体生成算法。

存储在数据库中的水系统包括：供水管、下水道、河流和水井。每个系统包括一系列的对象（例如管道），并且每个对象有几个属性，例如管道长度、直径、工作水位（下水道）和水头（供水管）。所有的对象都可以在电脑屏幕上绘制，并且还具有其他的一些特性（如线的颜色、粗细、文字大小和文字颜色）。

该数据库还包含模拟模型数据，如有效降水的时间序列、径流系数、物理边界和边界条件等。2.6 节中常见数据的要求和详细的数据列表均可存储在 UGROW 数据库中。

2.1.4　算法

算法用于处理数据，并将正确的信息传递给模拟模型。UGROW 包含了一个用于集成多个组件的算法库。包括下列一些算法：

- MESHGEN 用于在给定区域内生成网格。通过 Delaunay 三角网格算法，将域划分成覆盖全部域的不重叠的三角形网格。图 2.3 显示的是通过 MESHGEN 生成网格的一个例子。通过限制三角形的最大面积，可以控制三角形网格的密度。域边界由预定义段或预定义的点和线组成。前一种方法用于生成地下水流模拟区域的有限元网格。点和线首先被封闭在凸包（它包含所有凹凸面的最小面）和网格内。后者用于生成数字地形模型。

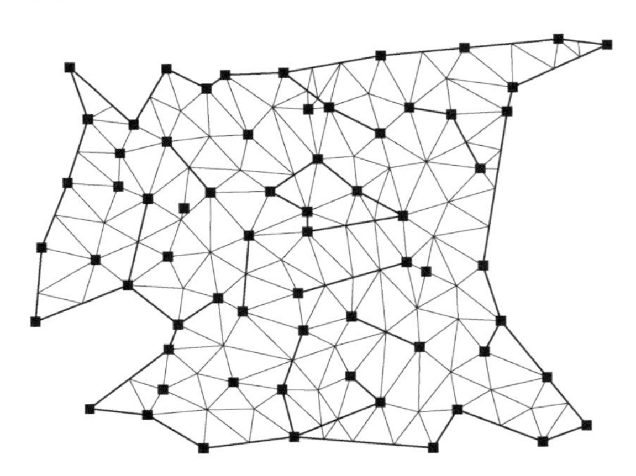

图 2.3　MESHGEN 生成的网格

来源：作者。

- GEOSGEN 展示固体生成所需要的地质层和水文地质单元（见图 2.4）。固体的几何形状是指通过 Delaunay 曲面细分将两个预定义的表面之间的空间分割成四面体。本程序将一个平面三维类比化，如图 2.4 所示。

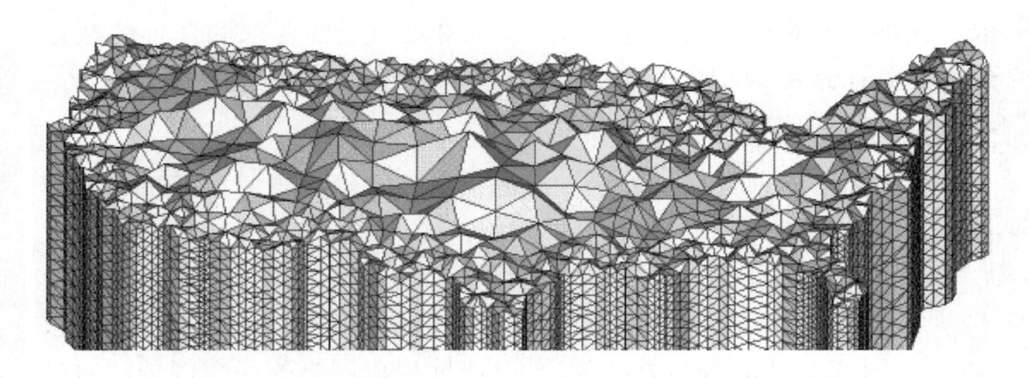

图 2.4　一个运用 GEOSGEN 算法生成的地质层的固体模型

来源：作者。

- UFIND 在数据库中搜索潜在的地下水补给源，并将其分配到地下水模拟模型的有限元网格的各个组件中。这是一个集合包含在 UGROW 数据库中的所有水系统的关键算法。

2.1.5　模拟模型

模拟模型提供了以数字形式显示的水文循环关键部分的水运动：地表径流、不饱和区域地下水流和地下水的流动。其他水系统组件的行为是通过操作其参数定义的，但并非动态模拟的。

模拟模型的关键是 UGROW 模块，包括 GROW、UNSAT 和 RUNOFF。

GROW 是一个可以模拟从自然水源和人工水源得到补给的城市地下含水层的水流和污染物传输的工具，自然水源如降水，人工水源如主供水管、雨水下水道和垃圾填埋场渗漏等。含水层的一部分可以不受限制，直接将水传到地面，而其他部分通过中间的隔水层与表面分离开。在这两种情况下，近地表土壤的最上部不饱和，渗透要么通过非饱和区回补含水层，要么由于毛细管水压力，返回到大气中蒸发。在城市地区，含水层也会通过供水管道、下水道等渗漏补给，并释放基流水和排给抽水井。地下水模拟模型采用伽辽金有限元方法来求解基本地下水流方程。该方程包含源汇项，该源汇项能够解释地下水与城市供水以及污水管网的相互作用。模拟结果包括地下水水位时间序列和地下水平衡的单独组件，如来自非饱和区、供水管道和污水管道的随时间变化的补给率。

UNSAT 为非饱和水流模块，模拟地面以下土壤水分垂直流动。土壤参数根据地表及土地用途来选择。模拟的结果是位于预定义的不饱和区域或浅自由含水层处的土壤水分分布时间序列和地下水垂直向下的通量，将此通量在地下水模拟模型中作为含水层的补给。

RUNOFF，径流模拟模型，自动将地面分成集水区，通过估算的有效降雨和径流系数，追踪流入下水道或河流的地表径流。径流模拟模型沿着某条河流和下水道网络的任意位置需满足水量平衡。

2.1.6　使用 UGROW

用户可以利用 UGROW 存储和检查不同水系统中的所有数据。三维图形后处理器变成一个“虚拟现实”的工具，它可以描绘出复杂的城市地下水运动。如图 2.5 所示。

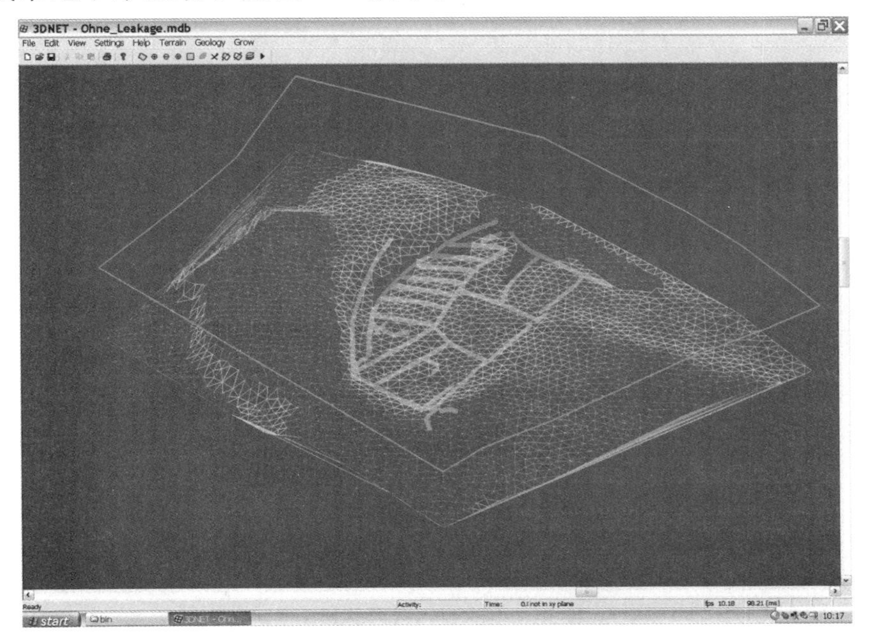

图 2.5　拉施塔特市的城市供水管和下水道。案例研究的细节见 3.1 节（见彩图 8）

来源：作者。

目测检查数据后，运行模型计算和预测城市环境中的水的运动。在整个模拟期间，地下水与其他系统相互作用不断更新。人们可以使用图形化的后置处理器浏览模拟结果。通过叠加地下含水层，人们能很容易地找出潜在的问题，例如，污水渠漏水造成的地下水污染。地下水水位与水系统集成的图形演示用于教育方面也是有价值的，因为它清楚地展示了这些系统是如何相互作用的。

2.2 模型应用

2.2.1 物理模型

图 2.6 显示了一个典型的可以使用 UGROW 来模拟的物理系统。它包括的土地表面覆盖部分或全部的城市地下水文地质单元和城市供水网特征，如供水管、下水道、水井、水流等。

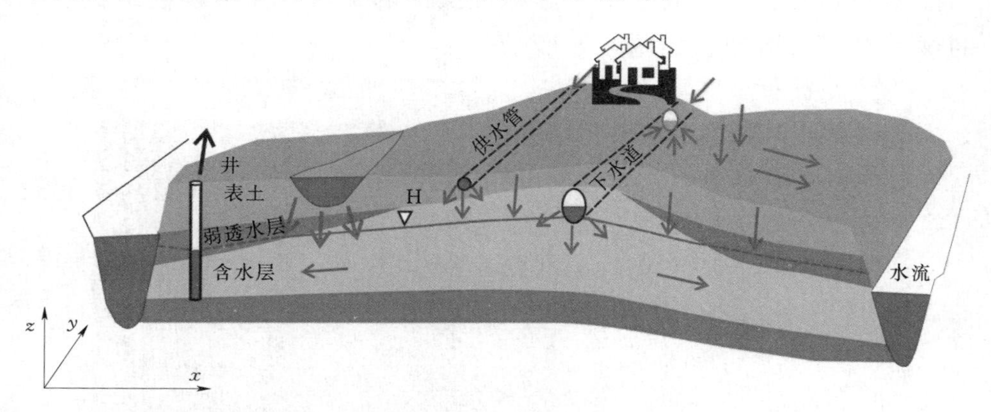

图 2.6 一个可以使用 UGROW 模拟的物理系统，包含不同用途的土地表面、含水层、上下弱透水层、不饱和区、供水管道、下水道、水井、水流和其他城市水结构（见彩图 9）

来源：作者。

该系统的主要部分是城市含水层，这是四个水文地质单元中的一个。其他单元是不饱和区域内地面附近的土壤（这里称为“表土”）

和两个弱透水层，其中一个为隔水层，覆盖在含水层之上，另一个在含水层下面，形成基础。所有的水文地质单元层的厚度远小于其水平尺寸，然而，它们通常在空间内变化，并且是局部不连续的。例如，在某些地区上覆弱透水层可能限制和保护含水层，但在其他层内却不能。其他城市水系统组件包含的对象（管道、流断面、水井等）大多是埋在城市地下，一些对象可能在含水层内，而其他对象可能与含水层有间接的接触。

第 1 章很好地阐述了改变土地利用和城市供水系统的操作对自然水文循环有重大影响。在城市地区，土地用途是充满变数的，植被地区通常是渗透后才产生径流，而建筑地区通常不发生渗透，直接产生大量的径流，径流根据地形走势进入城市下水道，或形成地表径流进入河流。渗透到可透水层的水通过非饱和区流向含水层。城市下水道、供水管、河流和类似的系统可提供额外的补给。即使是同一条管道，可能在某个城市地区是补给源，而在另一个地区就是污水坑或排水管。同样，在旱季当地下水位低的时候，某条管道可能是一个补给源，而在雨季地下水位高时可能成为一条排水管。

城市地下含水层与其他水系统相互作用较强时，UGROW 可以模拟地下含水层的非稳态流。一个典型的模拟结果包含地下水水位和水量方程中的平衡项，包括渗流区域地下水的源汇、污水的源汇、供水管以及类似的城市供水系统组成部分的源汇。

2.2.2　城市水平衡

UGROW 的一个重要特征是展示城市水平衡的单个组件瞬态特性的能力。前文对城市环境中的水文循环和重点水量平衡组件进行了简要介绍，本节会做更深入的研究。在城市环境中，我们可以考虑一系列的“控制体”，如下所示：

- 地表；
- 土壤区域（不饱和区或“表土”）；
- 供水管网；
- 污水管网；

- 河流网络；
- 池塘和垃圾填埋场；
- 井；
- 点、线、面源/汇；
- 含水层。

任意控制体可分为一系列的小控制体，例如，一个管网可以被分解成单独的管道，地下水模拟模型区域可以被分解成单独的小区域。一般情况下，平衡方程为：

$$流入-流出=存储 \tag{2.2.1}$$

该式可以应用到任何控制体单元任意时间间隔 Δt 内，其中“流入”是进入控制体的水体积，“流出”是离开控制体的水体积，“存储”就是控制体单元体积的变化。平衡方程中各项的物理意义取决于实际控制体。例如，土壤区域内（在此通常被称为“不饱和区”或“表土”）流入的一部分是指降雨渗入土壤的体积，流出的水的体积是土壤进入含水层的体积，存储就是累积在土壤中水的体积，通常通过水含量的变化显示出来。

图 2.7 示意性地表示了不同控制体之间在城市水平衡中的相互作用。虽然水系统中的所有组成部分存在潜在的相互影响，在实际情况下，量化这种过程是非常困难的，部分原因是大多数水系统埋在地下，无法直接检测，另一部分原因是一些相互作用参数的影响难以评估。

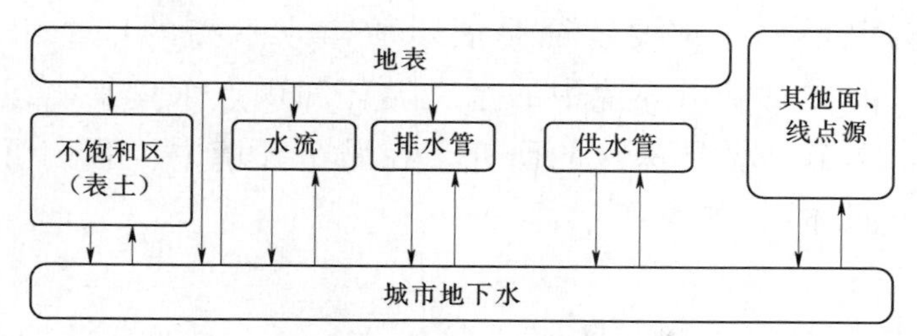

图 2.7　城市水平衡控制体积之间的相互作用

来源：作者。

由于 UGROW 重点用于城市地下水，因此详细的动态模拟只用于含水层和非饱和土壤。其他水系统中，需要足够的条件来显示其对地下水的影响，换句话说，这样的系统的水平衡计算只有在适合地下水平衡条件的尺度下才能进行，用于调查其运作情况层面的细节条件无法满足此种计算。本节的其余部分将会重点讲述城市地下水平衡。

UGROW 构建了一系列的模拟模型或“模块”来展示水平衡的组件。如 2.1 节中所述，这些组件包括：

- GROW，用于模拟地下水流动及其与供水管道、下水道和水井等各种城市水系统组件的相互作用；
- UNSAT，用来模拟接近地面的非饱和区的渗透；
- RUNOFF，用来追踪地下水流动轨迹。

图 2.8 展示了城市水平衡模拟中各个模型的作用。

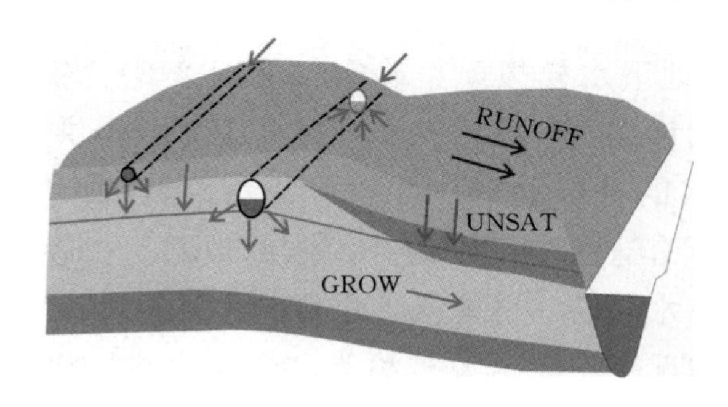

图 2.8　城市水平衡物理过程的 3 个模拟模型（见彩图 10）

来源：作者。

在本书中，表示地下水均衡的符号规定如下：“＋”始终表示地下水的补给，也就是流入含水层，“－”号表明地下水排出，也就是含水层水的流出。地下水和其他任何源的相互作用均称为地下水补给，在实际模拟中，负数结果意味着“汇”项，从地下水排出。同样的规定用于定义所有模型的边界条件，例如，从一个抽水井抽水表示为负值。

在地表，降雨的一部分转化为地表径流和入渗进入土壤中，定义如下：

$$P_{eff}=P(1-C_{sr}) \tag{2.2.2}$$

式中：P 为净降雨量，C_{sr}是地表径流系数，P_{eff}是有效降水量，指在降雨期间或者降雨后渗透到土壤的水分。通过不饱和水流模拟模型 UNSAT 计算土壤渗透水的迁移。计算的结果包含从土壤到底层含水层的地下水补给。UNSAT 模型详细的理论背景以及数值模式的特点将在 2.4 节详细介绍。

地表径流随着地表流动直到遇到下水道或一个开放的明渠或河流，这种运动可以采用一种简化的方法进行模拟，省略了地表水流动的动态细节，只沿着数字地形模型的地表追踪径流，虽然精度较低，但仍然足以得到城市水平衡的主要特征。跟踪算法的详细情况将会在 2.5 节介绍。

地下水流动，包括地下水与其他的供水系统的组成组件的相互作用，由 GROW 地下水模拟模型确定（见图 2.8）。GROW 的基本理论和数值模型的详细资料均将在 2.3 节介绍。城市供水系统的组成部分可分为地下水的补给面源（如池塘）、线源（如下水道）或点源（如污水池）。所有这些地下水的补给水源被称为“渗透源”，来自任何渗透源的地下水补给，可能会、也可能不会取决于含水层的地下水水位。前一种情况下，渗透源被称为“依赖水头”，后一种情况下被称为“不依赖水头”，一些水源可能是两者兼而有之。例如，如果没有“不依赖水头”状态下的详细数据，我们可以根据其使用年数和腐蚀的预期年限给各污水管网地下水补给量简单赋值。实际上，评价水系统组件的地下水补给一般有两种选择：

- 已知单位面积（面源）、单位长度（线性源）、或单位对象（点源）的补给量（单位时间内的体积）；
- 已知补给、地下水位和研究对象的高程、水头之间的关系。

这些关系将在 2.3.3 小节中详细讨论。

地下水模型可以模拟主要过程，计算城市地下水平衡，并将这些信息存储在模型输出数据中。

2.2.3 适用范围

UGROW专门解决城市地下水有关的实际问题。典型的实际例子包括：

- 评估由于下水道漏水造成地下水污染的风险；
- 评估由于地下水污染造成供水主管道污染的风险；
- 确定地下水进入污水管网从而增加污水处理厂流量的水文条件；
- 优化策略，解决由于自来水管道渗漏而导致地下水水位上升的问题；
- 优化取水井的数目、位置和运行计划时间；
- 编制示范案例，提高水利部门、地方政府和执业工程师对潜在的城市地下水问题的认识。

UGROW适用于2.2.1小节中所描述的情况，虽然UGROW包含了一系列水系统（管道、河流等）的数据，但它不能动态模拟其运作。目前，地下水模拟只能用在单一含水层，并要满足以下条件：

- 阵型排列的刚性多孔介质；
- 与厚度相比，含水层的水平面积极大，以致其垂直分量与水平分量相比可以忽略不计；
- 水平面内具有各向异性的主轴与坐标轴相一致。

不宜使用UGROW的例子包括：

- 多个含水层，除非它们可以被替换为单一等效含水层；
- 含有裂缝孔隙的含水层，除非该模型允许用一等效的孔隙含水层来代替该裂隙含水层。

2.3 GROW：地下水流模拟模型

2.3.1 引言

地下水模拟模块GROW模拟城市地下含水层的瞬态流动。

2.2.1 小节（见图 2.6）中描述了这样一个系统的物理模型。它由一个上覆的隔水层或不透水基础组成。含水层可能部分或完全由弱透水层覆盖。它可能会从各种水源得到补给，如下水道、供水主管道和渗水井，并向抽水井或排水沟供水。它也可以连接到带有水量补给和排水断面的城市河流。

用 GROW 模拟的两种主要水文地质剖面如图 2.9 所示。分别为：

- 由含水层单元和隔水层组成的双层多孔介质，其厚度为 l_{top}，具有相对较低的水力传导系数 K_{top}，覆盖在含水层单元之上［见图 2.9（a）］；
- 单层多孔介质，由没有隔水层的含水层单元组成［见图 2.9（b）］。

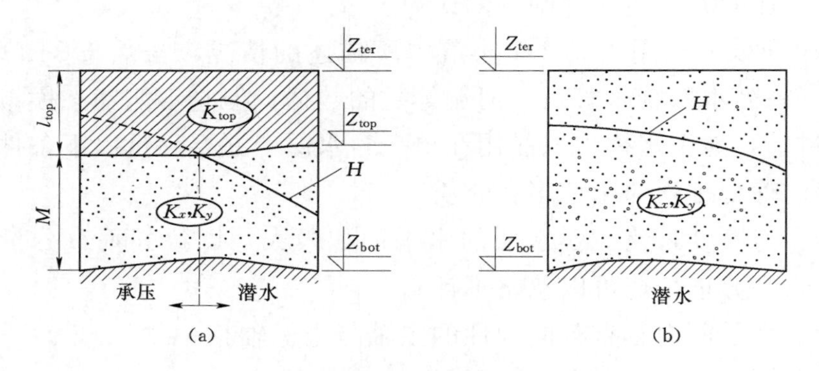

图 2.9　GROW 模拟的含水层的类型

来源：作者。

在这两种情况下，位于含水层之下的层可能不能渗透或由弱透水层组成，模拟为已知补给率或补给率由水头和水力阻力系数决定的补给源。

图 2.9 同时显示了确定水文地质单元的几何结构的参数符号：Z_{ter}—地形平面（土地高程）；Z_{top}—含水层单元的顶部高程；Z_{bot}—含水层单元的底部高程；$M=Z_{top}-Z_{bot}$，为单位含水层的厚度；l_{top} 是上覆弱透水层的厚度。

将含水层中的水头 H 与含水层单元顶部 Z_{ter} 相比，可以得出：如果水头高于含水层单元的顶部，即 $H>Z_{top}$［见图 2.9（a）的左侧部分］，则含水层承压；在这种情况下，饱和含水层的厚度 B 等于含水层单元的整个厚度，$B=Z_{top}-Z_{bot}=M$，水头被称为水位势；如果水头低于顶部的含水层单元，即 $H<Z_{top}$［见图 2.9（a）右侧部分］，或者根本没有隔水层［见图 2.9（b）］，则含水层为潜水，饱和含水层厚度 $B=H-Z_{bot}$，水头通常被称为地下水水位，或简称为“地下水位”。如果含水层单元被弱透水层覆盖，地下水水流可能在流动区域内部分承压，部分为潜水，如图 2.9（a）所示。

在 GROW 中，基于地下水流动的基本方程，地下含水层中的地下水的流动可以用二维的数学模型来描述。开始时，在多孔介质中的一个代表性体积上对质量平衡和动量平衡方程进行平均得到一个三维数学模型，进一步在饱和含水层的厚度 B 上进行平均得到二维模型。在厚度 B 上的平均还需要定义边界条件，包括来自上覆弱透水层、下覆弱透水层和任何其他外部补给源的补给。

2.3.2 基本方程

传统的地下水水流方程描述了通过多孔材料的渗流，多孔材料中只含两相——水和固相（土颗粒）。对微观尺度上（流体粒子）水流的控制方程进行空间平均可以得到地下水流动的控制方程。控制体积要足够大，以确保结果不依赖于控制体的体积大小；也要足够小，以排除土壤非均质性的影响。满足体积要求的是代表性单元体（REV）（见图 2.10）。平均的结果表示控制体中心的值，在图 2.10 中由 x_0 点表示平均化的结果。微观水流的运动方程被包含宏观参数的宏观方程取代。在微观层面，方程仅定义在充满水的体积内（即在图 2.10 点 x），宏观方程对任何情况都适用。2.3.2 小节和 2.4.1 小节中提出的基本方程的详细推导以及对平均步骤的解释是由 Bear 和 Bachmat（1991）给出的。简单起见，空间平均（即宏观）变量与微观变量只在描述上有区别，在代表性单元体上的空间平均定义可以忽略。

假设，颗粒表面是流体的材料边界，流量为零（没有流体流过颗

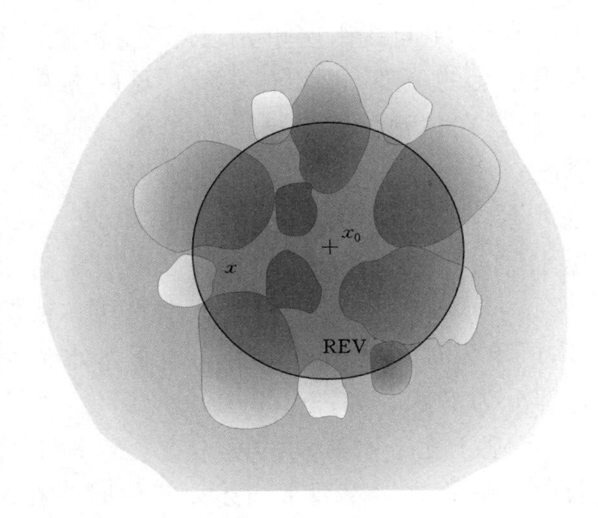

图 2.10　饱和土体中的代表性单元体（见彩图 11）

来源：作者。

粒表面），弥散与扩散产生的质量通量与对流通量相比可以忽略不计，通过对 REV 的微观质量守恒方程进行平均，得出流体的宏观质量平衡方程为

$$-\frac{\partial \rho q_i}{\partial x_i}=\frac{\partial \rho n}{\partial t} \tag{2.3.1}$$

式中：张量符号用于表示笛卡尔坐标 x_i 及流体的任何性质在其方向（下标 i）上的分量；ρ 是流体的密度；n 为固体基质的有效孔隙率；$q_i=nV_i$，是真实的速度（通常称为达西速度），V_i 为 REV 内平均体积中流体在第 i 个方向的速度分量。对于可变形的多孔介质，基于流体相对于固体基质的速度 V_j-V_{sj} 的相对补给更便于表示流体的质量平衡方程。假设固体基质的晶粒微观不可压缩，或者说，土体变形是由于颗粒的重排和孔隙率的相关变化造成的，根据孔隙度，我们可以推导出流体质量平衡方程的另一种形式

$$-\frac{\partial \rho q_{ri}}{\partial x_i}=n\left(\frac{\partial \rho}{\partial t}+V_{si}\frac{\partial p}{\partial x_i}\right)+\frac{\rho}{1-n}\left(\frac{\partial n}{\partial t}+V_{si}\frac{\partial n}{\partial x_i}\right) \tag{2.3.2}$$

式中：下标 r 表示“相对”，下标 s 表示为“固体”。这个方程的净流

体流量（流入一流出）表示骨架的相对运动改变了流体的密度和孔隙度，进而改变存储在控制体内的流体的量。孔隙率的变化与宏观应变依赖于宏观的有效应力和应力-应变关系。要找到宏观应变和孔隙度之间的关系，我们首先通过固相的质量平衡方程，考虑（宏观）固相孔隙率的变化。由于颗粒表面是固相的材料边界，并且固相微观上是不可压缩的，存储在控制体积内的固相净质量通量（流入一流出）等于固相体积的增加。晶粒体积的这种变化反过来会改变孔隙率，对应的固相质量平衡方程为

$$\frac{\partial V_{si}}{\partial x_i}=\frac{1}{1-n}\left(\frac{\partial n}{\partial t}+V_{si}\frac{\partial n}{\partial x_i}\right) \tag{2.3.3}$$

这个方程以宏观速度分量 V_{si} 描述了孔隙率变化与固体基质运动之间的关系。换句话说，土体速度散度通过下式与固体骨架的宏观体积应变 ε 相联系

$$\frac{\partial V_{si}}{\partial x_i}=\left(\frac{\partial \varepsilon}{\partial t}+V_{si}\frac{\partial \varepsilon}{\partial x_i}\right) \tag{2.3.4}$$

式中：ε 是应变张量的第一个不变量 $\varepsilon=\varepsilon_{ii}=\varepsilon_{11}+\varepsilon_{22}+\varepsilon_{33}$，表示体积相对于初始体积的变化。利用前三个方程，并假设固体骨架的变形符合

$$\frac{\partial \rho}{\partial t}\gg V_{si}\frac{\partial \rho}{\partial x_i},\frac{\partial \varepsilon}{\partial t}\gg V_{si}\frac{\partial \varepsilon}{\partial x_i} \tag{2.3.5}$$

流体的质量平衡方程可以简化为

$$-\frac{\partial \rho q_{ri}}{\partial x_i}=n\frac{\partial \rho}{\partial t}+\rho\frac{\partial \varepsilon}{\partial t} \tag{2.3.6}$$

定义涉及流体密度、流体压力和宏观应变的本构关系，对于可压缩流体，密度的变化与压力变化相关

$$\frac{1}{\rho}\frac{\partial \rho}{\partial p}=\beta \tag{2.3.7}$$

式中：β 是流体的可压缩系数。对于饱和的多孔材料，p 是宏观压力或 REV 的平均孔隙压力。假设一个宏观各向同性的弹性固体骨架，有效应力的变化纯粹是由孔隙压力的变化引起的，骨架的可压缩性可

以表示为

$$\varepsilon=\alpha p \tag{2.3.8}$$

式中：α 是多孔骨架的可压缩系数。前两种关系一起使用并结合式（2.3.1）、式（2.3.6）可得到最终质量平衡方程，宏观上各向同性的弹性可变形多孔介质的可压缩流体方程的形式为

$$-\frac{\partial \rho q_{ri}}{\partial x_i}=\rho(n\beta+\alpha)\frac{\partial p}{\partial t} \tag{2.3.9}$$

结合质量平衡方程与宏观动量平衡方程，可建立一个完整的数学模型。对于大多数实际问题，假设固体-流体界面动量的传输远远大于惯性力和流体的黏性阻力。在这样的条件下，宏观动量方程可以简化为

$$-\left(\frac{\partial p}{\partial x_i}+\rho g\,\frac{\partial z}{\partial x_i}\right)=n\,\frac{\mu}{k_{ij}}(V_j-V_{sj}) \tag{2.3.10}$$

式中：z 为垂直向上的坐标；V_j 和 V_{sj} 分别为流体和固体宏观流速的第 j 个分量；μ 为流体黏度；K_{ij} 为固有渗透率。这个方程表示总的驱动力（=压力+重力）与拖拽力相平衡，在低雷诺数的假设下，拖拽力与相对速度成正比。基于动量方程，可以得到流体的单位相对流量 q_{rj} 为

$$q_{rj}\equiv n(V_j-V_{sj})=-\frac{k_{ij}}{\mu}\left(\frac{\partial p}{\partial x_i}+\rho g\,\frac{\partial z}{\partial x_i}\right) \tag{2.3.11}$$

该方程结合质量平衡方程，最终产生带有一个独立变化量孔隙压力 p 的地下水流方程。为了使流体流动更加形象化，使用流动方程水头作为变量，对于不可压缩的流体，测压管水头定义为

$$H=z+\frac{p}{\rho g} \tag{2.3.12}$$

动量方程成为达西定律的一个广义形式

$$q_{rj}=-K_{ij}\frac{\partial H}{\partial x_i} \tag{2.3.13}$$

式中：$K_{ij}=k_{ij}\dfrac{\rho g}{\mu}$，是水力传导率。对于平均密度完全取决于压力的

可压缩流体，我们可以使用哈伯特的流体势方程

$$H^{*}=z+\frac{1}{g}\int_{p_0}^{p}\frac{\mathrm{d}p}{\rho(p)} \tag{2.3.14}$$

得到类似于达西方程的推广方程

$$q_{rj}=-K_{ij}\frac{\partial H^{*}}{\partial x_i} \tag{2.3.15}$$

结合质量平衡方程和动量方程得到

$$\frac{\partial}{\partial x_i}\left(\rho K_{ij}\frac{\partial H^{*}}{\partial x_j}\right)=\rho^2 g(n\beta+\alpha)\frac{\partial H^{*}}{\partial t} \tag{2.3.16}$$

假设$|q_{rj}\partial\rho/\partial x_i|\ll n|\partial\rho/\partial t|$，方程可简化为

$$\frac{\partial}{\partial x_i}\left(K_{ij}\frac{\partial H^{*}}{\partial x_j}\right)=S_0\frac{\partial H^{*}}{\partial t} \tag{2.3.17}$$

式中：$S_0=\rho g$（$\alpha+n\beta$），通常被称为多孔介质储水率。它是可压缩性流体的函数，表示孔隙压力降低（增加）一个单位水头 H^{*} 时，单位体积多孔介质中释放（或存储）的流体体积。为方便起见，下文在大部分情况下将水头简记为 H。

由平均基本方程得到的基本地下水流方程，即式（2.3.17），可以作为地下水流三维数学模型的基础。然而，很多时候含水层通常接近于二维表面，在这个意义上，其厚度比其他空间维度上的尺寸要小得多。在这种情况下，更适于使用二维模型，模拟含水层厚度平均流动性能，而忽略垂直变化。为了获得这样的模型，我们需要在饱和含水层厚度 B 上平均基本流动方程，即式（2.3.17）；换句话说，对于承压含水层，在底部 Z_{bot} 和含水层单元顶部 Z_{top} 之间平均基本流动方程（见图 2.9）。

这里我们可以很方便地将带有 x_i、V_i 的张量符号转换成水力符号：$x\equiv x_1$，$y\equiv x_2$，$z\equiv x_3$，$V_x\equiv V_i$，$V_y\equiv V_z$，$V_z\equiv V_3$，其中，x、y 是平面坐标，而 z 是垂直坐标，方向向上。对于一般的流动特性 ψ，其深度平均值取为

$$\overline{\overline{\psi}}(x,y,t)=\frac{1}{B}\int_{Z_{\text{bot}}}^{Z_{\text{top}}}\psi(x,y,z,t)\mathrm{d}z \tag{2.3.18}$$

由于 Z_{bot} 和 Z_{top} 都随空间而变化，而且对于非承压水流，含水层顶部（地下水位）或许会随时间而变化，为获得时间和空间导数的平均值，我们必须利用莱布尼兹法则对导数积分。对于矢量分量的时间导数，这个规则是

$$\int_{Z_{\text{bot}}}^{Z_{\text{top}}}\frac{\partial\psi_j}{\partial t}\mathrm{d}z=\frac{\partial}{\partial t}\int_{Z_{\text{bot}}}^{Z_{\text{top}}}\psi_j\mathrm{d}z-\left(\psi_j\frac{\partial z}{\partial t}\right)\bigg|_{Z_{\text{top}}}+\left(\psi_j\frac{\partial z}{\partial t}\right)\bigg|_{Z_{\text{bot}}} \tag{2.3.19}$$

也就是

$$B\overline{\overline{\frac{\partial\psi_j}{\partial t}}}=\frac{\partial B\overline{\overline{\psi}}_j}{\partial t}-\left(\psi_j\frac{\partial z}{\partial t}\right)\bigg|_{Z_{\text{top}}}+\left(\psi_j\frac{\partial z}{\partial t}\right)\bigg|_{Z_{\text{bot}}} \tag{2.3.20}$$

对于矢量的空间导数，这个规则是

$$\int_{Z_{\text{bot}}}^{Z_{\text{top}}}\frac{\partial\psi_i}{\partial x_i}\mathrm{d}z=\frac{\partial}{\partial x}\int_{Z_{\text{bot}}}^{Z_{\text{top}}}\psi_x\mathrm{d}z+\frac{\partial}{\partial y}\int_{Z_{\text{bot}}}^{Z_{\text{top}}}\psi_y\mathrm{d}z-\left(\psi_x\frac{\partial z}{\partial x}+\psi_y\frac{\partial z}{\partial y}-\psi_z\right)\bigg|_{Z_{\text{top}}}$$

$$+\left(\psi_x\frac{\partial z}{\partial x}+\psi_y\frac{\partial z}{\partial y}-\psi_z\right)\bigg|_{Z_{\text{bot}}} \tag{2.3.21}$$

也就是

$$B\overline{\overline{\frac{\partial\psi_i}{\partial x_i}}}=\frac{\partial B\overline{\overline{\psi}}_x}{\partial x}+\frac{\partial B\overline{\overline{\psi}}_y}{\partial x}-\left(\psi_x\frac{\partial z}{\partial x}+\psi_y\frac{\partial z}{\partial y}-\psi_z\right)\bigg|_{Z_{\text{top}}}$$

$$+\left(\psi_x\frac{\partial z}{\partial x}+\psi_y\frac{\partial z}{\partial y}-\psi_z\right)\bigg|_{Z_{\text{bot}}} \tag{2.3.22}$$

或者也可以是

$$B\overline{\overline{\frac{\partial\psi_i}{\partial x_i}}}=\frac{\partial B\overline{\overline{\psi}}_x}{\partial x}+\frac{\partial B\overline{\overline{\psi}}_y}{\partial x}+\psi_i|_{Z_{\text{top}}}\frac{\partial(z-Z_{\text{top}})}{\partial x_i}-\psi_i|_{Z_{\text{bot}}}\frac{\partial(z-Z_{\text{bot}})}{\partial x_i} \tag{2.3.23}$$

通过在饱和含水层的厚度上对质量守恒方程——式（2.3.1）进行平均，且假定总质量（$\overline{\overline{\rho q_i}}\cong\overline{\overline{\rho}}\,\overline{\overline{q_i}}$）的宏观弥散可以忽略不计，我们得到

$$-\left(\frac{\partial B\overline{\overline{\rho}}\,\overline{\overline{q}}_x}{\partial x}+\frac{\partial B\overline{\overline{\rho}}\,\overline{\overline{q}}_y}{\partial y}\right)=\frac{\partial B\overline{\overline{\rho n}}}{\partial t}-\left(\rho n\frac{\partial z}{\partial t}+\rho q_x\frac{\partial z}{\partial x}+\rho q_y\frac{\partial z}{\partial y}-\partial q_z\right)\Bigg|_{Z_{\text{top}}}$$

$$+\left(\rho n\frac{\partial z}{\partial t}+\rho q_x\frac{\partial z}{\partial x}+\rho q_y\frac{\partial z}{\partial y}-\rho q_z\right)\Bigg|_{Z_{\text{bot}}}\tag{2.3.24}$$

另外，我们可以应用等式去描述一个被定义为 $z-Z_{\text{top}}(x, y, t)=0$ 的平面运动，例如，当速度是 v_i 时

$$\frac{\partial(z-Z_{\text{top}})}{\partial t}=-v_i\frac{\partial(z-Z_{\text{top}})}{\partial x_i}\tag{2.3.25}$$

得到

$$-\left(\frac{\partial B\overline{\overline{\rho}}\,\overline{\overline{q}}_x}{\partial x}+\frac{\partial B\overline{\overline{\rho}}\,\overline{\overline{q}}_y}{\partial y}\right)=\frac{\partial B\overline{\overline{\rho n}}}{\partial t}+\rho n(V_i-v_i)\Big|_{Z_{\text{top}}}\frac{\partial(z-Z_{\text{top}})}{\partial x_i}$$

$$-\rho n(V_i-v_i)\Big|_{Z_{\text{bot}}}\frac{\partial(z-Z_{\text{bot}})}{\partial x_i}\tag{2.3.26}$$

右边的最后两项代表了上部和下部边界处单位时间、单位面积内流体的质量。在传统的三维立体数学模型中，这些项作为模型边界被定义在模型的上下边界上。在含水层厚度上取平均值后，成为二维模型的源项。在任何一种情况下，这些项必须设定为已知的外部通量或者已知的外部流量与水头的关系。

含水层上部边界和与此相关的边界条件/源项的定义对于承压和非承压的地下水流而言是不同的。对于前者而言，上部边界就是透水层的宏观边界，而对于后者而言则为地下水的自由边界。特别有意思的两种情况是，有渗漏的承压含水层和潜水含水层（地下水位）。

渗漏的承压含水层

控制体积内质量的变化率能够表示为水位势的函数

$$\frac{\partial B\overline{\overline{n\rho}}}{\partial t}\cong B\frac{\partial\overline{\overline{n\rho}}}{\partial t}\cong\rho BS_0\frac{\partial H^*}{\partial t}\tag{2.3.27}$$

式中：BS_0 是含水层储水系数，并且被表示为 S。含水层储水系数是无量纲的。

应用深度平均动量方程并且假定：①多孔介质阵列作用在流体上的拖动力的主要来源是动量，②（x，y）是主要轴向渗透系数传导

张量的主要坐标轴，于是我们得到

$$\frac{\partial B\overline{\overline{\rho}}\,\overline{\overline{q}}_x}{\partial x}+\frac{\partial B\overline{\overline{\rho}}\,\overline{\overline{q}}_y}{\partial y}\cong-\frac{\partial}{\partial x}\left(\overline{\overline{\rho}}B\,\overline{\overline{K}}_x\,\frac{\partial H^*}{\partial x}\right)-\frac{\partial}{\partial y}\left(\overline{\overline{\rho}}B\,\overline{\overline{K}}_y\,\frac{\partial H^*}{\partial y}\right) \tag{2.3.28}$$

上下部边界是材料表面，因此，流体的移动速度是固体移动的速度，$v_i=u_i$。在各种情况下，边界条件定义的依据是外部源项渗透的速率 ρq_i^{leak}（等于单位时间、单位面积上通过的流体质量）。对于上部边界，通过边界连续方程需要满足

$$\rho n(V_i-u_i)\frac{\partial(z-Z_{\mathrm{top}})}{\partial x_i}=\rho q_i^{\mathrm{leak}}\,\frac{\partial(z-Z_{\mathrm{top}})}{\partial x_i} \tag{2.3.29}$$

下层边界的条件与此类似。

在 UGROW 中，渗透的外部源项按照点、线、面（分布的）进行分类。总渗透率 g 等于每个源的渗透率的总和。这些单个的源项是如何被包括在数学模型中的将在本节的最后进行阐述。

如果将上述等式代入了主要的流动方程——式（2.3.26），并且假设 x 和 y 方向上的密度变化可以忽略不计，则有渗透的承压含水层的地下水流动表达式为

$$\frac{\partial}{\partial x}\left(B\,\overline{\overline{K}}_x\,\frac{\partial H^*}{\partial x}\right)+\frac{\partial}{\partial y}\left(B\,\overline{\overline{K}}_x\,\frac{\partial H^*}{\partial y}\right)=S\,\frac{\partial H^*}{\partial t}+q_i^{\mathrm{leak}}\Big|_{Z_{\mathrm{top}}}\frac{\partial(z-Z_{\mathrm{top}})}{\partial x_i}-q_i^{\mathrm{leak}}\Big|_{Z_{\mathrm{bot}}}\frac{\partial(z-Z_{\mathrm{bot}})}{\partial x_i} \tag{2.3.30}$$

正如前文所指明的，后面的叙述中省略了表示哈伯特流动势的上标“*”。

具有潜水面的非承压含水层

对于非承压含水层，从数学的角度来说，对控制体积的上部边界的定义与应用于承压含水层时的情况相同。也就是说，通过函数 $z-Z_{\mathrm{top}}(x，y，t)=0$ 实现。然而，这些边界在物理上是不同的。在非承压含水层，控制体积的上部边界是自由表面，并不是材料表面，并且其移动速度是不同的。饱和土和非饱和土之间存在含水量为 θ_0 的一个宏观边界。如果水从外部源项进入控制体，且以速率 N_i 进行积

累，穿过自由水面的连续方程就需要满足

$$\rho n(V_i - v_i)\Big|_{Z_{top}} \frac{\partial(z - Z_{top})}{\partial x_i} = \rho(N_i - \theta_0 v_i)\frac{\partial(z - Z_{top})}{\partial x_i} \tag{2.3.31}$$

或者满足

$$\rho n(V_i - v_i)\Big|_{Z_{top}} \frac{\partial(z - Z_{top})}{\partial x_i} = \rho N_i \frac{\partial(z - Z_{top})}{\partial x_i} + \rho\theta_0 \frac{\partial(z - Z_{top})}{\partial t} \tag{2.3.32}$$

应用这个条件和之前所定义的下部边界条件，我们可以得到以下的质量守衡方程

$$-\left(\frac{\partial B\overline{\overline{\rho}}\,\overline{\overline{q}}_x}{\partial x} + \frac{\partial B\overline{\overline{\rho}}\,\overline{\overline{q}}_y}{\partial y}\right) = \frac{\partial B\overline{\overline{\rho n}}}{\partial t} + \rho N_i \frac{\partial(z - Z_{top})}{\partial x_i} + \rho\theta_0 \frac{\partial(z - Z_{top})}{\partial t} - \rho q_i^{leak}\Big|_{Z_{bot}} \frac{\partial(z - Z_{bot})}{\partial x_i} c \tag{2.3.33}$$

式中：$B = Z_{top} - Z_{bot}$。自由水平面也就是水头。因此，$Z_{top} \equiv H$ 且$\partial(z - Z_{top})/\partial t = -\partial H/\partial t$。我们能够估计 RHS（右边）的第一项是

$$\frac{\partial B\overline{\overline{\rho n}}}{\partial t} \cong \frac{\partial}{\partial t}\int_{Z_{bot}}^{H} \rho n\,\mathrm{d}z = \int_{Z_{bot}}^{H} \frac{\partial \rho n}{\partial t}\mathrm{d}z + \rho n\,|_H \frac{\partial H}{\partial t} = B\overline{\overline{\frac{\partial \rho n}{\partial t}}} + \rho n\,|_H \frac{\partial H}{\partial t} \cong \rho n\,|_H \frac{\partial H}{\partial t} \tag{2.3.34}$$

此处，我们假定$|B\partial\rho n/\partial t| \ll |\rho n\partial B/\partial t|$。把这种关系代入控制方程，得到

$$-\left[\frac{\partial(H - Z_{bot})\overline{\overline{\rho}}\,\overline{\overline{q}}_x}{\partial x} + \frac{\partial(H - Z_{bot})\overline{\overline{\rho}}\,\overline{\overline{q}}_y}{\partial y}\right] = \rho(n - \theta_0)\,|_H \frac{\partial H}{\partial t} + \rho N_i \frac{\partial(z - H)}{\partial x_i} - \rho q_i^{leak}\,|_{Z_{bot}} \frac{\partial(z - Z_{bot})}{\partial x_i} \tag{2.3.35}$$

对于密度不变的水，我们得到

$$-\left[\frac{\partial(H - Z_{bot})\overline{\overline{q}}_x}{\partial x} + \frac{\partial(H - Z_{bot})\overline{\overline{q}}_y}{\partial y}\right] = (n - \theta_0)\frac{\partial H}{\partial t} + N_i \frac{\partial(z - H)}{\partial x_i} - q_i^{leak}\,|_{Z_{bot}} \frac{\partial(z - Z_{bot})}{\partial x_i} \tag{2.3.36}$$

应用式（2.3.15）去参数化平均深度上的流量，这个等式就变为

$$\frac{\partial}{\partial x}\left[(H-Z_{\text{bot}})K_x\frac{\partial H}{\partial x}\right]+\frac{\partial}{\partial y}\left[(H-Z_{\text{bot}})K_y\frac{\partial H}{\partial y}\right]$$

$$=n_{\text{eff}}\frac{\partial H}{\partial t}+N_i\frac{\partial(z-H)}{\partial x_i}-q_i^{\text{leak}}\Big|_{Z_{\text{bot}}}\frac{\partial(z-Z_{\text{bot}})}{\partial x_i} \tag{2.3.37}$$

式中：$n_{\text{eff}}=n-\theta_0$，且通常被叫作有效孔隙率或单位产水量。它表明单位面积内自由液面增加单位高度时，进入自由水界面上部非饱和土中的水的体积。

针对渗透的承压含水层以及浅水地下含水层的地下水流动方程包括一些源项，这些源项考虑了通过上部和下部边界进入或流出含水层的补给。假定所有的补给率仅具有垂直部分的分量，可以将其进一步简化成

$$\frac{\partial}{\partial x}\left(T_x\frac{\partial H}{\partial x}\right)+\frac{\partial}{\partial y}\left(T_y\frac{\partial H}{\partial y}\right)+q_z^{\text{bot}}-q_z^{\text{top}}=S\frac{\partial H}{\partial t} \tag{2.3.38}$$

式中：T_x 与 T_y 分别是 x、y 方向的透水层导水系数；S＝透水层释水系数。接下来

$$T_x=\begin{cases}K_x(Z_{\text{top}}-Z_{\text{bot}})\\K_x(H-Z_{\text{bot}})\end{cases}\qquad T_y=\begin{cases}K_y(Z_{\text{top}}-Z_{\text{bot}})\text{承压含水层}\\K_y(H-Z_{\text{bot}})\text{非承压含水层}\end{cases} \tag{2.3.39}$$

$$S=\begin{cases}S_0(Z_{\text{top}}-Z_{\text{bot}}) & \text{承压含水层}\\n-\theta_0 & \text{非承压含水层}\end{cases} \tag{2.3.40}$$

源项 q_z^{bot} 表示通过透水层基础的渗透率。对于承压含水层，q_z^{bot} 代表了通过顶部承压含水层顶部边界的渗透率，然而，对于非承压含水层，它代表了水越过水平面进入含水层的比率。如果沿着 z 轴方向向上，则 q_z^{bot} 和 q_z^{top} 都是正值。在城市含水层，除了自然补给，还有其他大量的补给源对 q_z^{top} 有影响。考虑每一个明显补给源的影响是有意义的，因为它容许我们应用最为接近的模型具体化其变化率。以下内容主要介绍地下水的外部补给源。

2.3.3 外部补给源

模拟不同地下水补给源以及地下水流动系统之间的关系是

UGROW 的重要功能。为达到这种目的，基本流动方程中源项的定义被加以扩展，包含了通过上部边界补给地下水的所有源项。

为了进行这种分析，针对在满足 $\iint\limits_{\Omega} \mathrm{d}x\mathrm{d}y = \iint\limits_{\Omega} \mathrm{d}\Omega$ 的平面之上的有限控制体积，其地下水流动方程以积分的形式展现，形式为

$$\iint\limits_{\Omega}\left[\frac{\partial}{\partial x}\left(T_x\frac{\partial H}{\partial x}\right)+\frac{\partial}{\partial y}\left(T_y\frac{\partial H}{\partial y}\right)+q_z^{\mathrm{bot}}-q_z^{\mathrm{top}}\right]\mathrm{d}\Omega=\iint\limits_{\Omega}S\frac{\partial H}{\partial t}\mathrm{d}\Omega \tag{2.3.41}$$

在此提醒，UGROW 中外部源项的符号规定为：流入含水层为正（+），流出含水层为负（−）。

通过含水层上部边界的补给源项，依据其几何形状可分为

- 点源（例如污水池）；
- 线源（例如渗漏的下水道或者供水管道）；
- 面源（例如在非饱和土以上的浅层非承压含水层或者自由排水的垃圾填坑释放的水）。

通常，单独的控制体能够从大量的点、线、面源获得补给。为了表现这种普遍情况，对每个控制体积的数据进行以下设置：

- N_p＝点源的数目；Q_{ps}＝体积补给率，定义为单位时间内各补给源的体积；（x_s，y_s）＝表示每个补给源位置的坐标（s＝1，2，…，N_p）；
- N_l＝线源的数目；Q_{ls}＝体积补给率，定义为单位长度和单位时间内各补给源的体积；l_s＝表示每个补给源位置的线的几何特性（s＝1，2，…，N_l）；
- N_a＝面源的数目；Q_{as}＝体积补给率，定义为单位面积和单位时间内各补给源的体积；a_s＝表示每个补给源位置的面的几何特性（s＝1，2，…，N_a）。

所有这三种类型的单个补给源都可以在流动方程中用狄拉克函数标记其位置。通过含水层上部边界的单位面积的总的垂直补给率的表达式为

$$\sum_{s=1}^{N_p} Q_{ps}\delta_{ps} + \sum_{s=1}^{N_l} Q_{ls}\delta_{ls} + \sum_{s=1}^{N_a} Q_{as}\delta_{as} \tag{2.3.42}$$

该式中的狄拉克函数 δ_{ps}、δ_{ls}、δ_{as} 被定义为：

$$\iint_{\Omega} Q_{ps}\delta_{ps}\,\mathrm{d}\Omega = Q_{ps}(x_s, y_s) \tag{2.3.43}$$

$$\iint_{\Omega} Q_{ls}\delta_{ls}\,\mathrm{d}\Omega = \int_{l_s} Q_{ls}\,\mathrm{d}l \tag{2.3.44}$$

$$\iint_{\Omega} Q_{as}\delta_{as}\,\mathrm{d}\Omega = \int_{a_s} Q_{as}\,\mathrm{d}a \tag{2.3.45}$$

利用控制方程——式（2.3.41）的积分形式来概括所有单独源的补给量，可以推导得到通过地下水上表面的补给率的更加详细的表达式

$$\begin{aligned} -\iint_{\Omega} q_z^{\mathrm{top}}\,\mathrm{d}\Omega &= \iint_{\Omega}\Big\{\sum_{s=1}^{N_p} Q_{ps}\delta_{ps} + \sum_{s=1}^{N_l} Q_{ls}\delta_{ls} + \sum_{s=1}^{N_a} Q_{as}\delta_{as}\Big\}\mathrm{d}\Omega \\ &= \sum_{s=1}^{N_p} Q_{ps}(x_s, y_s) + \sum_{s=1}^{N_l}\int_{l_s} Q_{ls}\,\mathrm{d}l + \sum_{s=1}^{N_a}\iint_{a_s} Q_{as}\,\mathrm{d}a \end{aligned} \tag{2.3.46}$$

等式左边的负号是习惯标记，也就是流体通过含水层上边界的流动在 z 轴的正方向流出含水层，因此，当设定为含水层外部补给源时，就会出现负号。

设置补给源的补给率有多种选择。为了能够获得地下水流动控制方程的一个数值解，来自外部点、线、面源的补给率可表示成地下水头 H 的线性函数

•

$$Q_{ps} = A_{ps}H + B_{ps} \tag{2.3.47}$$

式中：Q_{ps} 是源自于点源的补给（量纲是 L^3T^{-1}）。

•

$$Q_{ls} = A_{ls}H + B_{ls} \tag{2.3.48}$$

式中：Q_{ls} 是源自于包括在控制体积内沿着线 l_s 的线源的补给（量纲是 $L^3T^{-1}L^{-1} = L^2T^{-1}$）。

•

$$Q_{as} = A_{as}H + B_{as} \tag{2.3.49}$$

式中：Q_{as} 是一个源自包括在控制体积内面 a_s 内的面源的补给（量纲是 $L^3T^{-1}L^{-2} = LT^{-1}$）。

系数 A 和 B 由假定的地下水补给的物理机制决定，可以被设定为常数，或者是由一系列描述特定补给源的参数决定的值。恒定补给率的值可能被设定为 A 到 0 之间。

现在地下水流动控制方程可写成

$$\iint_{\Omega}\left[\frac{\partial}{\partial x}\left(T_x\frac{\partial H}{\partial x}\right)+\frac{\partial}{\partial y}\left(T_y\frac{\partial H}{\partial y}\right)\right]\mathrm{d}\Omega+\iint_{\Omega}q_z^{\mathrm{bot}}\mathrm{d}\Omega+\sum_{s=1}^{N_p}(A_{ps}H+B_{ps})$$
$$+\sum_{s=1}^{N_p}\int_{l_s}(A_{ls}H+B_{ls})\mathrm{d}l_s+\sum_{s=1}^{N_p}\iint_{a_s}(A_{as}H+B_{as})\mathrm{d}a_s=\iint_{\Omega}S\frac{\partial H}{\partial t}\mathrm{d}\Omega \tag{2.3.50}$$

以上关于补给率和水头的关系对于数值解是很方便的，但是并没有揭示参数 A 和 B 的物理意义。鉴于它们对城市地下水的重要性，下面以线源补给来描述 A 和 B 的物理意义，例如渗漏的管道。点源和面源与此类似。

为了用物理意义明确的参数表达系数 A 和 B，我们必须基于对补给源的认识构建一个概念模型。例如，假设在经过详细实地调查的情况下，能够获得雨水下水道的每个裂缝的相关数据，能够模拟每个裂隙或全部裂隙中的水流流动。在实际情况中，知道如此详细的情况是很少见的，因此系数 A 和 B 通常通过研究区域的实地调查和模型率定来确定，或者仅仅是依据经验而做出假设。下面，我们解释 UGROW 中应用的概念模型，来表述由于下水道的渗漏造成的对城市地下水的补给。用于主供水管网的渗漏，以及用于点、面补给源排水的模型与此类似。

图 2.11 展示了反映含水层水面和下水道水面关系的典型例子，同样也揭示了下水道渗入或者渗出率 q（每条管道单位长度的流入量/流出量）的相应方程。我们首先区别当水面在下水道以上的渗入情况 (a) 和 (b) 与当水面在下水道以下的渗出情况 (c) 和 (d)。

渗透率取决于地下水水位 H 和相应下水管道的水头 H_s 之差。对于淹没的下水道 (a)，H_s 是下水道的测压管水头。在自由表面的情况下（b），H_s 并没有很明确的定义，因为通过单个裂缝流入管道的水取决于地下水水位和每条下水管道的水位的差（对于低于水面的裂缝）或者裂缝所在的平面（对于高于水面的裂缝）之间的差。由于对每条裂缝都进行模拟是不现实的，我们可以假定一个能够表现所有裂缝整体影响的具有代表性的 H_s 值。我们有充分的理由可以推测 H_s 的值位于下水道水平面和下水道顶部之间。

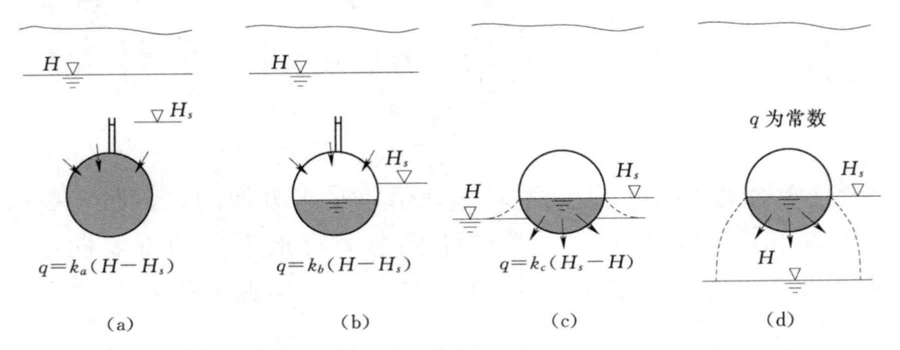

图 2.11　典型地下水位条件下计算下水道入渗率［（a）和（b）］和渗出率［（c）和（d）］的公式

来源：作者。

对于渗出，H_s 与下水道的水头相等。对于管底高程以上的水头［见图 2.11（c）］，渗透率取决于 H_s 与 H 的差；对于较大的水头［见图 2.11（d）］，其值与 H 无关。

这四个概念模型的物理描述能够转换成流量和水头差的关系。对于非承压下水道的流入和流出，认为其具有相对较低的流动速率以及相应较低的速度是合理的。在这种情形下，流过单条裂缝和周围土壤的流体可被看作是层流，其阻力特性是线性的。对于流入和流出率 q（管道在单位时间和单位长度内流入和流出的体积）的相应公式在图 2.11 中进行了说明。

在数学模型中用 $AH+B$ 的形式表达公式，按照符号规定：外部源项流入含水层的流量，定义为正，流出含水层，定义为负。根据图 2.11 的表述，对于（a）、（b）和（c）的系数 A 和 B，其取值分别为 $A=-k$，$B=kH_s$，其中 k 是根据特定情形所估计的一个系数［对于

(a)、(b)、(c) 分别为 k_a、k_b、k_c]。这些系数的值取决于下水道的条件和周围土的渗透系数。显然外部源项对地下水的补给率在 (a)、(b) 中为负值，而在 (c) 中为正值，这与习惯的符号定义一致。在 (d) 中，系数 $A=0$，$B=q$。

相同的公式能够应用到供水管中。在供水系统工作期间，管道的压力水头很可能是相当大的。如果地下水位低于管道安装高程，管道中水的损失率与地下水位无关。即使是对于低于地下水位的管道，同波动的地下水位相比，管道中的水头压也是很大的，不会对管道泄漏率产生明显影响。因此，在供水系统的正常工作期间，渗漏率通常被表述为一个与地下水位 [见图 2.11 (d)] 不相关的值，但是和供水系统工作状态和工作年限等其他参数依然是相关的。应当看到，在维护和维修期间，供水管道是无压的，因此那些低于地下水位的管道很可能接收到从周围含水层中流入的水，在这种情形下，流入率很明显取决于地下水位和管道中水头的变化 [见图 2.11 (b)]。供水系统中的高程叠加地下水位，使得易损部分很容易被监测到。

流量和水头差间的线性关系适合于低流量的情况。严重损坏的下水管道或者供水主管道中，流量会变得很高，二次阻力关系更为合适。在当前版本的 UGROW 中，对于外部补给源的渗透，并没有考虑二次阻力关系。

对于来自点源和面源的补给，类似的概念模型同样能够被概括出来。针对不同的情形，这些概念模型或者将流量与源项水头和地下水水头之间的差相联系，或者给定一个固定的流量值。

2.3.4　含水层水平衡

2.2.2 小节对含水层在城市水平衡中的作用加以介绍。2.3.2 小节推导了基本地下水流动方程，2.3.3 小节定义了各种外部源项和含水层之间相互关系的概念模型。在本节内容中，含水层中水平衡部分将被更严格地表述出来。

基本流动方程式 (2.3.50) 的积分部分能被重新整理和组合，应用高斯定理得到

$$\int_{\Gamma}\left(T_x\frac{\partial H}{\partial x}n_x+T_y\frac{\partial H}{\partial y}n_y\right)\mathrm{d}\Gamma+\iint_{\Omega}q_z^{\mathrm{bot}}\mathrm{d}\Omega+\sum_{s=1}^{N_p}(A_{ps}H+B_{ps})$$
$$+\sum_{s=1}^{N_l}\int_{l_s}(A_{ls}H+B_{ls})\mathrm{d}l_s+\sum_{s=1}^{N_a}\iint_{a_s}(A_{as}H+B_{as})\mathrm{d}a_s=\iint_{\Omega}S\frac{\partial H}{\partial t}\mathrm{d}\Omega \tag{2.3.51}$$

式中：n_x 和 n_y 是单元在边界 Γ 指向 Ω 外部的法向单位正则矢量。式（2.3.51）左侧第一项代表了通过面 Ω 边界 Γ 的净通量（流入一流出）。左边的其他项代表了各种类型的外部源项。按照公式中出现的顺序分别是

- 通过下层弱透水层流入含水层的流量；
- 来自 N_p 点源的流入量；
- 来自 N_l 线源的净流量；
- 通过面 Ω 任意位置来自 N_a 面源的净流量。

公式（2.3.51）右边的项代表了储存量的变化，即水位变化或孔隙率和水密度变化引起的。单位时间内从面 Ω 获得的地下水的体积。

含水层水平衡的单个组成部分见图 2.12，图中显示了覆盖面 Ω，边界为 Γ 的城市含水层的一部分。水平衡的控制体积延伸到面 Ω，

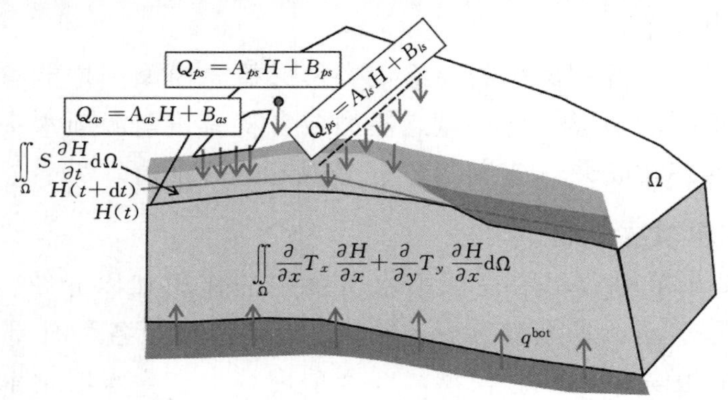

图 2.12　含水层水平衡的组分（见彩图 12）

来源：作者。

并且受含水层上下边界的限制。在含水层的非承压部分（如图 2.12 中含水层的左侧），含水层的顶部由地下水位确定，而承压含水层（图 2.12 中含水层的右侧）的上限由上覆弱透水层的底部确定。水平衡方程式（2.3.51）表明通过侧边壁的净流量（流入－流出），加上所有外部源项的净流量，等于存储体积内水量的变化率。对于某个非承压含水层，单位时间内存储量的变化等于当前控制体内水的体积与两个连续地下水位［$H(t)$ 和 $H(t+\mathrm{d}t)$］之间的差值所包含的水体体积的和。对于承压含水层，单位时间内存储量的变化等于水的体积加上由孔隙率和/或水的密度变化造成的控制体积的变化。

式（2.3.51）从水的体积方面反映了含水层的水平衡。我们可以推导出地下水化学物质平衡的类似方程，例如，从外部源项进入地下水的污染物。如果我们忽视了污染物的水动力弥散，并假设其浓度在含水层厚度内是一个常数，就可以得到这样一个最简单的方程。一个理想的溶质平衡方程如下

$$\int_{\Gamma} C_{\Gamma}\left(T_x \frac{\partial H}{\partial x} n_x + T_y \frac{\partial H}{\partial y} n_y\right) \mathrm{d}\Gamma + \iint_{\Omega} C^{\mathrm{bot}} q_z^{\mathrm{bot}} \mathrm{d}\Omega + \sum_{s=1}^{N_p} C_{ps}(A_{ps} H + B_{ps})$$

$$+ \sum_{s=1}^{N_l} \int_{l_s} C_{ls}(A_{ls} H + B_{ls}) \mathrm{d}l_s + \sum_{s=1}^{N_a} \iint_{a_s} C_{as}(A_{as} H + B_{as}) \mathrm{d}a_s = \iint_{\Omega} CS \frac{\partial H}{\partial t} \mathrm{d}\Omega \tag{2.3.52}$$

式中：C 为控制体积内的浓度，Ω；C_{Γ}，C_{ps}，C_{ls}，C_{as} 为沿着地下水边界上不同污染源的地下水污染物浓度。对于正通量，也就是说，从边界或外部源项的入流，源项污染物的浓度是已知的；而对于负通量，其污染物浓度可以认为等于流出含水层那个位置的污染物浓度。

2.3.5　数值解

2.3.3 小节中推导出了一个含水层流动的二维数学模型。方程的最终形式式（2.3.50）包括外部源项的补给，为地下水位的线性函数。该方程的微分形式为

$$L(H)=\frac{\partial}{\partial x}\left(T_x\frac{\partial H}{\partial x}\right)+\frac{\partial}{\partial y}\left(T_y\frac{\partial H}{\partial y}\right)+\frac{1}{\mathrm{d}x\mathrm{d}y}(A_{\mathrm{bot}}H+B_{\mathrm{bot}})+$$
$$\left[\sum_{s=1}^{N_p}(A_{ps}H+B_{ps})+\sum_{s=1}^{N_l}\int_{l_s}(A_{ls}H+B_{ls})\mathrm{d}l_s+\sum_{s=1}^{N_a}\iint_{a_s}(A_{as}H+B_{as})\mathrm{d}a_s\right]$$
$$=S\frac{\partial H}{\partial t} \tag{2.3.53}$$

式中：$L(H)$ 为未知水头 H（表示潜水层的地下水位和承压含水层的水头）的函数。这个方程的解析解只有在各向同性的含水层中，并且边界几何形状简单的特殊情况下才能得到。但是，大多数的实际工程问题涉及非均质含水层和不规则几何边界，必须使用数值方法求解式（2.3.53）。GROW 使用有限元方法（FEM）求解这个方程。同有限差分法（有限体积法）相比（例如，MODFLOW 中所采用的求解方法），有限元法具有的一个潜在优势是能够用有限元网格来表示复杂的含水层形状。UGROW 用户界面中的 GIS 功能模块容易处理不规则的几何形状对象，因此非常适合有限元数据的前处理和后处理。最后，使用有限元法的一个特别优势是，其模型开发和模型率定与网格无关，换句话说，模型参数被赋予模拟域的具有物理意义的子域而不是单个模型单元。

建模过程从定义一个研究问题的概念模型开始。这包括基本含水层、邻近的水文地质单元、模拟域、城市水系统等。一旦获得一个令人满意的水文地质单元的几何构成，就可以开始定义模拟区域（图 2.13 中的 Ω），生成覆盖该区域的有限单元网格，定义必需的参数，然后运行模拟模型。

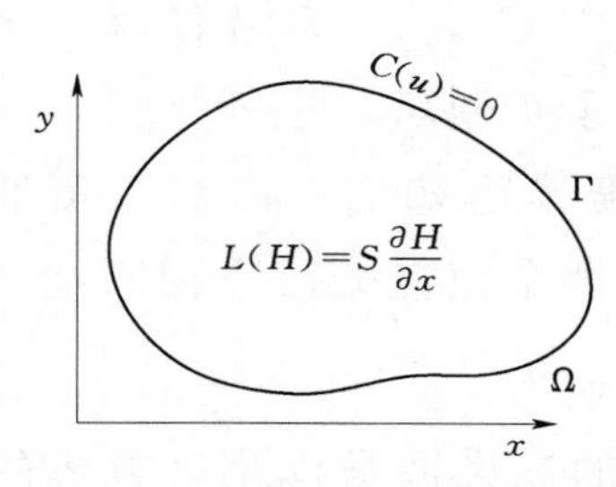

图 2.13　模拟域、主要方程和边界条件
来源：作者。

要完整地定义一个问题，以下数据是必需的（完整的清单详见 2.6 节）：

（1）含水层的几何形状以及其他城市水系统组件和模拟区域；

（2）贯穿整个模拟区域的方程式

（2.3.53）参数；

- 含水层渗透率 T_x，T_y 或潜水层水力传导率（K_x、K_y）；
- 含水层储水系数 S；
- 描述外部源项补给率的参数：点源参数 A_{ps} 和 B_{ps}；线源参数 A_{ls} 和 B_{ls}、面源参数 A_{as} 和 B_{as}。

（3）边界条件满足流动域的完整边界 Γ（见图 2.13）的边界状态。这些可以被设置为已知的水头或补给率，或者水头和补给率之间的线性关系。已知水头的边界用 Γ_H 表示，其余部分用 Γ_q 表示。一套完整的边界条件可以表示为：

$$C(H)=\begin{cases} H-\overline{H}=0, & H\in\Gamma_H \\ Tn\dfrac{\partial H}{\partial n}-\overline{q}=T_x\dfrac{\partial H}{\partial x}n_x+T_y\dfrac{\partial H}{\partial y}n_y-\overline{q}=0, & H\in\Gamma_q \end{cases} \tag{2.3.54}$$

（4）如果要运行一个非恒定流模拟，需要给出变量的初始条件。包括在模拟开始时（时间 $t=0$）每个计算节点上的水头。通常，初始条件是通过运行 $t=0$ 时刻相关的恒定流模型得到的。

外部补给源向含水层补给的边界条件、储水系数和补给系数通常是随时间变化的。

地下水流动方程的弱解

有限元方法属于一种加权残差类求解方法。这些方法用于寻求问题积分形式的解，积分形式的解可以通过用试函数或加权函数 v，$\overline{v}$ 乘控制方程［式（2.3.53）］和边界条件［式（2.3.54）］，然后再在整个模拟域上积分得到

$$\iint_{\Omega} vL(H)\mathrm{d}\Omega+\int_{\Gamma}\overline{v}C(H)\mathrm{d}\Gamma=S\frac{\partial H}{\partial t} \tag{2.3.55}$$

如果对于任意选择的权函数，解 H 满足式（2.3.55），那么这个解也一定满足原始方程式（2.3.53）和式（2.3.54）。加权函数的选择是为了减少解的误差。它们直接出现在区域 Ω 的积分中，所以必须是可积的。对代表着未知解 H 的函数的制约，取决于函数 $L(H)$ 的最

高可微阶数。对于式（2.3.53）中的问题，解决方法应该属于 W_2^2，函数本身平方后积分以及其一阶导数和二阶导数是有限的

$$\iint_{\Omega}\left[H^2+\left(\frac{\partial H^2}{\partial x}\right)+\left(\frac{\partial^2 H}{\partial x^2}\right)^2\right]\mathrm{d}\Omega<\infty \tag{2.3.56}$$

积分公式之所以被称为问题的弱解是因为选择代表未知解的函数和权重函数时的限定条件不强。

可以合理地选择 H，使得沿着 Γ_H 满足 $H-\overline{H}=0$；以及沿着 Γ_H，满足 $\overline{v}=0$ 的权重函数 $\overline{v}$。这样，当边界条件为式（2.3.54）时，式（2.3.53）的积分或弱解可以写为

$$\begin{aligned}&\iint_{\Omega}v\left[\frac{\partial}{\partial x}\left(T_x\frac{\partial H}{\partial x}\right)+\frac{\partial}{\partial y}\left(T_y\frac{\partial H}{\partial y}\right)+A_{\text{bot}}H+B_{\text{bot}}\right]\mathrm{d}\Omega\\&+\sum_{s=1}^{N_p}v(A_{ps}H+B_{ps})+\sum_{s=1}^{N_l}\int_{l_s}v(A_{ls}H+B_{ls})\mathrm{d}l_s+\sum_{s=1}^{N_a}\iint_{a_s}v(A_{as}H+B_{as})\mathrm{d}a_s\\&+\int_{\Gamma_l}\overline{v}\left(T_x\frac{\partial H}{\partial x}n_x+T_y\frac{\partial H}{\partial y}n_y-\overline{q}\right)\mathrm{d}\Gamma=\iint_{\Omega}vS\frac{\partial H}{\partial t}\mathrm{d}\Omega\end{aligned} \tag{2.3.57}$$

应用格林公式，上述方程的第一项变成

$$\iint_{\Omega}v\frac{\partial}{\partial x}\left(T_x\frac{\partial H}{\partial x}\right)\mathrm{d}\Omega=-\iint_{\Omega}\frac{\partial v}{\partial x}T_x\frac{\partial H}{\partial x}\mathrm{d}\Omega+\oint_{\Gamma}vT_x\frac{\partial H}{\partial x}n_x\mathrm{d}\Gamma \tag{2.3.58}$$

因此，问题的弱解转化为：

$$\begin{aligned}&-\iint_{\Omega}\left[\frac{\partial v}{\partial x}T_x\frac{\partial H}{\partial x}+\frac{\partial v}{\partial y}T_y\frac{\partial H}{\partial y}+vA_{\text{bot}}H+vB_{\text{bot}}\right]\mathrm{d}\Omega+\sum_{s=1}^{N_p}v(A_{ps}H+B_{ps})\\&+\sum_{s=1}^{N_l}\int_{l_s}v(A_{ls}H+B_{ls})\mathrm{d}l_s+\sum_{s=1}^{N_a}\iint_{a_s}v(A_{as}H+B_{as})\mathrm{d}a_s\\&+\oint_{\Gamma}v\left(T_x\frac{\partial H}{\partial x}n_x+T_y\frac{\partial H}{\partial y}n_y\right)\mathrm{d}\Gamma+\int_{\Gamma_q}\overline{v}\left(T_x\frac{\partial H}{\partial x}n_x+T_y\frac{\partial H}{\partial y}n_y-\overline{q}\right)\mathrm{d}\Gamma\\&=\iint_{\Omega}vS\frac{\partial H}{\partial t}\mathrm{d}\Omega\end{aligned} \tag{2.3.59}$$

函数 v 和 $\bar{v}$ 的选择是任意的，只要沿边界 Γ_q，函数满足 $\bar{v}=-v$。弱解变为

$$-\iint_{\Omega}\left[\frac{\partial v}{\partial x}T_x\frac{\partial H}{\partial x}+\frac{\partial v}{\partial y}T_y\frac{\partial H}{\partial y}+vA_{\mathrm{bot}}H+vB_{\mathrm{bot}}\right]\mathrm{d}\Omega+\sum_{s=1}^{N_p}v(A_{ps}H+B_{ps})$$

$$+\sum_{s=1}^{N_l}\int_{l_s}v(A_{ls}H+B_{ls})\mathrm{d}l_s+\sum_{s=1}^{N_a}\iint_{a_s}v(A_{as}H+B_{as})\mathrm{d}a_s$$

$$+\oint_{\Gamma-\Gamma_q}v\left(T_x\frac{\partial H}{\partial x}n_x+T_y\frac{\partial H}{\partial y}n_y\right)\mathrm{d}\Gamma+\int_{\Gamma_q}v\,\bar{q}\,\mathrm{d}\Gamma=\iint_{\Omega}vS\frac{\partial H}{\partial t}\mathrm{d}\Omega \qquad (2.3.60)$$

我们注意到：

- 解 H 并不会出现在沿边界 Γ_q 的积分内，因此通量边界条件自动满足，换句话说它是一种自然边界条件；
- 如果选择 H 使其在 Γ_H 内满足边界条件，那么 v 在此边界条件下可定义为0，这种情况下，积分区域 $\Gamma_H=\Gamma-\Gamma_q$ 上的积分为零。

地下水流动方程弱解的最终形式为

$$-\iint_{\Omega}\left[\frac{\partial v}{\partial x}T_x\frac{\partial H}{\partial x}+\frac{\partial v}{\partial y}T_y\frac{\partial H}{\partial y}+vA_{\mathrm{bot}}H+vB_{\mathrm{bot}}\right]\mathrm{d}\Omega+\sum_{s=1}^{N_p}v(A_{ps}H+B_{ps})$$

$$+\sum_{s=1}^{N_l}\int_{l_s}v(A_{ls}H+B_{ls})\mathrm{d}l_s+\sum_{s=1}^{N_a}\iint_{a_s}v(A_{as}H+B_{as})\mathrm{d}a_s$$

$$+\int_{\Gamma_q}v\,\bar{q}\,\mathrm{d}\Gamma=\iint_{\Omega}vS\frac{\partial H}{\partial t}\mathrm{d}\Omega \qquad (2.3.61)$$

有限元

在有限元方法（FEM）内，流量域 Ω 被分成一组子域，称为有限单元。由于积分是可叠加的，每个复杂问题域内的积分可以化成在子域内（有限元内）积分的和。通过选择权重函数，使得有限元以外其他各处的积分为零。为了满足积分公式，权重函数必须具有以下特点：

- 在需要的阶数上，其导数必须是连续的。对于地下水流来说，

其弱解方程中含有一阶导数，属于 W_2^1 类函数。

- 在有限单元之间的边界上函数必须是连续的，以保证一阶导数存在。如果单元一侧的解只与单元本侧节点的解有关，则这一条件可以满足。
- 由于函数及其导数的连续性，如果该区域的 FE（有限元）面积趋向于零，积分值通常倾向于是一个常数。

未知解 H 被表示为简单基函数的线性组合。由于最简单的插值函数是多项式，所以 H 可以被近似作为多项式 N_i 的和，其系数为 a_i。在伽辽金有限元方法中，权重函数通常认为等于基函数：

$$H = \sum_{1}^{n} q_i N_i, v_j = N_j, \qquad i,j = 1,2,\cdots,n \qquad (2.3.62)$$

基函数（等于权重函数）是局部定义的有限元多项式。因此可以很方便地对基函数使用局部坐标，并定义它们为一个通用的有限元。图 2.14 为一个局部坐标系下的三角形通用有限元，显示了在三角形的边和边中间的计算节点。因此，局部坐标下的基函数为

$$N_i = N_i(\xi,\eta), \qquad i = 1,2,\cdots,n \qquad (2.3.63)$$

基函数的数目 n 和多项式的阶数取决于计算节点的数量。线性多项式有 3 个计算节点和 3 个多项式 N_i。每个多项式在一个计算节点上是非零的，在其他两个节点上是零。二次多项式的节点数和基函数的数目 $n=6$。多项式在计算节点上是二次的并且是非零的，在其他 5 个节点上是零。

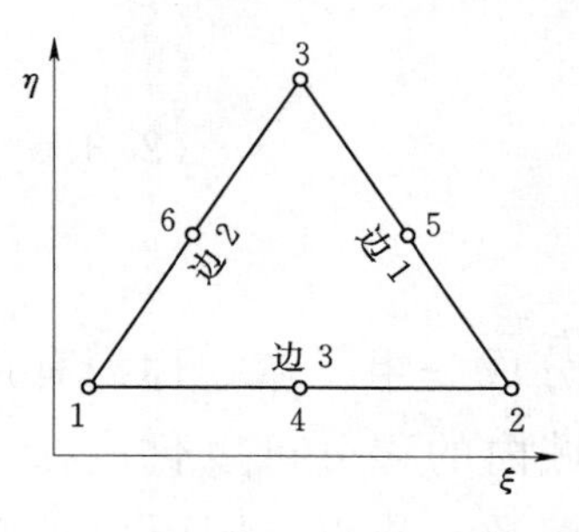

图 2.14　局部坐标系中的三角形有限元

来源：作者。

使用下面加以解释的规则，在局部坐标系（ξ，η）定义的有限元被映射到全局坐标系（x，y）下定义的有限元模拟区域。因此，基函数在全局坐标系下也可运用，其中每个有限元有一组基函数，并且在单个节点非零，在其他所有节点上为零。

单独的计算节点属于两个或两个以上

相邻的有限单元所有，在每个有限单元内都有相关的基函数。图 2.15 显示了一个在三角形有限元网格中与节点 i 相关的线性基函数。

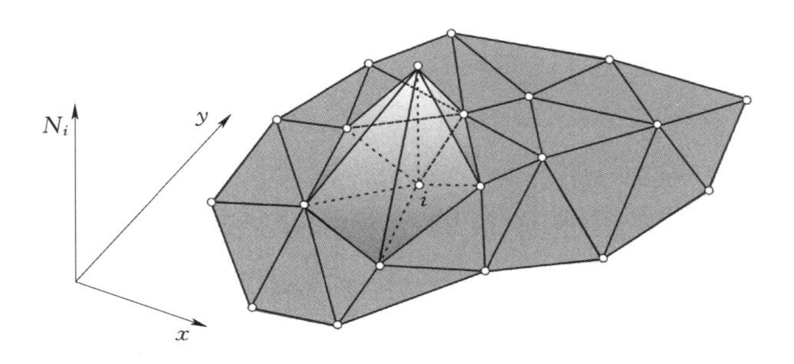

图 2.15 计算域内全局坐标系下 FEM 的局部试函数

来源：作者。

通用有限元的基函数是（ξ，η）的连续函数，所以未知量 H 也是连续的。计算域的连续性通过有限单元边上的，从局部坐标系（ξ，η）映射到全局坐标系（x，y）的独特映射来保证。未知量 H 在单元间的连续性通过计算域的连续性来保证，有限单元边上的未知量 H 的值仅仅依赖于单元边上节点的值。

用来从局部坐标（ξ，η）映射到全局坐标（x，y）的函数被称为形函数。一种特殊类型的有限元被称为等参元，其形函数与试函数相同。有限元内部的任意函数 u 近邻为

$$u(\xi,\eta) \approx \sum_{1}^{n} u_i N_i(\xi,\eta) \tag{2.3.64}$$

这个方程可以用于映射全局坐标系。全局坐标可根据局部坐标（ξ，η）利用下式来确定

$$x(\xi,\eta) \approx \sum_{1}^{n} x_i N_i(\xi,\eta), \qquad y(\xi,\eta) \approx \sum_{1}^{n} y_i N_i(\xi,\eta) \tag{2.3.65}$$

式中：（x_i，y_i）是全局坐标系下有限元计算节点的坐标。对于三角形单元和二次基函数，单元中计算节点的数目是 $n=6$。

从 x（ξ，η）到 y（ξ，η）的关系，我们可以计算出有限元中任

意点的雅克比矩阵

$$J=\begin{vmatrix} \dfrac{\partial x}{\partial \xi} & \dfrac{\partial y}{\partial \xi} \\ \dfrac{\partial x}{\partial \eta} & \dfrac{\partial y}{\partial \eta} \end{vmatrix} \tag{2.3.66}$$

该矩阵可用于表达全局坐标系偏导数和局部坐标系偏导数之间的关系，在全局坐标系下为($\partial/\partial x$，$\partial/\partial y$)，局部坐标为($\partial/\partial\xi$，$\partial/\partial\eta$)，二者的关系是

$$\begin{vmatrix} \dfrac{\partial u}{\partial x} \\ \dfrac{\partial u}{\partial y} \end{vmatrix} = J^{-1} \begin{vmatrix} \dfrac{\partial u}{\partial \xi} \\ \dfrac{\partial u}{\partial \eta} \end{vmatrix} \tag{2.3.67}$$

该式可以用于表达全局坐标系下的弱解式（2.3.61）的偏导数。该弱解包含着有限单元上的积分。单元域 $\mathrm{d}\Omega$ 的积分值还要从全局坐标系映射到局部坐标系中。单元面积可以通过两个基本向量，$\mathrm{d}\vec{\varepsilon}$和$\mathrm{d}\vec{\eta}$的向量积表示，全局坐标系下的分量分别为$\left(\dfrac{\partial x}{\partial \xi}\mathrm{d}\xi, \dfrac{\partial y}{\partial \xi}\mathrm{d}\xi\right)$和$\left(\dfrac{\partial x}{\partial \eta}\mathrm{d}\eta, \dfrac{\partial y}{\partial \eta}\mathrm{d}\eta\right)$。因此，单元面积为

$$\mathrm{d}\Omega=|\overline{\mathrm{d}\xi}\times\overline{\mathrm{d}\eta}|=\begin{vmatrix} \vec{i} & \vec{j} & \vec{k} \\ \dfrac{\partial x}{\partial \xi}\mathrm{d}\xi & \dfrac{\partial y}{\partial \xi}\mathrm{d}\xi & 0 \\ \dfrac{\partial x}{\partial \eta}\mathrm{d}\eta & \dfrac{\partial y}{\partial \eta}\mathrm{d}\eta & 0 \end{vmatrix}=\left(\dfrac{\partial x}{\partial \xi}\dfrac{\partial y}{\partial \eta}-\dfrac{\partial y}{\partial \xi}\dfrac{\partial x}{\partial \eta}\right)\mathrm{d}\xi\mathrm{d}\eta=\det J\,\mathrm{d}\xi\mathrm{d}\eta \tag{3.2.68}$$

单元的弱解包含沿单元边或者单元内的线或面的积分。对于这些积分，沿着积分的线域或面域映射一系列单个独立的散点［用式(2.3.65)］和利用下文解释的数值积分的步骤就已足够了。

单元矩阵

地下水流方程弱解的未知解 H 近似成基函数和相同的权函数的线性组合。用 $\sum_{1}^{n} a_i N_i$ 和 N_j 分别代替式（2.3.61）中的 H 和 v 改变积分、求和顺序，得到下列方程组

$$k_{ij} a_i + S_{ij} \frac{\partial a_i}{\partial t} = f_j^q + f_j^B, \qquad i,j=1,2,\cdots,n \tag{2.3.69}$$

式中：系数 K_{ij}，S_{ij}，f_j^q 和 f_j^B 分别如下

$$\begin{aligned} K_{ij} = & \iint_{FE} \left(\frac{\partial N_i}{\partial x} T_x \frac{\partial N_j}{\partial x} + \frac{\partial N_i}{\partial y} T_y \frac{\partial N_j}{\partial y} \right) \mathrm{d}\Omega + \iint_{FE} A_{\mathrm{bot}} N_j N_i \mathrm{d}\Omega \\ & - \sum_{s=1}^{N_p} A_{ps} N_j N_i - \sum_{s=1}^{N_l} \int_{l_s} A_{ls} N_j N_i \mathrm{d}l_s - \sum_{s=1}^{N_a} \iint_{a_s} A_{as} N_j N_i \mathrm{d}a_s \end{aligned} \tag{2.3.70}$$

$$S_{ij} = \iint_{\Omega} N_j S N_i \mathrm{d}x \mathrm{d}y \tag{2.3.71}$$

$$f_j^q = \iint_{\Gamma_q} N_j \bar{q} \mathrm{d}\Gamma_q \tag{2.3.72}$$

$$f_j^B = B_{\mathrm{bot}} N_j + \sum_{s=1}^{N_p} B_{ps} N_j + \sum_{s=1}^{N_l} \int_{l_s} B_{ls} N_j \mathrm{d}l_s + \sum_{s=1}^{N_a} \iint_{a_s} B_{as} N_j \mathrm{d}a_s \tag{2.3.73}$$

写成矩阵形式为

$$\begin{aligned} [K] = & \iint_{FE} [N'][T][N']^T \mathrm{d}\Omega + \iint_{FE} A_{\mathrm{bot}} [N][N]^T \mathrm{d}\Omega \\ & - \sum_{s=1}^{N_p} A_{ps} [N_{ps}][N_{ps}]^T - \sum_{s=1}^{N_l} \int_{l_s} A_{ls} [N_{ls}][N_{ls}]^T \mathrm{d}l_s \\ & - \sum_{s=1}^{N_p} \iint_{a_s} A_{as} [N_{as}][N_{as}]^T \mathrm{d}a_s \end{aligned} \tag{2.3.74}$$

$$[S]=\iint_{FE}[N]S[N]'\mathrm{d}x\mathrm{d}y \tag{2.3.75}$$

$$[f_j^q]=\int_{\Gamma_q}[N]\bar{q}\mathrm{d}\Gamma_q \tag{2.3.76}$$

$$[f_j^B]=B_{\mathrm{bot}}[N]+\sum_{s=1}^{N_p}B_{ps}[N_{ps}]+\sum_{s=1}^{N_l}\int_{l_s}B_{ls}[N_{ls}]\mathrm{d}l_s+\sum_{s=1}^{N_a}\iint_{a_s}B_{as}[N_{as}]\mathrm{d}a_s \tag{2.3.77}$$

上面四个方程的矩阵如下：

$$[N]=\begin{bmatrix}N_1\\N_2\\\vdots\\N_n\end{bmatrix}\quad[N']=\begin{bmatrix}\dfrac{\partial N_1}{\partial x},\dfrac{\partial N_2}{\partial x},\cdots,\dfrac{\partial N_n}{\partial x}\\\dfrac{\partial N_1}{\partial y},\dfrac{\partial N_2}{\partial y},\cdots,\dfrac{\partial N_n}{\partial y}\end{bmatrix}[T]=\begin{bmatrix}T_x&0\\0&T_y\end{bmatrix} \tag{2.3.78}$$

对于外部源项，依据已知的位置建立的基函数的值为：

$$[N_{ps}]=\begin{bmatrix}N_1(\xi_{ps},\eta_{ps})\\N_2(\xi_{ps},\eta_{ps})\\\vdots\\N_n(\xi_{ps},\eta_{ps})\end{bmatrix}\quad[N_{ls}]=\begin{bmatrix}N_1(\xi_{ls},\eta_{ls})\\N_2(\xi_{ls},\eta_{ls})\\\vdots\\N_n(\xi_{ls},\eta_{ls})\end{bmatrix}\quad[N_{as}]=\begin{bmatrix}N_1(\xi_{as},\eta_{as})\\N_2(\xi_{as},\eta_{as})\\\vdots\\N_n(\xi_{as},\eta_{as})\end{bmatrix} \tag{2.3.79}$$

由全局坐标系转换到局部坐标系，矩阵 $[N']$ 中的导数为

$$[N']=J^{-1}\begin{bmatrix}\dfrac{\partial N_1}{\partial \xi},\dfrac{\partial N_2}{\partial \xi},\cdots,\dfrac{\partial N_n}{\partial \xi}\\\dfrac{\partial N_1}{\partial \eta},\dfrac{\partial N_2}{\partial \eta},\cdots,\dfrac{\partial N_n}{\partial \eta}\end{bmatrix} \tag{2.3.80}$$

单元面积 $d\Omega$ 用 $J d\xi d\eta$ 的行列式的值来代替。

多项式 N_j 只在包含节点 j 的单元中不为零，在其他地方均为零。为了简单起见，基函数 N_j 的值不为零时，其值为1。因此，未知的时变系数 $a_i(H \approx \sum_1^n a_i N_i)$ 常取有限元计算节点上的 H 值。因此，方程组式（2.3.69）的解将直将产生各计算节点的 H 的时变值。

对时间的积分是通过单维（时间）线性试函数有限元程序得到的。在两个连续的时间步长 $\theta\Delta t$（$0 \leqslant \theta \leqslant 1$）上取配置点，则式（2.3.69）可以写成

$$a_i^{\text{new}}\left(\theta K_{ij}+\frac{S_{ij}}{\Delta t}\right)=\overline{f_j^q}+\overline{f_j^B}-a_i^{\text{old}}\left((1-\theta)K_{ij}-\frac{S_{ij}}{\Delta t}\right) \quad (2.3.81)$$

式中：a_i^{new} 和 a_i^{old} 就是在计算节点上 H 的新值和旧值；$\overline{f_j^q}$ 和 $\overline{f_j^B}$ 是式（2.3.69）右边的项在时间步长 $\theta\Delta t$ 上的估计值。

求解式（2.3.70）～式（2.3.73）中的矩阵 $K_{ij} S_{ij}$ 和向量 $\overline{f_j^q}$ 和 $\overline{f_j^B}$，涉及沿着线或面的积分。通常直接积分是很困难的，因此常用高斯求积公式求数值积分来替代。例如，任意函数 f 在间隔 $\xi\in[-1,1]$ 上的积分 $\int_{-1}^{1} f(\xi)d\xi$（见图2.16）近似为

$$\int_{-1}^{1} f(\xi)d\xi \simeq \sum_1^n H_i f(\xi_i) \quad (2.3.82)$$

式中：ξ_i 是高斯点，H_i 是相应的加权系数。在这个区域应用近似积分公式来求积分。

联立方程组

通过有限元法将线性代数方程组式（2.3.69）组合在一起，用系数矩阵和右边项矢量的矩阵形式表示出来，矩阵是 $n\times n$ 阶矩阵，其中 n 是方程的数量和未知量的个

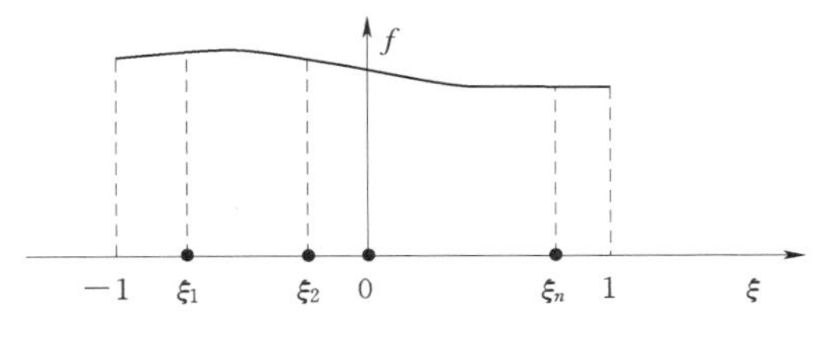

图2.16　沿着某条线的数值积分

来源：作者。

数，也就是单元中计算节点的数量。对于一个三角形单元和二次基函数来说，$n=6$。

所有单个的有限元矩阵的集合是由一个包含 N 行的单一矩阵组成的，其中 N 是计算节点的总数。使用迭代预处理共轭梯度法解决总体问题，解中包含了在每个计算节点上的 H 值。

在指定的模拟时间耗尽前，每个时间步长下组装全局矩阵和求解全局方程组的步骤是一样的。

模拟结果可以被看作是在不同时间地下水位静水压面的 3D 图形，或者任何计算节点 H（t）的图，或者包含地下水平衡组件的表。

2.4 非饱和土中的水运动（UNSAT）

2.4.1 基本方程

渗流区包括固相（土壤颗粒、植物的根、人造材料等）、水和空气。空气的存在意味着该多孔材料是不饱和的。在此区域中，微观尺度（流体粒子）下基本方程的参数是众所周知的。然而，目前可用的计算资源不足以模拟实际工程中水的运动。为了克服这一困难，基本方程和相关的参数采用空间平均参数。计算该平均时选取的体积要足够大，以确保结果不依赖控制体积的大小；但也不能过大，要足够小以排除大规模土壤非均质性的影响。满足这些要求的体积是 REV（见图 2.17），平均的结果表示了图 2.17 中的体积中心的 X 值，为了简单起见，下面对宏观变量的描述与此处相同，以下省略 REV 的空间平均的指定符号。

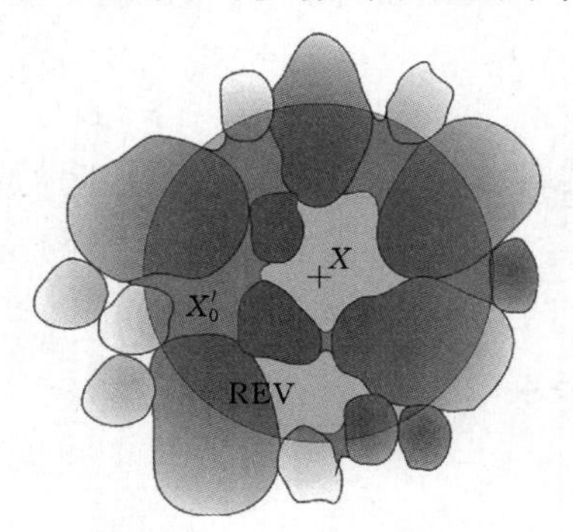

图 2.17　不饱和土壤中的代表性单元体：绿色代表水，灰色代表空气，棕色代表土壤（见彩图 13）

来源：作者。

一个系统中包含一个以上的相，可以推导出每相的宏观基本方程，对于土壤中的水和空气均有表述其变化的方程。假设多孔介质是刚性的——土壤颗粒不运动、空气压力是一个大气压，换句话说，不存在滞留的空气，根据这些假设对地下水的迁移进行模拟。

非饱和土中的水分迁移是由毛细力和重力引起的，垂直运动通常占主导地位。忽略水平方向的水分迁移，进一步简化了建模过程，使解决方案一维化，在这种情况下，水的连续性方程为

$$\frac{\partial\theta}{\partial t}=-\frac{\partial q}{\partial z} \tag{2.4.1}$$

式中：z 是垂直向下的坐标，t 为时间，θ 是水含量（单位体积的控制体 $A\mathrm{d}z$ 内水的体积），q 是单位体积通量（单位面积单位时间内水的流量）。

水通量和水力梯度的关系可以通过达西定律的一种广义形式来表示：

$$q=-k\left(\frac{\partial b}{\partial z}-1\right) \tag{2.4.2}$$

式中：k 是不饱和水力传导系数；$h=p/(\rho g)$，是压力水头，其中 p 是非饱和土壤的宏观压力（毛细管压力），ρ 为水的密度。如果我们以大气压力为基准，使 p 为表压，那么在不饱和土壤中，毛细管压力通常是负的。不饱和水力传导系数 k 取决于含水量 $k=k(\theta)$，因为不同的含水量会改变土壤内水流的几何结构，即改变土壤中水流途径。

联立式（2.4.1）和式（2.4.2）得

$$\frac{\partial\theta}{\partial t}=\frac{\partial}{\partial z}\left[k(\theta)\left(\frac{\partial b}{\partial z}-1\right)\right] \tag{2.4.3}$$

此方程包括未知量 θ 和 h，以及一个单一参数 k，然而 θ 和 h 是彼此相关的，因为较大的毛细压力（以绝对值计）只有在小毛孔变得饱和时产生，因此低毛细管压力表明水含量较高，毛孔较大。函数 $h(\theta)$ 的形状取决于水分迁移的历史，即表现出滞后，排水和润湿之间存在一个显著的差别。所谓的墨水瓶效应可以示意性地解释这种差别，排水过程中，孔“瓶颈”处的毛细吸力可以保持住水分；润湿过程中，孔“瓶身”可以抑制润湿。因此对于相同的抽吸水头，排水的时候水

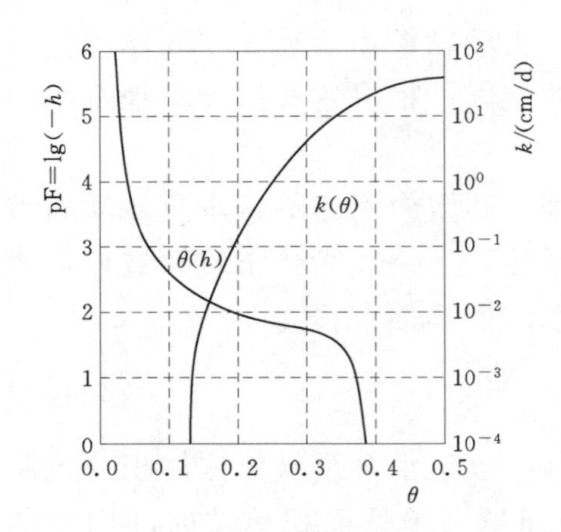

图 2.18　典型的土壤特性：土壤水分曲线 θ(h) 和作为水分含量 k(θ) 的函数的水力传导率。毛细管压力水头 h 的单位为 cm

来源：作者。

含量通常比润湿的时候高。UNSAT 中 h（θ）的滞后可以被忽略，因此 h（θ）可以假定是唯一的。h（θ）和 k（θ）被认为是土壤特性或土壤吸力典线，其典型形状如图 2.18 所示。

由于 h（θ）和 k（θ）被假定是唯一的，我们可以用水含量 θ 或毛细水头 h 的方程代替式(2.4.3)，使用压力水头的优点在于能够模拟正压力的发生。例如，在大暴雨期间，当地表积水强度超过土壤渗透能力时。以 h 表示式(2.4.3)，可以得到众所周知的 Richards 方程

$$C(h)\frac{\partial h}{\partial t}=\frac{\partial}{\partial z}\left[k(h)\left(\frac{\partial h}{\partial z}-1\right)\right] \tag{2.4.4}$$

式中：C 是土壤水容量，C（h）$=\mathrm{d}\theta/\mathrm{d}h$。

由图 2.18 所示土壤特性的曲线可知，式（2.4.4）是非线性的。UNSAT 用完善的 Van Genuchten 关系式（Van Genuchten，1980）粗略估计土壤特性。

$$S_e=[1+(\alpha|h|)^n]^{-m},\qquad h<0 \tag{2.4.5a}$$

$$S_e=1,\qquad h>0 \tag{2.4.5b}$$

$$\frac{k}{K_s}=S_e^{1/2}[1-(1-S_e^{1/m})^m]^2 \tag{2.4.5c}$$

式中：α 和 n 是土壤参数；$m=1-1/n$；k 是不饱和土壤的水力传导系数；K_s 是饱和土壤的水力传导系数；S_e 是相对饱和度，定义如下

$$S_e=\frac{\theta-\theta_r}{\theta_{\max}-\theta_r} \tag{2.4.6}$$

式中：θ_r 是残余水量；$\theta_{\max}$是最大水容量，近似等于孔隙体积。

2.4.2　数值解

UNSAT 解决了描述地表和含水层之间一系列竖向土柱的 Richards 方程。对于每一个土柱需定义下列条件。

- 初始条件：模拟开始时，沿整个土柱的毛细管压力水头，$h(z,\ t=0)$；
- 边界条件：土柱顶部和底部的毛细管压头水头 h（或与 h 相关的条件）；
- 土壤参数：$k(h)$ 和 $C(h)$；
- 计算网格空间步长：空间步长 Δz 和时间步长 Δt。

图 2.19 中示意性地给出为解决土柱 Richards 方程所需的程序和数

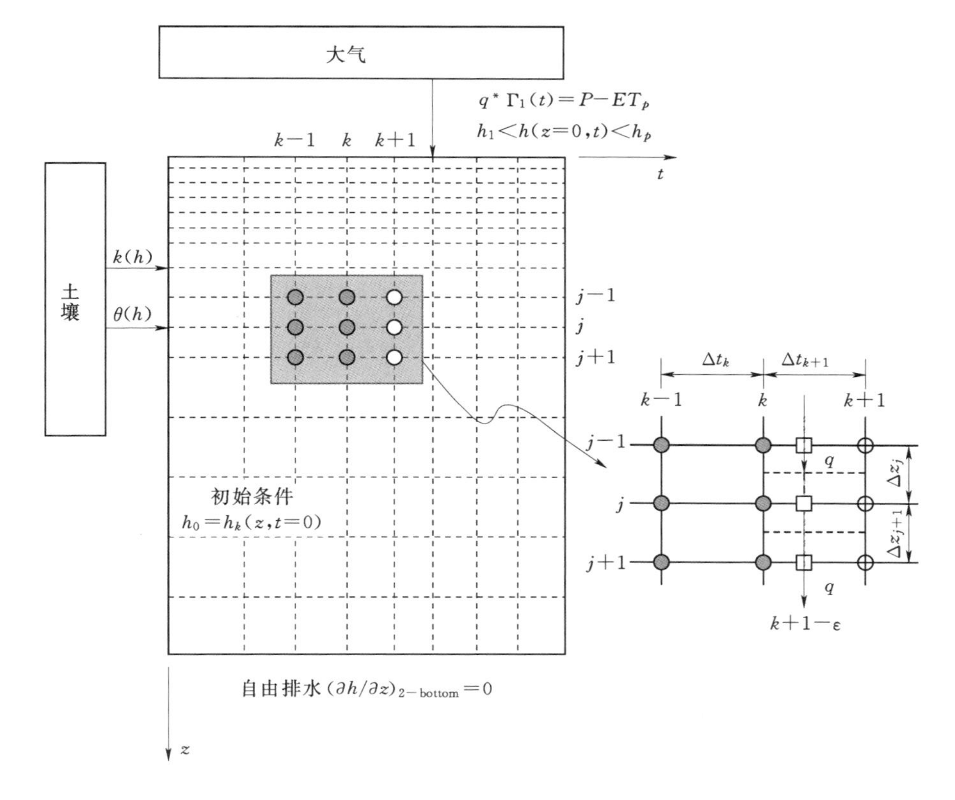

图 2.19　求解 Richards 方程所需的计算网格和数据

来源：作者。

据，使用 Godunov 型有限体积格式求解方程。为达到这一目的，式（2.4.4）可以重写为

$$C(h)\frac{\partial h}{\partial t}=-\frac{\partial q}{\partial z} \tag{2.4.7}$$

流动区域在 $z(j-1/2)$ 和 $z(j+1/2)$ 之间被分成了一系列的有限体积 j。在每一个计算网格内任一时间步长 $\Delta t_k=t_{k+1}-t_k$ 内，参数$C(h)$通过边界和内部的 h 求解方程，在一段时间 $k+1-\varepsilon$ 内计算分析网格之间的流量均由加权参数 ε 确定，因此，UNSAT 中式（2.4.7）的离散化形式为

$$C_j^{k+1-\varepsilon}\frac{h_j^{k+1}-h_j^k}{\Delta t_k}+\frac{2(q_{j+1/2}^{k+1-\varepsilon}-q_{j-1/2}^{k+1-\varepsilon})}{\Delta z_{j-1}+\Delta z_j}=0 \tag{2.4.8}$$

当 $\varepsilon=1$ 时，式（2.4.8）是显式的；当 $\varepsilon=0$ 时，式（2.4.8）是隐式的。

式（2.4.8）中的流量 q 可以近似表达为

$$q_{j-1/2}^{k+1-\varepsilon}=-k_{j-1/2}^{k+1-\varepsilon}\left[\frac{(1-\varepsilon)\cdot h_j^{k+1}+\varepsilon\cdot h_j^k-(1-\varepsilon)\cdot h_{j-1}^{k+1}-\varepsilon\cdot h_{j-1}^k-\Delta z_{j-1}}{\Delta z_{j-1}}\right] \tag{2.4.9a}$$

$$q_{j+1/2}^{k+1-\varepsilon}=-k_{j+1/2}^{k+1-\varepsilon}\left[\frac{(1-\varepsilon)\cdot h_{j+1}^{k+1}+\varepsilon\cdot h_{j+1}^k-(1-\varepsilon)\cdot h_j^{k+1}-\varepsilon\cdot h_j^k-\Delta z_j}{\Delta z_j}\right] \tag{2.4.9b}$$

式（2.4.8）和式（2.4.9）中参数 $C(h)$ 和 $k(h)$ 定义为

$$C_j^{k+1-\varepsilon}=C(h_j^{k+1-\varepsilon})=C[(1-\varepsilon)\cdot h_j^{k+1}+\varepsilon\cdot h_j^k] \tag{2.4.10}$$

$$\begin{aligned}&k_{j-1/2}^{k+1-\varepsilon}=k(h_{j-1/2}^{k+1-\varepsilon})=k[(1-\varepsilon)\cdot h_{j-1/2}^{k+1}+\varepsilon\cdot h_{j-1/2}^k],\\&h_{j-1/2}=0.5(h_{j-1}+h_j)\end{aligned} \tag{2.4.11}$$

从已知的初始条件开始，通过式（2.4.8）和式（2.4.9）计算所有的计算节点处的毛细管压力水头，计算结果随时间变化。如果 $\varepsilon=1$，方程为显性的，h 的新值就可以直接计算出。

如果 $\varepsilon\neq1$ 时，方程式（2.4.8）和式（2.4.9）为隐式，形成一个求解 h 的线性方程组，为了完善每个新时间步长上的结果，必须在土壤

区顶部和底部这两个域边界上假设适当的边界条件。

2.4.3 边界条件

非饱和土中水分迁移运动域是一维的，因此需要两个点的边界条件，需要的两个点为：土表面和非饱和土体的底部。

土壤表面的边界条件是根据给定的降水沉积量和潜在蒸发量确定的，可以被测量出和/或使用经验公式来评估。潜在蒸散量是理论最大值，这个最大值可能达到也可能达不到，这取决于土壤和大气条件。同样，因土壤的特性不同，降雨可以用与降雨强度相同的速率渗透到土壤中，也可能在地表形成积水后再慢慢渗入土壤中。因此，在用迭代程序求解的过程中，实际蒸发量和通过降雨的渗透必须要确定。第一次迭代中，边界条件是已知流量（Neuman 型边界条件），等于

$$q_{\Gamma_1}^{*}=P-ET_p \tag{2.4.12}$$

式中：Γ_1 为上边界（土壤表面），P 为降水，ET_p 为蒸发量。流量 q_{Γ_1} 是一个潜在的值，完全受气象条件控制。其实际值依赖于土壤条件及土壤中容纳和释放水的能力。根据通量的符号，方程的解会分为几种情况。

- $q_{\Gamma_1}^{*}$ 为正。潜在的流量值大于零表示水渗入土壤中。如果降水密集，大于土壤的渗透能力，出现积水，其结果是只有一部分降水发生了渗透，剩余部分形成地表径流。使用一个迭代过程，积水出现的时间（也就是土壤表面饱和，开始出现水层的时间）正好是土壤表面水饱和度达到其最大值的时间点。此最大值与毛细管压力水力 h 的值相对应，等于土壤表面已知水层的深度 h_p，称为积水值。从这一刻起，只要潜在通量为正，土壤表面的边界条件就属于狄利克雷型，使得毛细管压力水头 h 等于给定值 h_p。当渗透的水量（以及毛管势）不能再增加时，就会发生边界条件的转换。假设土壤一旦饱和，径流就开始形成，则 h_p 的值通常为 0。

- $q^*_{\Gamma_1}$为负。潜在的流量值小于零表示水从土壤中蒸发。在这种情况下，土壤表面上方的空气可以保持住蒸发的气相水的能力，以及土壤（植被）可以把水从深层输送到土壤表面的能力，限制了土壤表面的实际流量（实际蒸散）。迭代稳定时，土壤表面的水含量达到平衡，相应的，大气中空气的湿度和温度也如此。从这一刻开始，土壤表面的边界条件变成毛细管的压力以及对应着的平衡含水量。同渗透相似，边界条件此时会发生转换，因为大气中的水分含量不会因蒸散而进一步减少。

上面的程序可以概述如下。土壤的渗透能力限制了真正的流量，土壤表面的毛细管压力水头不能大于积水毛细管压力水头 h_p，也不能小于水头 h_l。对应的平衡含水率为

$$|q^*_{\Gamma_1}| \leqslant |q_{\Gamma_1}| = \left| -k(h)\left(\frac{\partial h}{\partial z} - 1\right)\right| \tag{2.4.13a}$$

$$h_l \leqslant h_1 \leqslant h_p \tag{2.4.13b}$$

$$h_l = \frac{RT}{Mg}\ln\left(\frac{RH}{100}\right) \tag{2.4.13c}$$

式中：h_l 为土壤表面的毛细管水头（在计算节点 1）；R 为气体常数，J mol^{-1} K^{-1}；T 为空气温度，K；g 为重力加速度；M 为水的摩尔质量，kg mol^{-1}；RH 为相对湿度，%。

土柱基底处的边界条件依赖于地下水水位。对于土壤基础之下的深层地下水，这个边界条件被称为自由排水边界，土柱在其水力传导系数控制下排出水。这个边界条件为 von Neumann 型

$$q\Gamma_{Nj} = -k(h_{Nj}) \tag{2.4.14}$$

式中：N_j 是不饱和土壤基底的计算节点的数目。如果地下水位深度 d，小于不饱和土柱的厚度 z_{Nj}，水位以下所有已知计算节点的水头已知，并等于

$$h_j = z_j - d, \forall j : z_j \geqslant d \tag{2.4.15}$$

下边界条件在低于地下水位的最高节点处给定，此边界条件是

Dirichlet 型。

2.4.4 模拟结果

从已知的初始条件开始，该解决方案包括在每一个 t_{k+1} 点计算未知的水头 h_j^{k+1}。所有内部节点（$1<j<N_j$）的基本方程式（2.4.8）和式（2.4.9）的离散形式和未知 h_j^{k+1} 的值形成了一组线性代数方程。将地表边界条件 $j=1$ 和非饱和土节点 $j=N_j$（或水位以下的最高节点）代入代数方程组，该组方程呈现三对角形式，并且可以用于计算任何合适的形状。该计算结果为每一个结点 j 在下一个模拟时间 t_{k+1} 的未知的毛细管压力水头值 h_j^{k+1}。一旦这些值是已知的，通过离散形式的广义达西定律可以计算任何两个节点之间的通量。在 UGROW 中，最重要的模拟结果是不饱和区域下边界的通量。根据地下水位高度，可以通过自由排水边界条件式（2.4.14）或刚刚高于水位的 h^{k+1} 梯度计算得出。流出非饱和土底部边界的通量可以用于地下水模拟，比如含水层补给。

与压力水头剖面相比，含水量剖面提供了一个更加直观的可视化结果。为实现这一目的，利用已经建立的关系［式（2.4.5a)］将毛细管压力水头转换成含水量，这描述了含水量随时间的演化过程。

在 UGROW 中，根据土地使用情况以及土壤特征，整个研究区可划分成不同的区域。针对每一个区域都需要模拟水在土壤中的迁移过程。模拟结果可以看作是土体湿度剖面或者是给出每一模拟时间步长的水平衡的表格。

2.5 地表径流（RUNOFF)

地表径流模拟模型 RUNOFF，接收 UNSAT 模型输入的数据。输入数据是不能渗透到土壤中而形成地表径流的水量。RUNOFF 在整个模拟域上计算地表径流的方向和行程时间。换句话说，RUNOFF 模拟传输到城市自然河流或进入污水管网的水流。

UGROW 模拟软件系统主要用于城市含水层，以及城市供水基础设施与地下水之间的相互作用。考虑到这一点，一个快速简单的地表径流的模拟模型问世了。该水流模型没有提供详细的细节，但可以预测达到出口点径流的体积，从而有利于模型的率定。地下水模型的模拟时间步长通常以天计，而城市小流域的行程时间却很少可以大到以天计，这也证实了这种方法的合理性。

地表径流模拟的步骤如下：

- 分区（根据模型地表径流的方向，把建模区域分割成子区域或子流域）。
- 计算径流的来源和出口之间所有单元的坡度、长度和汇集（传输）时间。出口定义为河流或污水管网的一个点，模型将会计算这些河流或者管网的水位曲线（流量随时间的变化）。
- 适当考虑出口处的滞后，将水位曲线进行叠加。

2.5.1 分区

分区是将集水区划分为子区域或子集水区的操作，以便使每一个子集水区排放到一条单一的渠道。

由于地下水模拟模型是基于三角形有限元的，分区算法是为基于 TIN（不规则三角网）的数字地形模型开发的。GIS 分布式水文模型基于 GRID 的算法来解决问题，然而，这种方法与 UGROW 采用的整体做法不符，因为它会给模型带来不必要的、额外的复杂性。

基于 TIN 的划分算法主要分两种，两者都是通过 RUNOFF 实现的：一种是基于传播的算法，另一种是基于在网格上寻找最速下降通路的算法。

基于传播的算法

基于传播的算法有两个版本：基于段的传播，由 D_3 表示；基于节点的传播，由 D_n 来表示。它包括以下步骤：

（1）确定被污水或河流网络中的渠道或管道贯穿的单元。这些单元被定义为汇单元，因为其周围的单元为其补给。这一操作叫做“渗入”。

（2）为最短生成树而稍微修改 Prim 算法。该算法因其图形理论而众所周知。修改包括选择斜率最大而不是最短的生成树，换句话说，就是根据相邻的单元选择斜率最大的单元。该算法把单元划分成三组：

1）先前指定的一组单元（最开始，这一组单元仅包含由第一步得到的汇单元）。

2）指定单元的邻近单元集合（见图 2.20）。在 D_3 算法中，与标记单元共在一段的未指定单元是邻近单元的候选。在 D_n 算法中，候选单元是共享一个节点的单元。未指定单元若为邻近单元集合的一部分，需满足的另外一个划分条件是未指定单元与指定单元间必须有一个地形斜度。

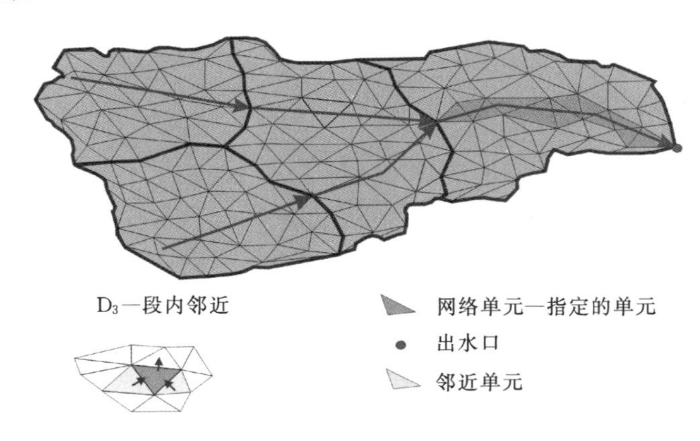

图 2.20　基于 TIN 的分区——D_3 传播算法（见彩图 14）

来源：作者。

3）第三组包括所有其他的单元，既不是指定单元，也不是邻近单元。

（3）从邻近单元中选择斜率最大的单元，形成一组指定单元集。然后相邻单元进行更新，并重复前面的步骤。

重复分配过程，直到遍历所有的单元，换句话说，每个单元都属于第 1）组或第 2）组，以这种方式建立了每个单元的表面径流的方向，也就是确定其邻近的“上游”和“下游”单元（地表径流）。接下来的一步是确定单元地表径流的运动迹线。

最速下降路径算法

基于 TIN 划分算法的最速下降算法，通过迹线计算每个单元的质心及最陡的斜率（见图 2.21）。对于平面三角形内的任何点的垂直坐标 z，可以使用下面的简单平面方程计算

$$z=-\frac{A}{C}x-\frac{B}{C}y-\frac{D}{C} \tag{2.5.1}$$

式中：A、B、C 和 D 用三个顶点的坐标（x_1，y_1，z_1），（x_2，y_2，z_2）和（x_3，y_3，z_3）来计算

$$\left.\begin{aligned}
A&=y_1\cdot(z_2-z_3)+y_2\cdot(z_3-z_1)+y_3\cdot(z_1-z_2)\\
B&=z_1\cdot(x_2-x_3)+z_2\cdot(x_3-x_1)+z_3\cdot(x_1-x_2)\\
C&=x_1\cdot(y_2-y_3)+x_2\cdot(y_3-y_1)+x_3\cdot(y_1-y_2)\\
D&=-A\cdot x_1-B\cdot y_1-C\cdot z_1
\end{aligned}\right\} \tag{2.5.2}$$

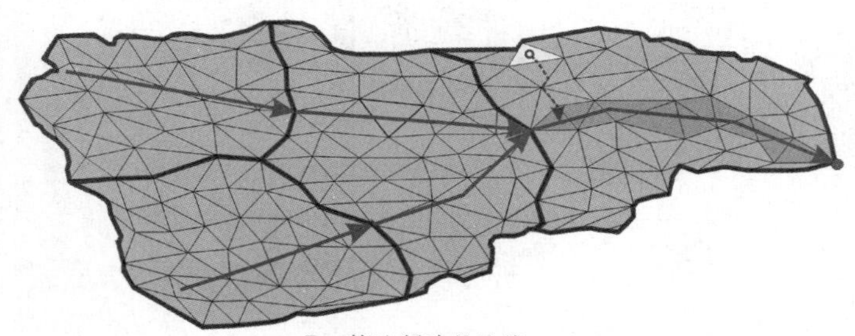

D_{inf} 算法创建的迹线

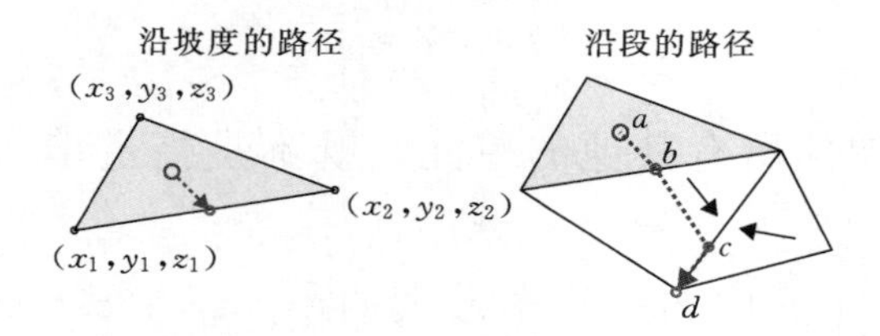

图 2.21　基于 TIN 的分区——D_{inf} 算法（见彩图 15）

来源：作者。

最速下降的方向是

$$-\nabla f=\frac{A}{C}\vec{i}+\frac{B}{C}\vec{j} \tag{2.5.3}$$

迹线的起点是一个单元的质心（图 2.21 中的点 a）。迹线沿着最速下降方向，直到它到达单元的边界（点 b）。一旦边界上的点的位置确定，就可以测试相邻三角形单元的梯度，以确定是穿过单元（点 b 到点 c）还是沿着其边界（点 c 到 d 点）继续。

继续上述步骤，直到计算出的最速下降迹线与排水渠相交。迹线通过这一点沿水渠在网络内延伸，直至其到达出水口。

2.5.2　时间面积图和单位水位线

分区算法计算每个单元到出水口的迹线。为确定每个单元到出水口的运动（汇集）时间（t_c），需基于地形坡度（S_l）和土地覆盖计算速度（V_l）。按照 USDA-SCS 过程，使用 $V_l=aS_l^b$ 进行计算，其中 a 和 b 是基于土地覆盖物的系数。

网格单元可以分为时间区（等时线区）$j=1$，2，…，每个时区的增量为 Δt。如果单元的汇集时间 t_c 满足条件：$(j-1)\Delta t<t_c<j\Delta t$，则此单元属于 j 区。该时间区域图是一个曲线图的累计面积，它是通过对增量计算区域 A_j 求和得到的

$$A(j\Delta t)=\sum_{k=1}^{j}A_j \tag{2.5.4}$$

从时间面积图中可以推导单位水位线（见图 2.22），从时间面积图推导单位水位线的步骤是由 Maidment（1993）提出的。单位水位线的纵坐标由下式给出

$$U_j=U(j\Delta t)=\frac{A_j}{\Delta t} \tag{2.5.5}$$

2.5.3　直接径流水位线

降雨产生直接径流（$R_{\rm off}$）的部分由 UNSAT 模型计算，而出口处的径流量（Q）由单位水位线计算。

例如，如果第一个时间步长多余的降雨为 R_1，那么出口处的径流量为

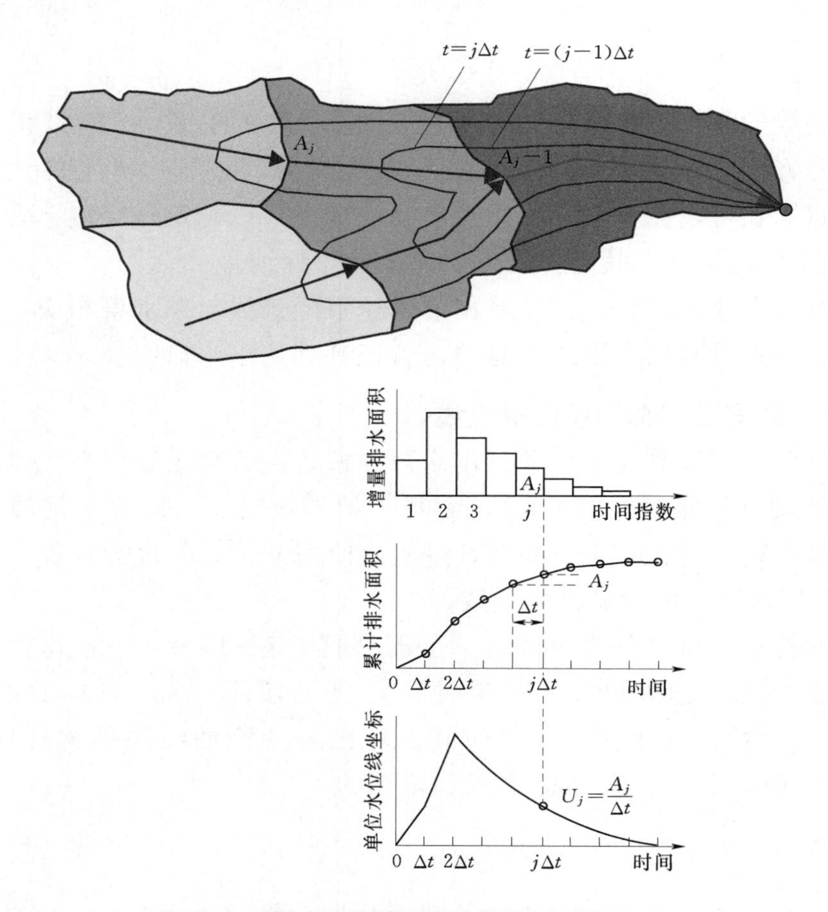

图 2.22　时间面积图和单位水位线（见彩图 16）

来源：作者。

$$Q_1 = R_1 \cdot U_1 = R_1 \cdot \frac{A_1}{\Delta t} \tag{2.5.6}$$

因为在第一个时间步长 Δt 的流量仅在径流区域 A_1 内产生。

出水口处经过两个时间步长的流量 Q_2 通过时间步长 2，R_2 的额外径流以及源于面积 A_2 的 R_1 的延迟效应进行叠加得到。

$$Q_2 = R_1 \cdot U_2 + R_2 \cdot U_1 = R_1 \cdot \frac{A_2}{\Delta t} + R_2 \cdot \frac{A_1}{\Delta t} \tag{2.5.7}$$

因此，$t = n\Delta t$ 时刻的流量可以通过对每一个可获得的等时线的径流进行叠加得到，并考虑时间滞后作用：

$$Q_n = \sum_{j=1}^{n} R_j \cdot U_{n-j+1} = \sum_{j=1}^{n} R_j \cdot \frac{A_{n-j+1}}{\Delta t} \qquad (2.5.8)$$

在整个模拟期间重复此过程，可获得出水口处的水位线。模型的率定和验证可以用该水位线对比水文观测数据。

2.6　模型数据

UGROW 包括一个存储地下水系统所有特性或“对象”的数据库，同时包含模型模拟需要的其他数据。2.1 节（见图 2.1）介绍了数据库结构，包括三个主要部分：地形、地质和水。在本节中，我们列出了每部分包含的数据。

UGROW 模拟的物理系统包含一系列的对象，比如土地利用面积、含水层边界、管道等。每个对象都有一组相关数据描述其物理特性（如一条管道的长度和直径），这些被称为“属性”。第二组数据被称为“特性”，定义每个对象如何以图形形式显示在屏幕上（如线条的粗细和颜色）。本章重点在物理系统上，只涵盖 UGROW 模拟对象的各种属性。

2.6.1　地形

土地表面在 UGROW 中表示为三维曲面，数学描述为数字地形模型（DTM）。一个 DTM 的输入数据包括一系列通过坐标（x，y，z）在三维空间中定义的点和一系列的线，每条线都被定义为一系列点。点和线通过空间内插法得到的面加以连接。

为了形成一个 DTM，需要有可以描述土地表面重要特征的足够数量的点和线。地形点是地表的任意点，该点位置坐标已知，比如从等高图中的等高线中读取的一个点。一条线具有线性特征，这一特征足以使其与其他线区分开来，成为地图模型的一部分。例如，一个洞穴的边缘可以用空间内插进行平滑处理，除非我们将其指定为地形线，然后在 DTM 中保持“固定”。地形点的确定可以手动输入其坐标，或者通过扫描地形图输入，也可通过用鼠标点击等高线上的点使其数字化。地形点也可以从带有“xyz”扩展的 ASCII 文件中导入。常见的“xyz”格式很简单，文件中的每条线都包含 x、y 和 z 坐标。地形线可以通过手动或者单击连接其组成点来确定。一系列的点和线形成一个对象，该对象叫做平面直线图（PSLG），或者简称为覆盖研究区域的“云图”。在 UGROW 中通过三角形化进行空间内插形成 DTM。三角形化是产生一系列不重叠的、连接所有地形点、覆盖整个研究域的三角形的过程。三角形域是用户希望划分为三角形的区域。该区域可以是凸的，换句话说，任何两点间的连线是完全包含在域内的；或不凸的，此时有一条线不包含在域内。凸和非凸区域的例子在图 2.23 中展示。

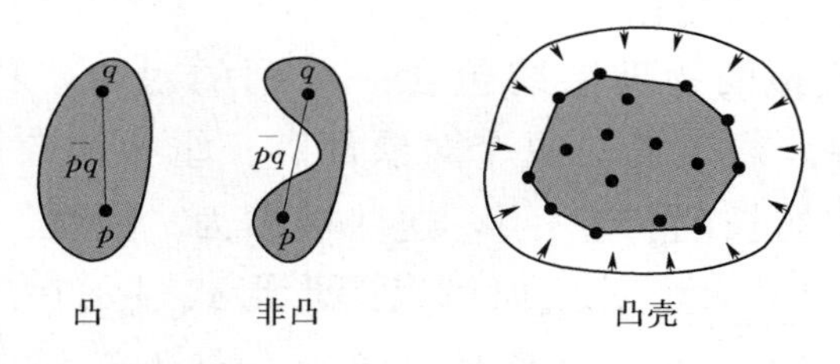

图 2.23　凸三角形域和凸壳

来源：作者。

在 UGROW 中两种途径进行三角形化：

- 三角形域完全被一定数量的线包围，换言之，如果将边界线连接在一起，所有的点和线均在边界线所形成的几何形状内。以计算几何术语来说，线被称作段，并且 PSLG 成为段边界。边界段包围三角形域的内部，将其与外部明显区分开来。这种情况下，三角形域不必具有凸几何形状。
- 研究域不是由边界段包围的，因此内部与外部的边界没有被明确定义。这种情况下，通过 PSLG 的点和线形成一个凸壳。凸壳是包围 PSLG 所有点和线的最小凸几何形状。图 2.23 给出了凸壳的一个例子。一旦凸壳生成，三角形域的内部就与外部明显区分开来了。

三角形化的两种途径分别显示在图2.24和图2.25中。两幅图左侧显示的PSLG的不同是，第一幅有段边界，换句话说，第一幅有连接边界点的线，第二幅没有这样的线。图右侧显示了三角形化结果的不同。前者对应的三角形域不是凸的，而后者是。后者凸壳的产生改变了三角形域的形状，因此生成了不同的三角形。

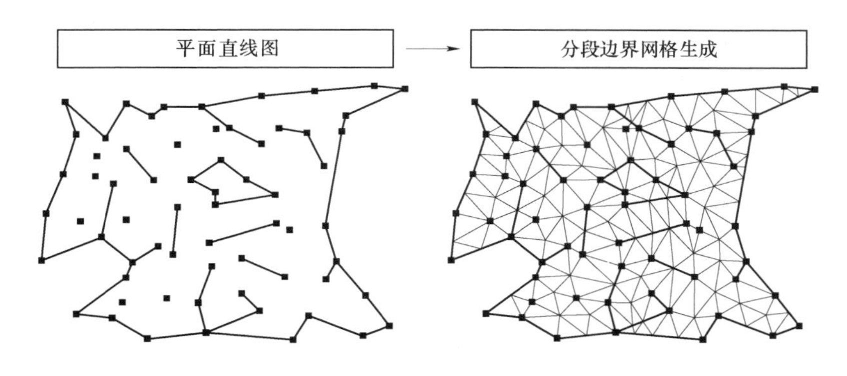

图2.24 分段边界PSLG

来源：作者。

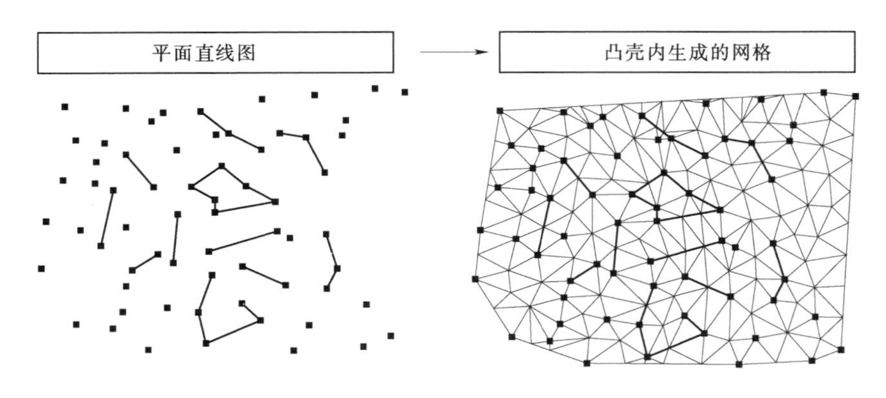

图2.25 凸壳内的三角形化

来源：作者。

地形数据以表的形式被存储在数据库中，如图2.26所示。该图还显示了存储PLSG的表之间的关系。线以连接点的段的集合来存储。这简化了线的几何形状的更新，同时也节省了计算机的内存。因为线不用存储自己的点集，而仅需要来自全局设置的点的索引（或地址）。

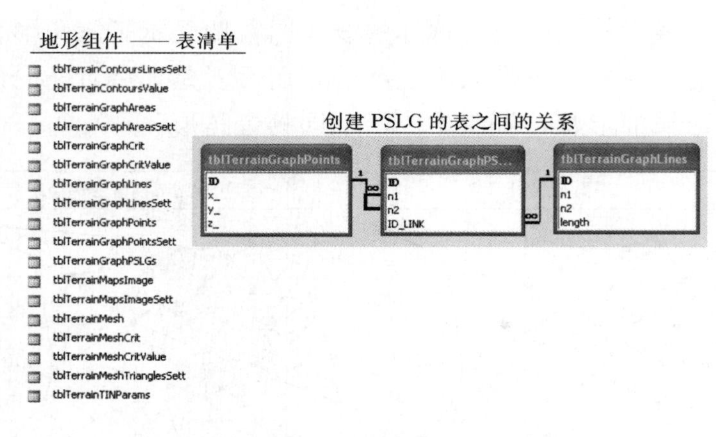

图 2.26　地形数据组件

来源：作者。

每一幅图在数据库中以同样的方式存储。图表的数量是相当大的：水分布网络、溪流网络、污水网络、定义地下水模拟域的 PLSG、包含钻孔的 PLSG、面积等。

2.6.2　地质

UGROW 数据库可以存储所有相关地质层的数据。在数学上，层由被称作固体的三维对象表示，这样的对象有三个外部表面。顶部和底部表面是（x，y）平面的扩展，同数字地形模型类似。侧面是垂直的，并且通过连接（x，y）平面内的上下表面的轮廓线组成。

定义地质层的数据是通过钻孔数据得到的，对于每个钻孔，我们首先定义其位置坐标（x，y，z），然后输入钻孔记录数据。该数据包括每个地质层的数据：其名称和上下部的海拔高度（z 坐标）。钻孔可以是真实的（包括钻孔数据）或虚构的，后者通常用于定义一个地质层，该地质层达到了真实钻孔的底部，其几何描述需要改进。

钻孔数据可以手动输入，或者地质层间的表面数字模型可自动导入。一旦有足够多可用的钻孔数据，就可以通过创建地质实体来形成层，这样的实体被顶部、底部和侧面网格包围。网格是通过三角形化生成的，三角形化的算法与生成数字地形模型的算法相同。有一种特殊的做法，可以确保一个层的顶面不会延伸到地形空间水平面以上。但即便这样，在网格生成过程中，由于空间内插的不完善，以及与地形数据点相比钻孔数据点比较稀缺这样的事实，这种情况仍然可能发生。一旦所有的边界面被三角形化，通过镶嵌技术，这些三角形之间的空间就被细分为一系列的四面体。这一操作是三角形化过程在空间的实现，会产生一系列填充整个固体体积、互不重叠的四面体。

图2.27展示了地质数据存储组件，以及包含钻孔、层、定义固体范围的面信息的数据表格之间的关系。

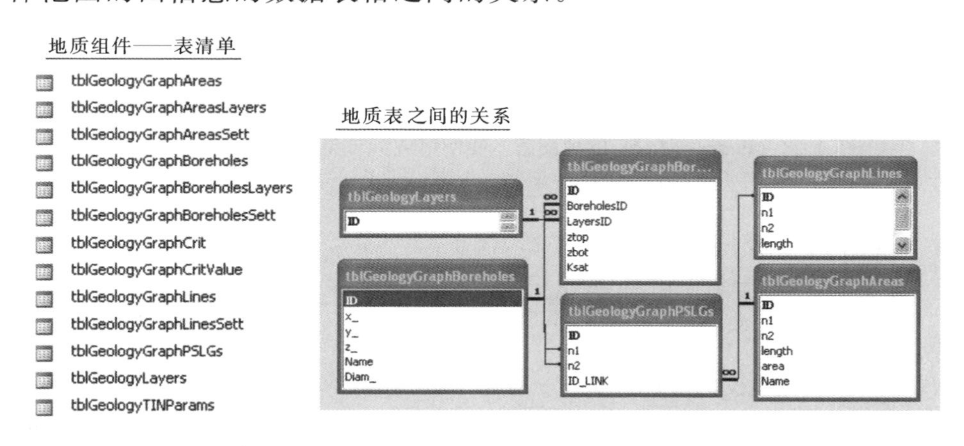

图2.27　地质数据组件

来源：作者。

地质层可用于地质单元的通用可视化，以及定义地下水模拟中的含水层及其上覆弱透水层。图2.28显示了用UGROW生成的一组地质层。

2.6.3　水

数据库的第三个主要组成部分包含各种城市水系统的数据，包括网络（供水管网、污水管网和城市溪流网络）、土壤渗流区和含水层。

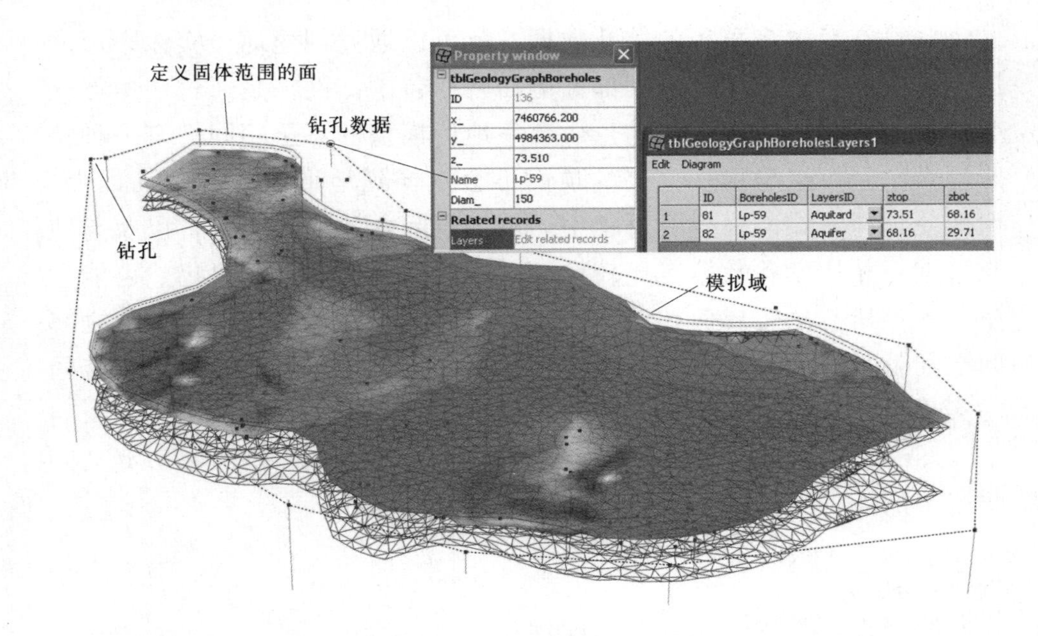

图 2.28 Pančevački rit 的地质层。案例研究细节见 3.2 节（见彩图 17）

来源：作者。

城市供水管网一般分为三类：

- WATNET，供水管道；
- SEWNET，下水道；
- STREAMNET，溪流。

三类都包含一组线性对象（管道或溪流），连接在一起形成一个网络。一个管道连接两个通过坐标（x，y，z）定义的端点。（x，y）坐标定义了平面视图中点的位置，而 z（管道水平面）是选定管道部分的高程。这一点可以是管道横截面上的任意点，如管道的中心或底部，但必须与整个网络保持一致。图 2.29、图 2.30 和图 2.31 显示了每个网络中单一的线性对象，这些网络中的每个对象都在数据库中有其属性的定义。

WATNET

供水管道（见图 2.29）具有以下属性：

- 名称；
- 直径，D；
- 长度，L；
- 参考压力水头，h_0；
- 描述压力水头 h 随时间变化的函数的名称；
- 参考渗透参数，k_0；
- 描述渗透参数 k 随时间变化的函数名称。

参考压力水头是管道中用来定义管道水位的点的平均压力水头。例如，如果以下水道底部为基点，如图 2.29，那么参考压力水头就以该基点为准。在供水系统运行过程中，压力水头通过测量或者模型模拟得到。在供水网络维护或维修期间，管道不加压，与下水道类似，换言之，参考压力水头是零或非常小。

SEWNET

下水道（见图 2.30）具有以下属性：

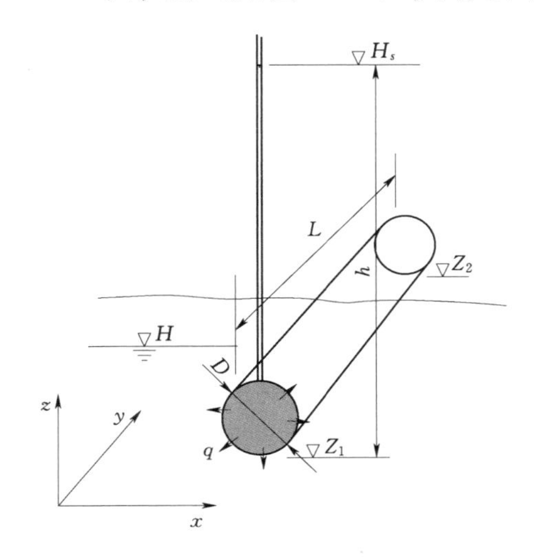

图 2.29　供水管道示意图
来源：作者。

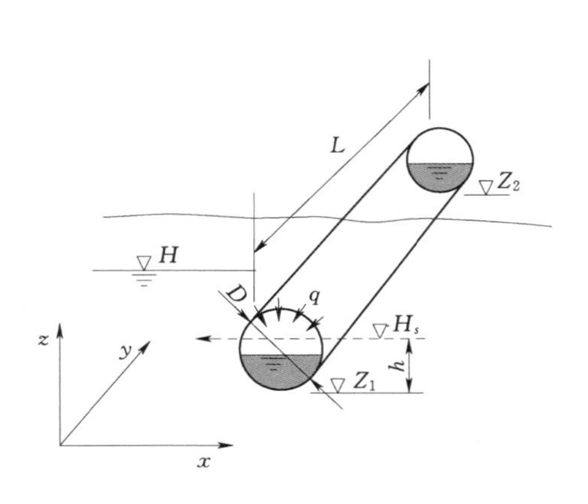

图 2.30　下水道示意图
来源：作者。

- 名称；
- 直径，D；

- 长度，L；
- 参考压力水头，h_0；
- 描述压力水头 h 随时间变化的函数的名称；
- 参考渗透系数，k_0；
- 描述渗透系数 k 随时间变化的函数的名称。

参考压力水头是管道中用来定义管道水位的点的平均压力水头。例如，如果以下水道内底为基点，如图 2.30，那么参考压力水头就以该基点为准。它可能等于下水道中水深或者是水深和下水道深度之间的值（图 2.30），它代表了下水道中由于管道裂缝产生的水头。

STREAMNET

溪流（见图 2.31）具有以下属性：

- 名称；
- 宽度，W；
- 长度，L；
- 参考压力水头，h_0；
- 描述压力水头 h 随时间变化的函数的名称；
- 参考渗透系数，k_0；
- 描述渗透系数 k 随时间变化的函数的名称。

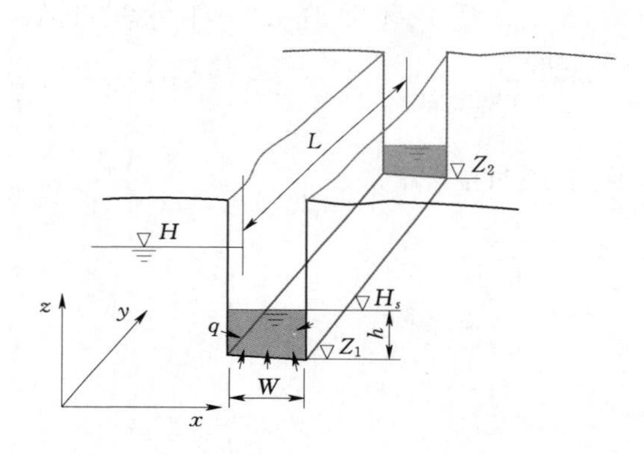

图 2.31　城市河流某段的示意图
来源：作者。

参考压力水头是定义河流水面的点的平均压力水头。比如，如果以河床为基点（见图 2.31），参考水头就是基点处的压力。典型情况是，参考压力水头等于河水深度。

对于所有三种类型的网络，压力水头和渗透参数的用法相同。两者随时间的变化利用函数（或“模式”）定义，是一系列描述任何变量随时间变化的无量纲的量。任一时间点上的渗透参数或者水头由下式给出：

$$\left.\begin{aligned}k(t)&=k_0\times PAT_k(t)\\b(t)&=b_0\times PAT_b(t)\end{aligned}\right\}\tag{2.6.1}$$

式中：$PAT_K(t)$ 和 $PAT_h(t)$ 是合适的形函数在时间 t 的值。沿着管道某点的水头通过压力水头计算：

$$H_s(t)=z+b(t)\tag{2.6.2}$$

式中：z 为管道的水头。H_s 可以用来计算来自管道渗漏的地下水补给。

除了分配给每条独立管道的属性，我们给出了一个公共变量来定义计算管道渗漏导致的地下水补给率的方法。该变量被称为“渗漏变量”，根据其值，管道渗漏可能是常数也可能由水头决定。如果“渗漏类型”变量设定为 2，那么补给不依赖于水头，其计算公式为

$$Q=k(t)\tag{2.6.3}$$

如果“渗漏类型”变量被设定为 3，补给的计算公式为

$$Q=\begin{cases}k(t)(H_s-H),H>H_{\min}\\k(t)(H_s-H_{\min}),H\leqslant H_{\min}\end{cases}\tag{2.6.4}$$

式中：$H_{\min}$为影响补给率的最低地下水位。当地下水位低于 $H_{\min}$时，完全与补给来源无关。

渗流区域

预测非饱和土的表面径流及其内部渗透需要降雨气象数据 P 和潜在蒸腾 ET。P 和 ET 为时间相关的变量，与其他时间相关的量一样，以参考值和形函数定义。因此，P 和 ET 的参考值被定义为 P_0 和 ET_0，在任何时刻它们的值由下式给出

$$\left.\begin{aligned}P(t)&=P_0\times PAT_p(t)\\ET(t)&=ET_0\times PAT_{ET}(t)\end{aligned}\right\}\tag{2.6.5}$$

土壤区域的渗流作为城市地区的一部分被模拟，这部分城市地区具有可渗透的地表。通常情况下，是植被覆盖区域。在 UGROW 中，土

壤区被称为“表土”。土地使用情况相同的区域以及土壤性质相同的区域被称为“AreasTopSoil”，在（x，y）平面上定义。这些区域的边界线构成其几何形状。除了几何数据，每个“AreasTopSoil”还被分配了一个合适的“表土”名称。表土名称用来寻找计算垂直非饱和土渗水所需的土壤参数。这些参数包括：

- K_z，垂直方向上饱和水力传导系数；
- $W_{\max}$，最高含水量，约等于孔隙度；
- W_r，残余含水量；
- α，n，描述土壤特性的 van Genuchten 参数。

地下水

地下水流模拟所需的资料包括水文地质单元的基本信息。最开始，含水层和上覆弱透水层必须从先前生成的地质层或“固体”中选择，随后所需的数据包括：

（1）地下水模拟模型定义域。整个域由称为“AquiferAreas”的子域组成。其中的每个子域均通过连接一系列的边界线创建而成，并给其包含的物质（或岩石）分配一个名称。物质的名字对于查找适当的所需参数很重要。这些参数是：

- K_x，K_y，x 和 y 方向的水力传导系数；
- S_s，单位储水系数；
- S_y，与水位有关的有效孔隙度（或单位产水量）；
- n，孔隙度；
- n_{eff}，与孔隙流速有关的孔隙度，等于具有水力活性的孔隙体积与总体积之比。

（2）地下水系统数值模拟模型边界和边界条件。该模型边界需要在平面（x，y）内通过连接一系列的点来创建，每个边界都分配一个名称、一个边界条件参考值（水头和流量）以及描述边界条件上时间的变化的“样式”。

（3）含水层模拟的有限元网格参数。

（4）对象：点源、面源、水井等。

图 2.32 显示了 GROW 中定义模拟域的 PSLG 组件的图表之间的关系。与来自 TERRAIN 中的 PSLG 组件的唯一不同是由一般点类型和线类型（如多段线）生成的对象的特点不同。

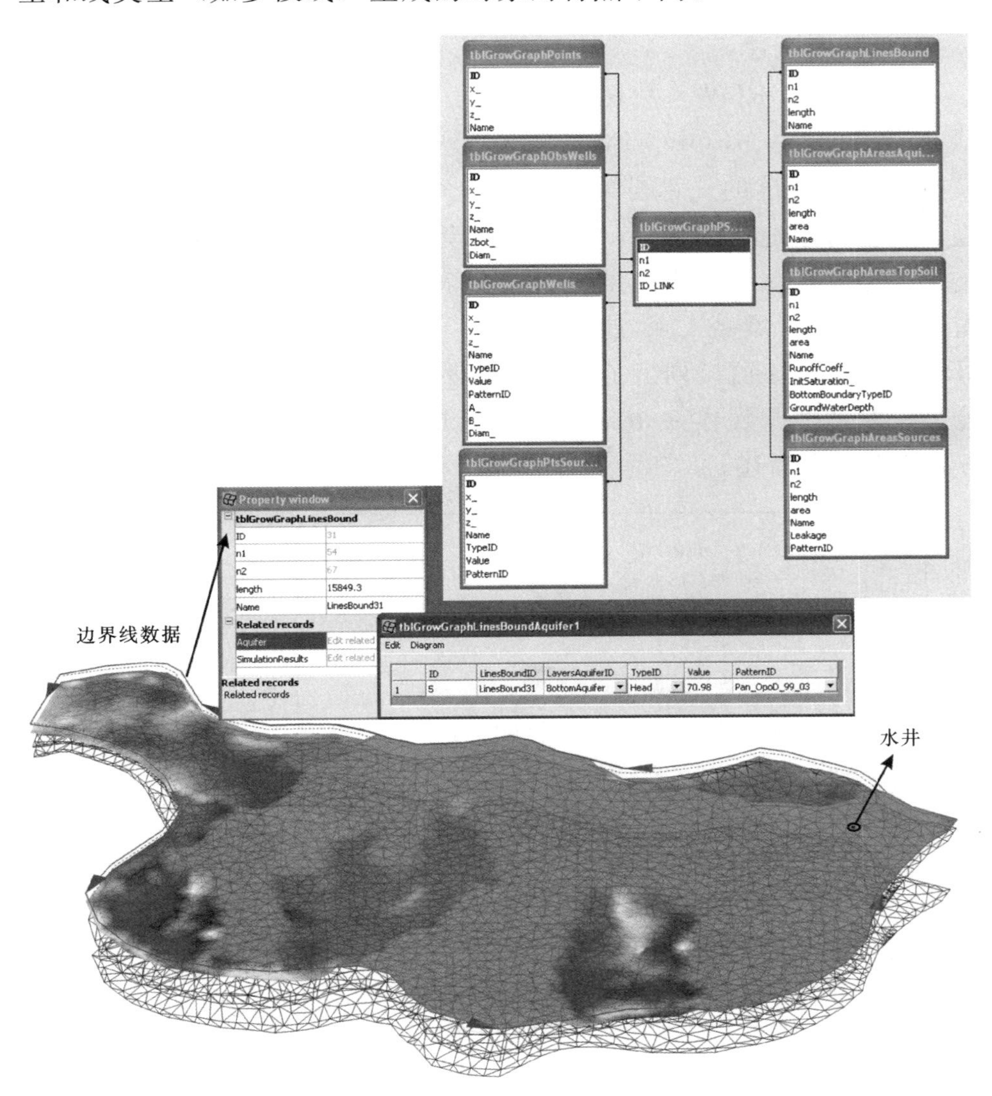

图 2.32　含水层组成（见彩图 18）
来源：作者。

2.7 用户界面

2.7.1 程序概述

3DNet-UGROW（见图 2.33）是一个综合的水文信息工具，包括 TERRAIN、GEOLOGY 和 GROW 组件，每一个都与 UGROW 模拟的物理系统的一部分对应。在一个典型的程序中，3DNet 用于逐步建立特定地点的模型，随后运行模型进行模拟和展示模型模拟的结果。任何步骤上该模型的模拟过程和模拟结果都可以在 3DNet 主窗口中进行三维或二维展示。用户可以通过 SceneGraph 窗口与 3DNet 交流，该窗口列出了在 UGROW 应用中可以显示的所有对象，能显示对话框并提供一个带图标的工具栏，所有这些交互方法会在 2.7.2 小节中描述。

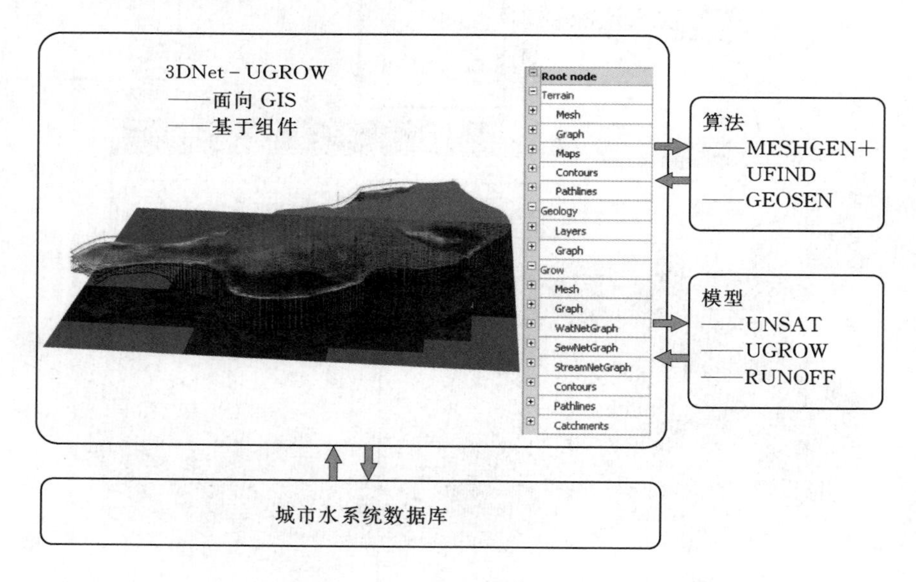

图 2.33 3DNet-UGROW 以及在屏幕上的链接（见彩图 19）
来源：作者。

所有 3DNet 组件利用计算几何算法来操纵组成图形对象的几何

数据，而 GROW 组件包含所有的模拟模型的数据。这些数据都存储在一个单一的外部数据库中。

3DNet 执行以下任务：

- 连接到外部数据库；
- 从数据库中读取 3D 图形对象（GO）；
- 将 GO 数据写入到数据库中；
- 创建“绘图场景”的 3D 图和平面图；
- 放大、缩小和调整视图中心；
- 打印（输出）“绘图场景”到 TIFF 或 DXF 格式的文件；
- 垂直平面切割“绘图场景”。

TERRAIN 组件可用于：

- 插入和安装扫描的地图；
- 插入（数字化）高程点和地形结构线；
- 三角化和创建数字地形模型（DTM）；
- 创建等高线；
- 使用预定义或自定义颜色，进行 DTM 演示。

GEOLOGY 组件可用于：

- 插入真实和虚构的钻孔；
- 通过确定地质层在一系列钻孔中的底部（基地）和高程来定义地质层及其直线面；
- 在上下边界之间的研究区域上形成固体来创建地质层。

GROW 组件可用于：

- 创建供水管网（WATNET）、城市排水管网（SEWNET）和溪流管网（STREAMNET）；
- 输入表土参数及其他数据来模拟地下水位以上渗流区非饱和水体流动；
- 启动渗透区非饱和水体流动的模拟（该模拟用于确定由于降水造成的含水层补给）；
- 定义水文地质单元：含水层和上覆弱水层；

- 定义地下水模拟模型域的边界；
- 为地下水模拟生成有限元网格；
- 为每一个组件确定地下水补给/排放源（如下水道渗漏的部分、降水和供水管的渗漏）；
- 模拟稳态和非稳态地下水流并显示结果。

工具/算法库允许高效整合 UGROW 的组件，目前可用的算法包括：

- GEOSGEN，用于生成地质层；
- MESHGEN，用于有限元的生成；
- UFIND，用于给有限元单个网格设置补给源项。

模拟模型包括：

- GROW，用于模拟主要含水层的深度平均水流，以及上覆与下覆弱透水层的垂直水流动；
- UNSAT，用于模拟地下水位之上非饱和区的垂直一维水流；
- RUNOFF，用于模拟地表溪流、供水和污水管网的水平衡。

GIS（地理信息系统）的基本概念和面向对象编程用于 UGROW 及其特性的设计和开发。这些特性可以从两个角度考虑：

- 从用户的角度出发，侧重模型的应用和 3DNet 绘画、插入、选择、删除和更新图形对象的功能。
- 从软件设计的角度出发，侧重内部数据的组织和处理数据的功能。

在面向对象编程中，数据和函数都属于抽象类的对象。3DNet 中最重要的抽象类称为图形对象（GO），它包含一系列的对象。

从设计的角度来看，图形对象分简单和复合两种。简单的图形对象是点、线和面（封闭的多段线）。复合图形对象由一系列的简单对象及其关系组成。一个复合的 GO 作为图表应用。最简单的图形结构就是平面直线图（PSLG），它是由一系列点和线简单组成的。创建特殊类型的图形用以描述城市水系统，例如，城市供水网络（无向图）、溪流和下水网络（有向图）、有限元网格等。

一般来讲，所有简单或复合图形对象均来自相同的抽象类：图形对象（GO）。每个对象都有自己的“特性”，定义其在屏幕上的外观（颜色、大小等），以及包含着与 GO 相关的数据的“属性”。图 2.34 的结构图展示了这些基本关系。城市水系统的所有组件被描述成了图形对象。例如，供水管道是一条线，具有长度、直径、年限等属性，以及颜色、线宽、线型等特性。

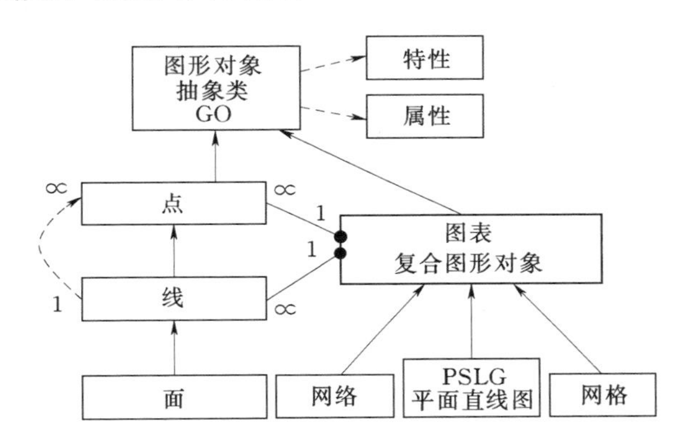

图 2.34　UGROW 设计图的基本结构

来源：作者。

与采用面向对象的方法相一致的是，UGROW 被设计成了 3D 图形引擎，并具有基本的制图和 GIS 功能，以这种方式创建的对象结构被称为有向无环图（DAG）或 SceneGraph。图 2.34 展示了一个为 UGROW 创建的 DAG。

在 DAG 树结构的顶部，有一个根（父）节点，它控制着 3D 绘图场景的边界。根节点下是 UGROW 的主要组件——TERRAIN、GEOLOGY 和 GROW，这些包含标签等其他复合对象。

2.7.2　3DNet 的一般功能

使用 UGROW，首先要为项目创建一个数据库，使用“文件”菜单命令，用户可以创建一个新的数据库（File→New 命令），或打开一个现有的数据库（File→Open 命令）。如果选择一个新的数据库，程序会打开一个数据库模板，单击 File→Save As 命令，该模板会以一个新的、唯一的名称保存下来。

SceneGraph 窗口

一旦数据库被加载，屏幕就看起来类似图 2.35 所示的窗口。应用程序窗口的左侧是 SceneGraph 窗口，展示了 UGROW 绘图场景的整体结构。

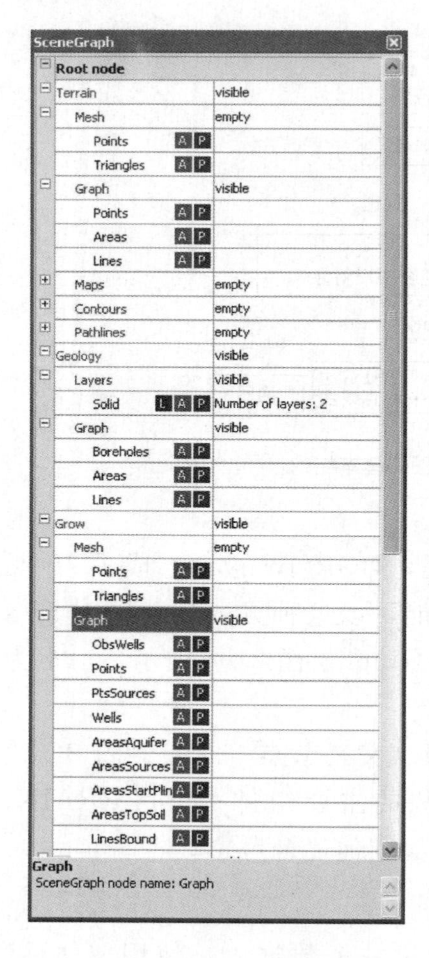

图 2.35　UGROW 的 SceneGraph 窗口

来源：作者。

可以单击窗口右上角“×”按钮关闭 SceneGraph 窗口。单击工具栏上的按钮（图 2.35 中唯一被按下的工具栏按钮），可以重新显示该窗口。切换 SceneGraph 工具按钮可依次显示和关闭 SceneGraph 窗口。

SceneGraph 结构的顶部包含根节点，控制着内容和场景的外观。根节点下的三个分支是 UGROW 的三个重要组件：Terrain、Geology 和 Grow。这些组件包含子分支等其他相关的对象，进一步被细分成另一层的简单对象。

当一个节点被选中，相应的对象类型变得活跃，其名称出现在 SceneGraph 的底部（见图 2.36 和图 2.37）。同时，状态栏显示从根节点开始的完整的“路径”节点，从而在 SceneGraph 被关闭了的情况下，用户始终知道哪个节点是活跃的。

单击 SceneGraph 结构最低层任何节点上的字母 P，打开所选节点相应特性的对话框，也就是所选对象的类型。然后用户可以编辑所选类型对象的特性。选择字母 A 会显示与所选对象类型相关联的默认属性。对话框的使用说明如下。

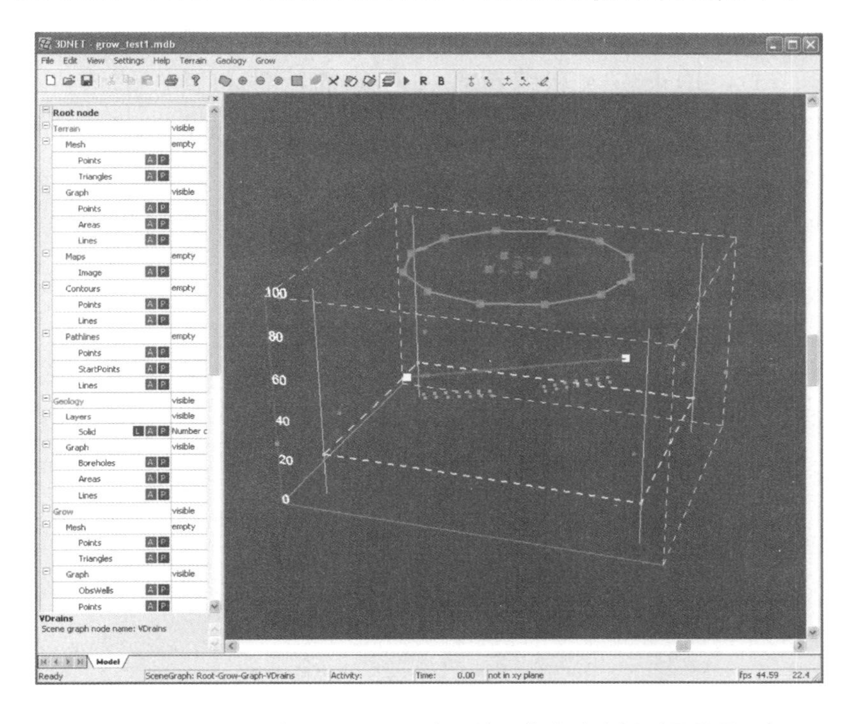

图 2.36 UGROW 与 SceneGraph 窗口接口的启动布局（见彩图 20）

来源：作者。

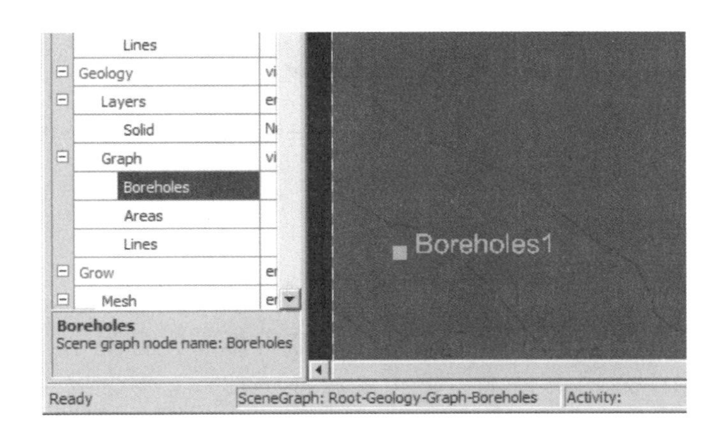

图 2.37 选中节点（对象类型）的名称出现在 SceneGraph 的底部和状态栏上

来源：作者。

对话框

从SceneGraph窗口中选择菜单命令和对象类型，会调用对话框（见图2.38），用来输入和编辑各种对象的特性和属性的值。一个对话框可以在带有字段名的左侧栏里和带有字段值的右侧栏里提供来自数据库表中的一条记录。

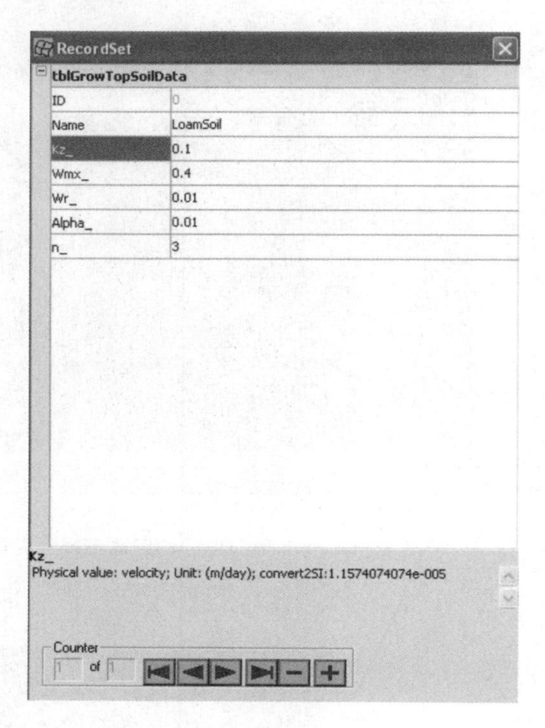

图2.38 常见的特性对话框

来源：作者。

用户可在对话框中进行如下操作：

- 单击单元格可进入编辑模式，修改单元格中的文本内容和数值。编辑模式用按下的单元格和闪烁的光标显示出来。
- 在单元格以外单击以退出编辑模式。
- 单击右上角"×"按钮退出特性对话框。

如果某个字段值与物理值有关，对话框底部显示与这个物理值的单位有关的信息。UGROW 使用的单位是国际标准单位制（SI），所以数值均以 SI 单位制保存。当值出现在屏幕上时，可以转换成适当的、用户定义的单位。可以通过选择字段名称，以及右击打开字段定义对话框修改物理单位。在字段定义对话框，可以改变所选字段的物理单位和数值格式。

某些对话框在窗口底部设有带导航按钮的计数器（如图 2.39 所示），对应于要求多于一条记录的对象类型（通常多于一层的地质层，每一层的信息保存在一条记录里）。用户可以：

- 单击“＋”按钮添加一条新记录。
- 单击“－”按钮删除一条记录。
- 通过箭头按钮进行切换。按钮的功能从左向右依次为：第一条、上一条、下一条、最后一条记录。

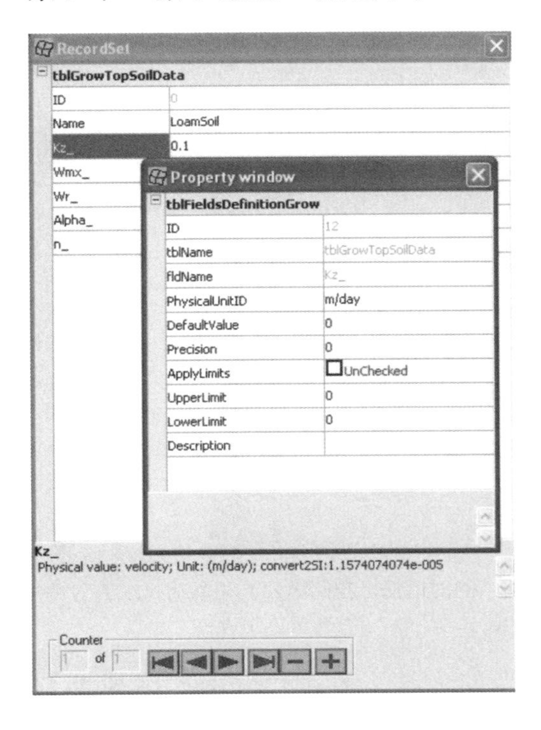

图 2.39　利用字段定义对话框设置选定字段的物理单位和精度

来源：作者。

处理图形对象

当某个对象类型在 SceneGraph 中被选中，用户可以通过工具栏右侧的画图工具添加或编辑某种类型的特定对象（见图 2.40）。从左向右这些工具依次为：添加点、编辑点、添加折线、编辑折线和绘制标准。

图 2.40　画图工具
来源：作者。

添加点

通过以下操作创建点。

（1）单击表示添加点的工具按钮，能够添加 SceneGraph 中活跃的点对象，弹出特性对话窗口（图 2.41 左侧的对话框）。该窗口适用于任何点状对象（高程点、钻孔、井、排水网络节点等）。状态条中显示“Add Points”动作，添加的点具有默认特性，可以通过单击 SceneGraph 中的字母“A”修改。

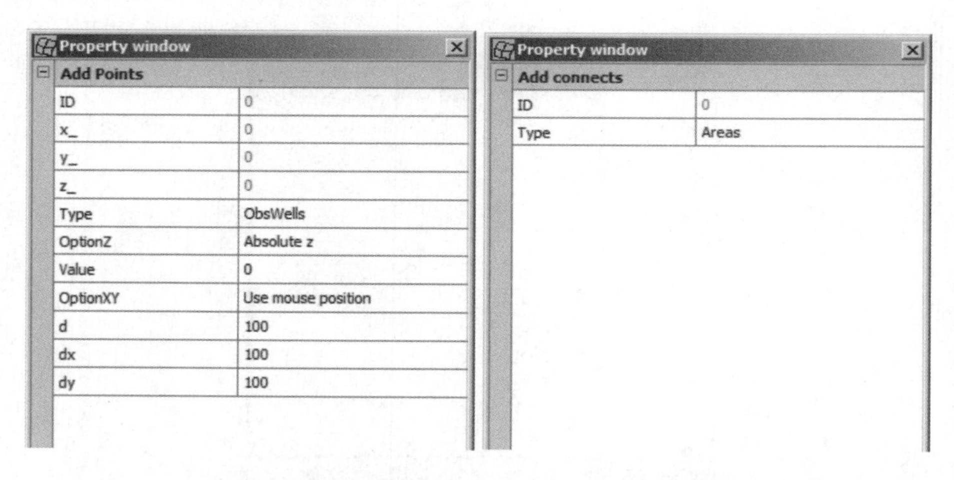

图 2.41　添加点的对话框（左侧窗口）和添加折线的对话框（右侧窗口）
来源：作者。

（2）选择适当的方法，在 OptionXY 字段窗口输入点的横纵坐标。有以下方法可供选择：

- 利用鼠标的位置：单击某点时，通过鼠标指针所在的位置可以判定横纵坐标。

- 利用精确距离 d：在 d 字段内输入数值可以设定两点间的距离。
- 利用 dx 和 dy 的精确相对关系：在 dx 和 dy 字段输入 X、Y 方向上的增量。

如果必须要输入 X、Y 坐标的精确值，可以先通过鼠标单击确定大概位置，再通过后续的属性修正对坐标进行修改，下文将对此加以说明。

(3) 选择特性窗口中 Option$Z$ 字段里第三个坐标 Z 保存的信息类型。有以下方法可供选择：

- 绝对坐标 z；
- 相对坐标 z；
- 坡度,%。

(4) 在 Value 字段输入 Z 坐标的值。

(5) 通过单击鼠标添加所有带有特定 Z 坐标值的点。

右击并在弹出的菜单中选择 End activity 选项，就完成了点的添加。

添加线和面

除了由闭合折线形成的面以外，线和面基本上属于同一类型，统称为折线。折线由点和连接这些点的线组成，这些连线是具有方向的。折线生成之前必须按照上文所提步骤先建立点。随后的步骤如下：

(1) 单击表示添加折线的按钮（见图 2.40），在 SceneGraph 中添加激活的线对象。特性对话窗口（对话框显示在图 2.41 的右侧）弹出，在状态条中显示“Add Polylines”动作。添加的折线对象具有默认属性，可以通过单击 SceneGraph 中的字母“A”进行修改。

(2) 单击点连接形成折线。

单击 INS 键结束创建折线的操作。右击并在弹出的菜单中选择 End activity 选项，就完成了折线的添加。

编辑点

点状对象可以通过以下操作进行编辑：

(1) 单击工具栏中表示编辑点的按钮进入编辑模式（见图

2.40)。编辑点对象对话框会被显示出来，状态条中会显示“Edit Points”动作。只有在SceneGraph中激活的点对象能被编辑。

（2）通过下列方法选择点：

- 点击屏幕上的一个点。
- 在屏幕上拖动鼠标选择一个或多个点。
- 在弹出的菜单中选择Attributes in grid选项，打开网格对话框（见图2.42），然后点击适当的网格线。右击记录器可以激活添加命令。一旦网格对话框关闭，选择的点将出现在屏幕中心。

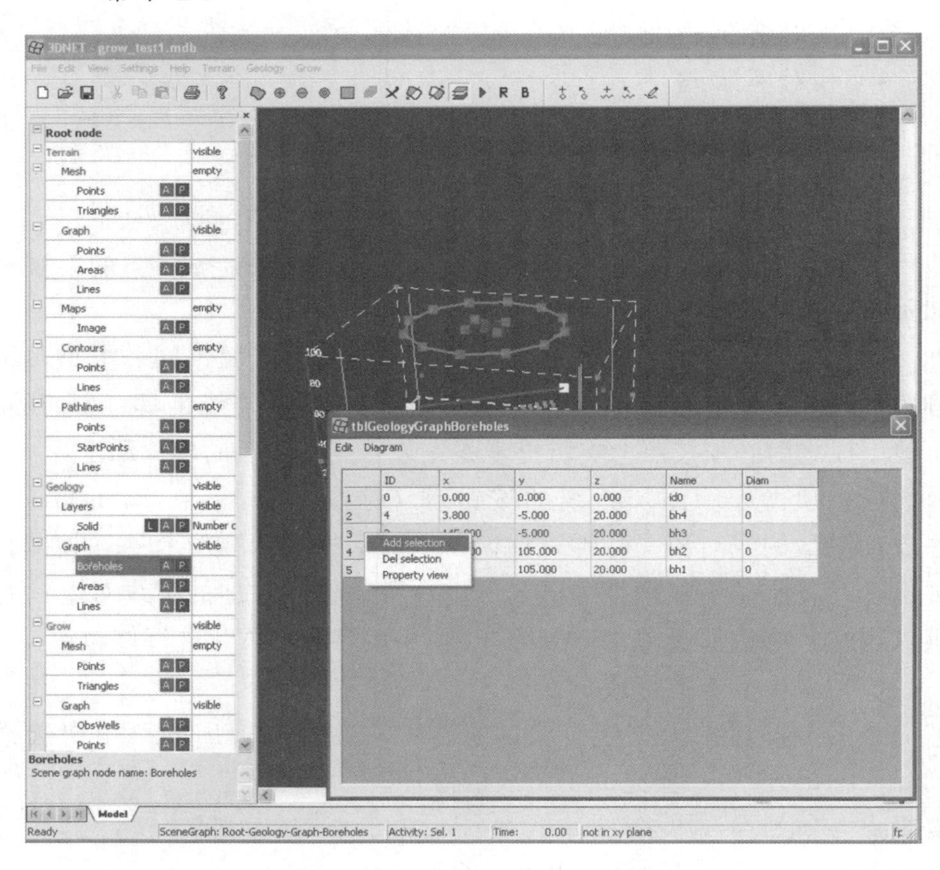

图2.42 从网格属性对话框选择对象（见彩图21）

来源：作者。

- 注意：在网格中找到一个特定对象的最简单的方法是基于选定的属性值（字段值）排序。这是通过从标题行选择区域和右击对表进行升序排序或降序排列实现的。选定对象的数量显示在主窗口的状态栏中。

(3) 启动所需的行动。选定的点可以通过：

- 按 DEL 键删除。
- 按 ESC 键取消选择。
- 右击屏幕上的任何地方，弹出菜单进行修改。通过弹出的菜单可以查看或修改对象的“特性”和“属性”。“特性”定义出现在屏幕上的对象的外观，“属性”是与选择对象相关的数据（在这种情况下为 X、Y、Z 坐标）。也可以选择 Attributes in grid 选项来显示带有所有点 X、Y、Z 坐标的电子表格。在这个表中，选定对象所在的行是黄色的。

右击鼠标并在弹出的菜单中选择“End activity”选项，就退出了编辑模式。

编辑折线

编辑折线与编辑点的步骤基本相同。单击代表编辑折线的工具按钮（见图 2.40）可以打开折线编辑模式。

文件菜单命令

下列是“File”菜单中可用的标准“Windows”型命令。

- New：打开一个模板数据库，使用“Save As”命令将其以一个新的、独一的名称保存下来。
- Open：打开现有数据库。
- Save、Save As：将更改保存到数据库。
- Print、Print Preview、Print Setup：设置打印选项并打印绘图场景。
- Write to tiff、Write to dxf：将绘图场景导出为 TIFF 和 DXF 格式文件。导出的 DXF 格式文件在层里进行组织，层与 SceneGraph 里的节点具有相同的名称。只有可视的对象可以被导出。

视图菜单命令和视图工具

绘图场景的外观通过一系列视图菜单命令或相匹配的视图工具控制：

- 缩放选项：整图缩放，；放大，；缩小，；中心缩放，。
- 2D视图和3D视图。
- 垂直截面（左右切割）。
- SceneGraph窗口切换和关闭。
- R：重新生成图形对象。
- B：更新图形对象边界。

2.7.3 地形组件

地形组件控制所有与地形数据准备相关的任务。用户可以：

- 插入和安装扫描的地图；
- 数字化地图中的高程点和结构线，或从另一个源导入这些信息；
- 创建DTM（数字地形模型）；
- 创建等高线和迹线；
- 使用预定义或自定义的颜色编码查看DTM。

以上操作可以通过使用Terrain菜单下的命令（见图2.43）实现。

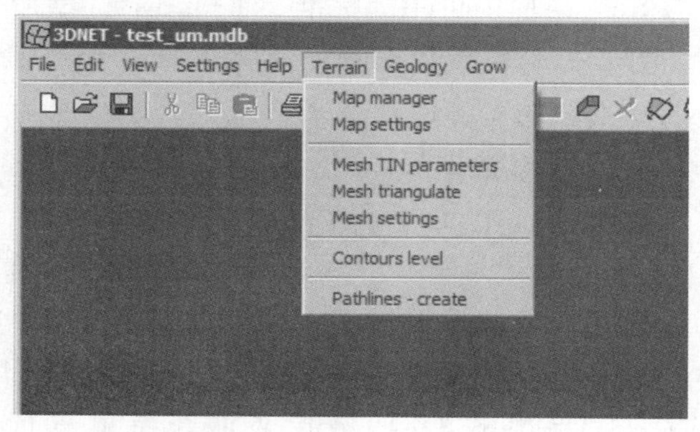

图2.43 地形菜单

来源：作者。

插入扫描地图

使用下列程序可插入一幅扫描地图：

（1）选择 Terrain→Map manager，打开地图管理器对话框（见图 2.44）。

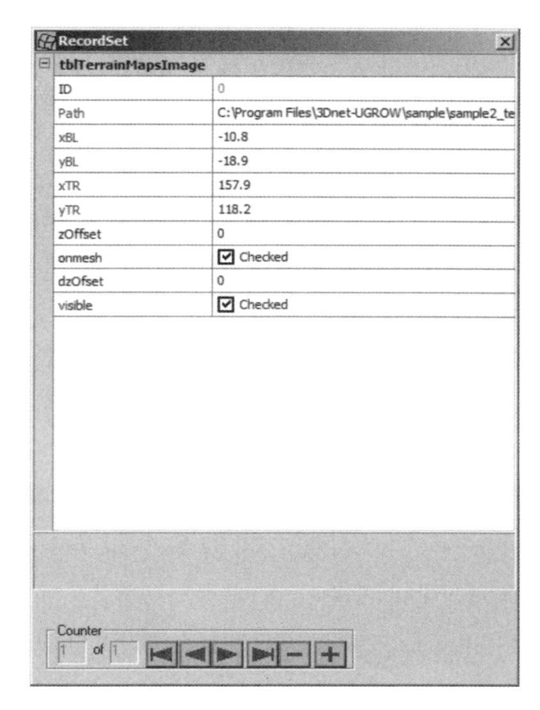

图 2.44　Terrain→Map manager 对话框

来源：作者。

（2）单击对话框底部的"+"按钮添加一条新的记录。

（3）单击 Path 特性字段来指定一个图像文件。

（4）在适当的区域通过输入左下（xBL，yBL）和右上（xTR，yTR）的坐标来定义图像的大小和位置。

（5）勾选 visible 框，在屏幕上显示图像。

数字化高程点和结构线

通过以下方法可以将扫描地图中的高程点数字化：

（1）在 SceneGraph 窗口选择 Terrain-Graph-Point 节点。

(2) 执行添加点操作：在工具栏上点击 Add Points 按钮，在对话框的 Value 字段输入高程，通过单击添加指定高程的点（通常沿着相应的地形等高线）。

(3) 在单击右键弹出菜单中选择 End activity 来结束动作。

(4) 高程点也可以直接添加在 tblTerrainGraphPoints 数据库中或从一个简单的 xyz 格式的 ASCII 文件导入。

(5) 添加结构线（结构线将使数字地形模型生成器沿着结构线创建三角形单元的边）时，用户应该：

1) 在 SceneGraph 窗口选择 Terrain-Graph-Lines 节点。

2) 按照“添加线和面”一节中的操作，利用现有的点创建线。

创建地形网格（数字地形模型）

数字地形模型（DTM）是由三角形组成的网格，以不规则三角网（TIN）的形式创建。从高程点和已经添加到地形组件的结构线创建一个网格需要执行以下操作：

(1) 选择 Terrain→Mesh TIN parameters 命令来打开对话框。

(2) 在 Precision 字段输入点之间的最小距离（如果两个点有相同的 x、y 坐标，将会出现错误）。

(3) 在 MaxArea 字段，输入方格中三角形的最大面积（单位为平方米）。

(4) 启动 Terrain→Mesh triangulate 命令来创建 DTM。

要显示 TIN 网，必须在 SceneGraph 窗口选择 Terrain-Mesh-Triangles 节点来打开其可见性，显示特性窗口（见图 2.45），并勾选

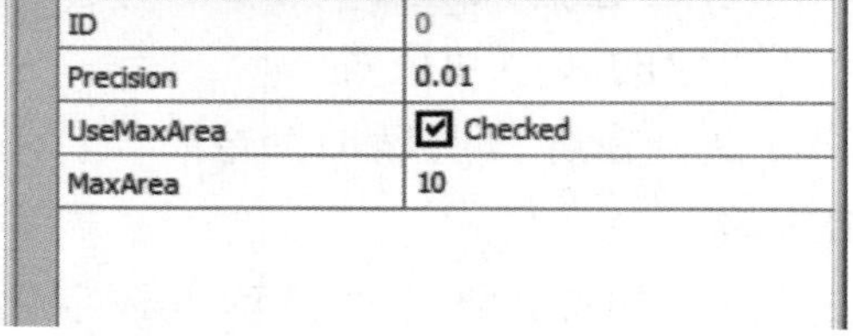

Property window

tblTerrainTINParams

ID	0
Precision	0.01
UseMaxArea	Checked
MaxArea	10

图 2.45 地形数据三角形化的参数

来源：作者。

Visible 复选框。图 2.46 给出了 DTM 的一个例子。这个 DTM 利用图 2.47 中显示的三角形网格的特性加以显示。

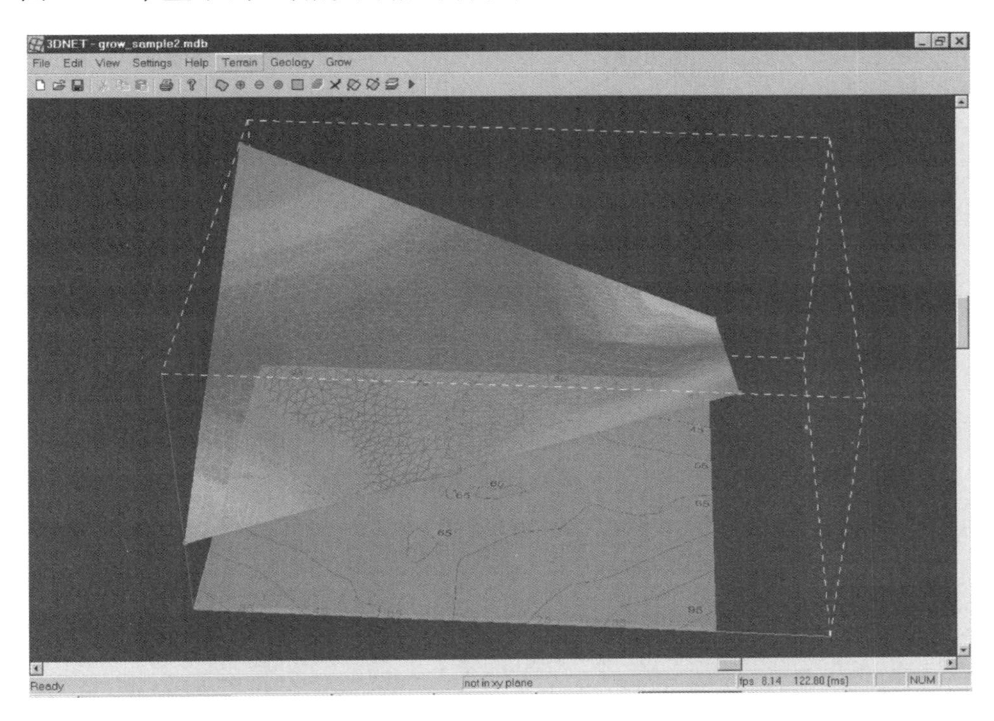

图 2.46　通过 Terrain→Mesh triangulate 命令创建 DTM 的一个例子（见彩图 22）
来源：作者。

Property window

tblTerrainMeshTrianglesSett	
ID	0
Visible	☑ Checked
Color	RGB (255, 255, 224)
Width	1
FillArea	☑ Checked
Transparency	0.75
UsePointColor	☑ Checked

图 2.47　显示三角形网格地形的设置
来源：作者。

2.7.4 地质组件

地质组件用来定义地质层的类型和几何结构。利用这个组件，用户可以：

- 定义地质层；
- 同时定义真实的和虚拟的钻孔；
- 创建地质固体。

以上操作可以通过使用列在 Geology 菜单下的命令实现（见图 2.48）。

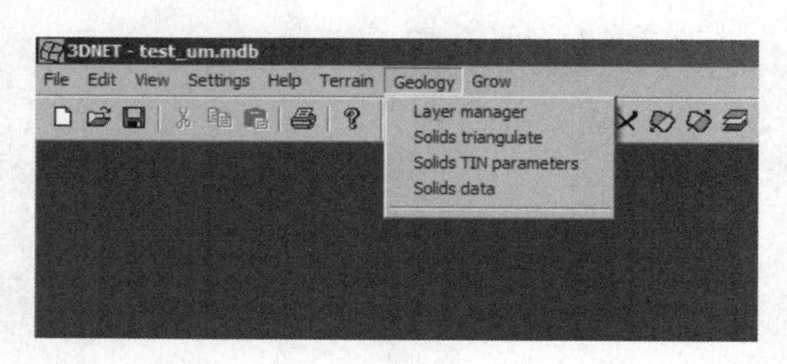

图 2.48 Geology 菜单下的命令
来源：作者。

定义地质层

起初，用户可以通过简单地分配一个名称和设置一组特性创建地质层。通过定义钻孔和基于这些钻孔分配层可以定义地质层的海拔和位置。要创建地质层，用户须：

(1) 运行 Geology→Layer manager，打开图层管理器对话框（见图 2.49）。

(2) 使用对话框底部的导航按钮添加新层、删除现有的层或选择下一个或前一个层。

(3) 使用对话框中“选项”来定义层在屏幕上的显示方式（颜色、线宽、能见度等），并给层命名。

定义钻孔

利用添加点对象的方式来添加钻孔。用户应该在 SceneGraph 窗

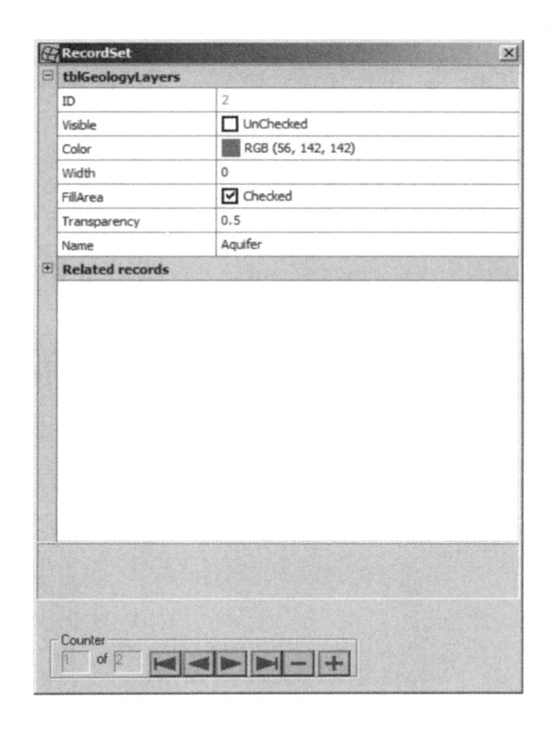

图 2.49 Geology→Layer manager 对话框

来源：作者。

口选择 Geology-Graph-Boreholes 节点，并以 2.7.2 小节中的方式添加点。这种方式可以在坐标系中定义钻孔的位置。

第二步是定义每个钻孔内的层。钻孔中每层的顶部和底部高程必须通过以下两种方式之一来确定：

- 通过 Edit Points 工具和 Attributes 对话框；
- 通过 Geology→Layer manager 命令。

通过 Edit Points 工具和 Attributes 对话框分配层，用户须：

(1) 选择 Geology-Graph-Boreholes 节点，并单击 Edit Points 工具按钮。

(2) 在屏幕上选择单个钻孔。右键单击并选择弹出菜单中的 Attributes。一个特性窗口会显示出来，可以在其中指定钻孔的名称和直径。

（3）单击 Related records 左边的“＋”并选择 Layer 字段，会显示一个带有网格的对话框。

（4）右键单击最左侧的网格单元，选择 Add Record，为钻孔添加一个层（见图 2.50）。

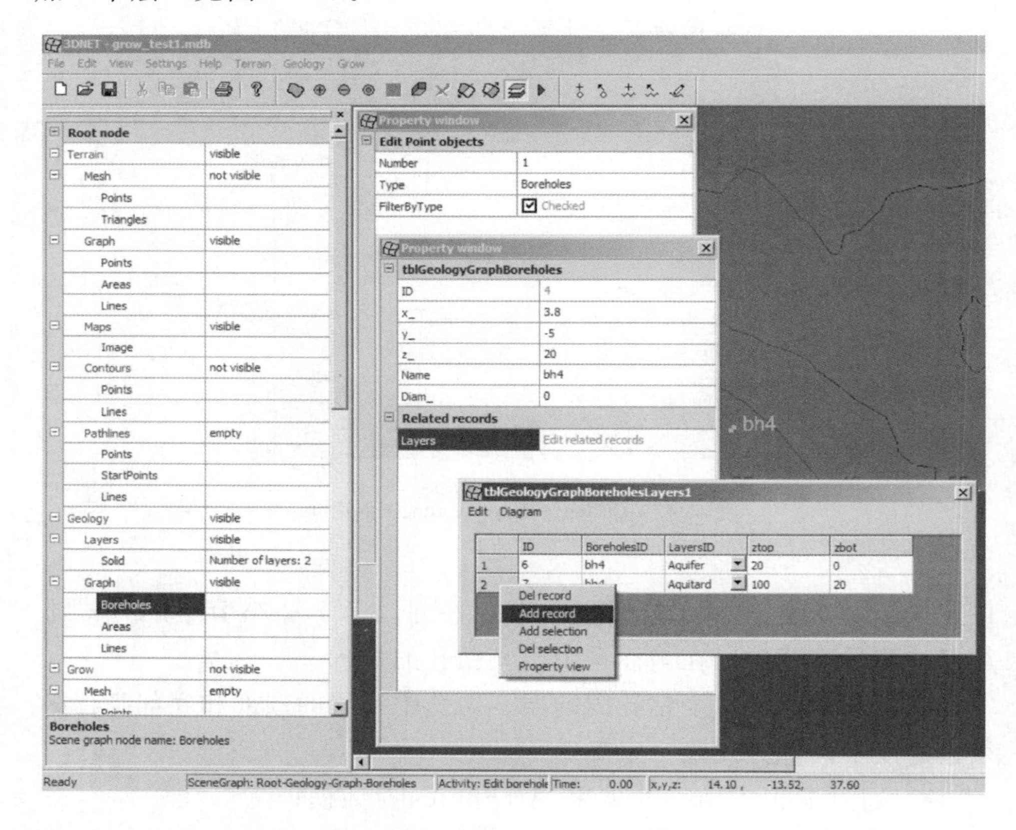

图 2.50 通过 Edit Points 工具和 Attributes 对话框给钻孔分配层（见彩图 23）

来源：作者。

（5）在 LayersID 字段选择图层类型，并在 ztop 和 zbot 字段输入顶部和底部高程。

（6）对每个钻孔层重复以上操作。

（7）对其他钻孔重复以上操作。

通过 Geology→Layer manager 命令，执行以下操作，可以给钻孔分配层：

（1）打开图层管理器（Geology→Layer manager）。

（2）使用对话框底部的导航按钮选择一个地质层。

（3）点击 Related records 左边的“+”，并选择 Boreholes 字段，会显示一个带有网格的对话框。

（4）右键单击最左侧的网格单元，选择 Add Record 来添加一个包含所选层的钻孔（见图 2.51）。

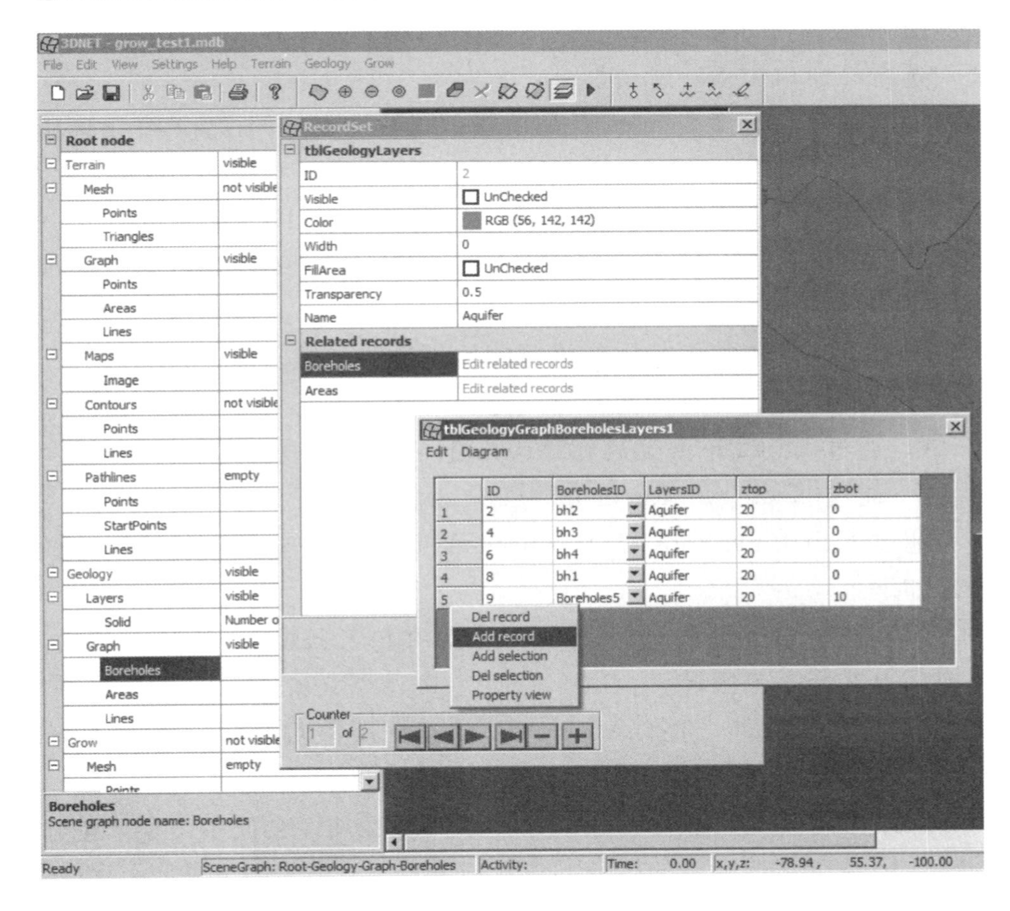

图 2.51　通过 Geology→Layer manager 命令给钻孔分配层（见彩图 24）

来源：作者。

（5）在 BoreholesID 字段的下拉列表中选择一个钻孔，并在 ztop 和 zbot 字段输入选定层的顶部和底部高程。

（6）对每个钻孔重复以上操作。

（7）对其他层重复以上操作。

创建地质固体

钻孔记录中的地质层数据可以用来创建选定层中的固体（主体）。

这个过程的第一步是定义平面面积，即地质固体在（x，y）水平面的范围。为此，用户须：

（1）在 SceneGraph 窗口中选择 Geology-Graph-Areas 节点。需要勾选特性窗口中 Visible 框。

（2）单击 Add Polylines 工具按钮。在特性窗口的 Type 字段选择 Areas。

（3）在屏幕上依次选择点对象（钻孔）并按 INS 键完成创建一个区域。右键单击，并在弹出的菜单里选择 End activity，退出添加行的操作。

在接下来的步骤中，层应该分配给创建的区域。这个过程和分配层钻孔是一样的。可选的两种方式是：

- 通过 Edit Lines 工具和 Attributes 对话框；
- 通过 Geology→Layer manager 命令。

通过 Edit Lines tool 和 Attributes 对话框把层分配到地质区域的操作如下：

（1）选中 Geology-Graph-Areas 节点并单击 Edit Lines 工具按钮，在屏幕上选择一个区域。

（2）单击右键，选择 Attributes 以打开属性对话框。在 Related records 部分内单击 Layers 字段。

（3）用给钻孔添加层的相同操作给区域添加一个或多个层。创建固体会用到包含选定层的区域内的所有钻孔。

通过 Geology→Layer manager 命令将层分配到地质区域的操作如下：

（1）选择 Geology→Layer manager，在屏幕上选择一个区域。

（2）使用对话框底部的导航按钮选择一个地质层。

（3）在 Related records 部分内点击 Area 字段打开网格对话框。

（4）添加包含所选择层的区域的操作与给层添加钻孔的操作相同。

最后一步是在地质层所占的体积内生成一个固体。为此，用户须：

（1）通过选择 Geology→Solids TIN parameters 定义三角形化参数（见图 2.52）。

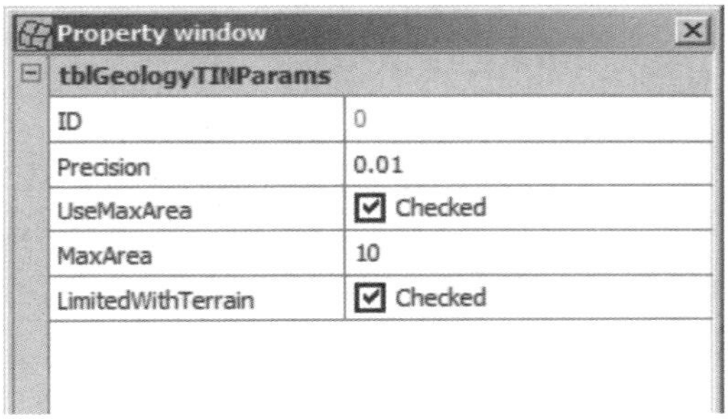

Property window

tblGeologyTINParams

ID	0
Precision	0.01
UseMaxArea	Checked
MaxArea	10
LimitedWithTerrain	Checked

图 2.52　地质数据三角形化的参数

来源：作者。

（2）用地形三角形化的同样方式使用 Precision 字段和 MaxArea 字段。

（3）勾选 LimitedWithTerrain 字段，将 DTM 作为任意固体上表面的上限。

- 通过运行 Geology→Solids Triangulate 创建固体。
- 固体的名称由层和区域名称组成，例如，“含水层增长”。

图 2.53 给出了两个简单的固体例子。固体由定位在一个矩形四个角的四个钻孔高程创建。上层固体的表面受地形高程限制的。

2.7.5　GROW 组件

该组件包含所有地下水模拟任务，包括与城市含水层相作用的城

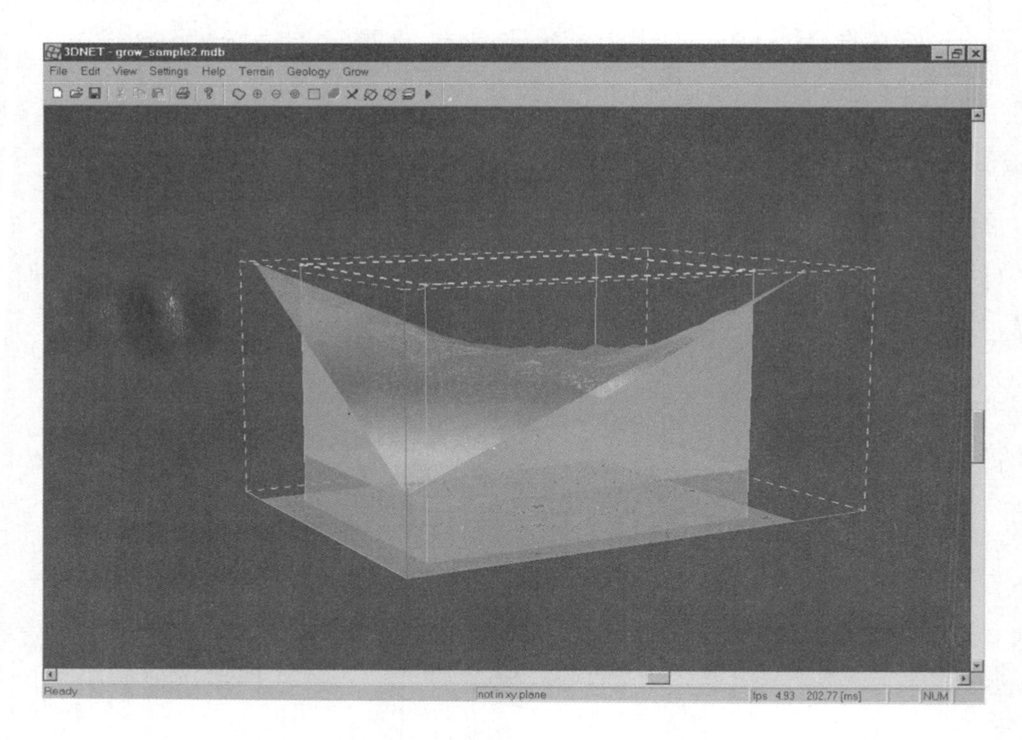

图 2.53 通过位于一个矩形区域四个顶点的钻孔中的地质层创建的两个简单的地质固体（见彩图 25）

来源：作者。

市管网的规格。GROW 组件菜单如图 2.54 所示。用户可以：

- 定义水文地质层的水力特性；
- 定义域边界和城市地下水模拟的动力边界条件；
- 模拟降水导致的非饱和土渗透（UNSAT 模型）；
- 生成有限元网格；
- 确定从城市水网络到每个有限元的渗漏量；
- 模拟地下水流动并查看仿真结果（GROW 模型）；
- 计算地表径流水平衡（RUNOFF 模型）。

模拟含水层之前，用户必须指定以下模型元素：

- 几何模型，包括分配给“表土”或含水层的水文地质层、边

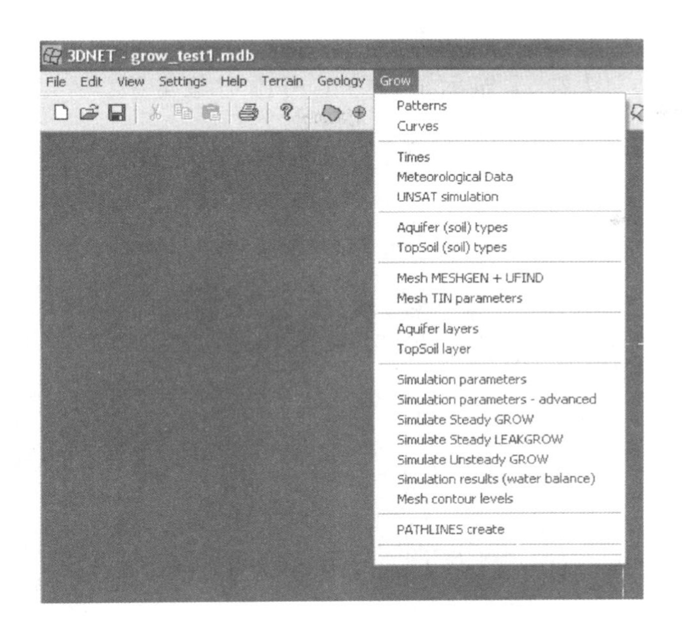

图 2.54　Grow 菜单命令

来源：作者。

界线和各种点对象（如简单点、井、水源或观测井）；

- 土壤特性（水力传导系数、有效孔隙度等）；
- 边界条件；
- 有限元网格。

定义几何模型

将一个现有的地质层，即现有的固体，作为“表土”或一个含水层分配给 GROW，用户应当：

(1) 选择 Grow→Topsoil layer 或 Grow→Aquifer layer。

(2) 在 SolidID 下拉列表中为对应的地质固体选择名字。选择固体仅指定了层的几何结构。给选择的固体分配表土或含水层特性的步骤如下。

添加或编辑具体的点、线或面对象，用户应当：

(1) 选择合适的对象类型。为此，在 Scenegraph 窗口中，应在

Grow-Graph 节点下选择适当的子节点（例如，边界线上的 Lines-Bound 节点）。图 2.55 显示了所有的可用对象类型。

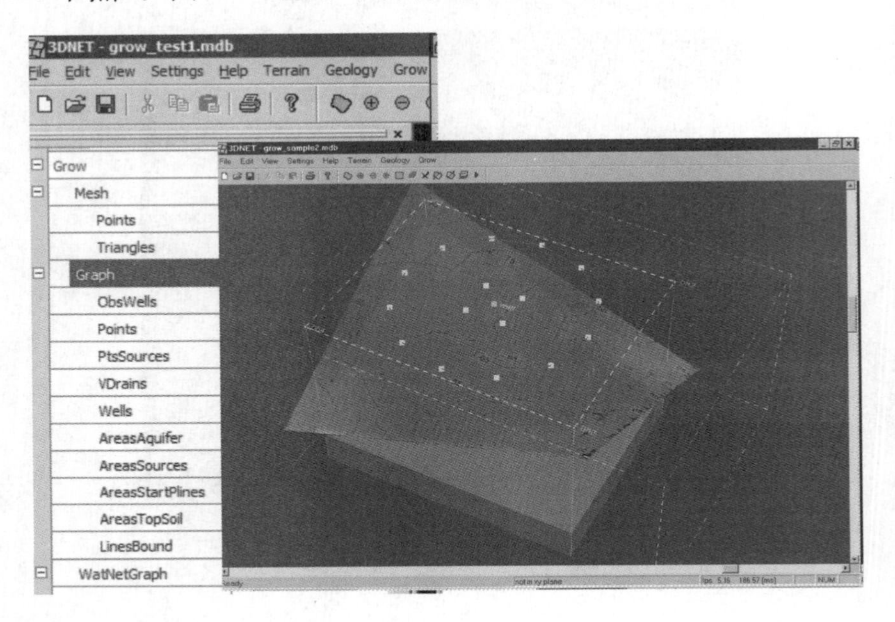

图 2.55 显示在 Grow-Graph 节点之下所有可用对象的 SceneGraph 窗口以及一个显示定义模型域的边界线的模型窗口（见彩图 26）
来源：作者。

（2）按照 2.7.2 小节中添加或编辑图形对象的一般步骤操作。

外部模型边界由边界线组成，边界线必须通过顺时针方向选择点来创建。创建完成后，模型边界成为正向封闭多边形。图 2.55 显示了一个简单的圆形边界的几何模型，在模型域的中心有一口井。模型域的直径是 100m。

定义表土和含水层特性

两种类型的水力特性必须在 UGROW 的 GROW 组件中指定：

- 含水层参数，包括水力传导系数、有效孔隙度、单位出水量等饱和地下水流的特性。
- 表土参数，包括饱和水力传导系数、vanGenuchten 参数、最大含水量、残余含水量等地面附近渗流区域的不饱和流属性。

数据库中已经存在一个预定义的含水层和表土类型（如砾石、砂和黏土）的资料库与相应的特性。这个资料库需加以修改和/或完善，以将表示被模拟的具体情况的土壤和含水层类型包括进来。查看、更改和添加土壤类型，用户应该选择 Grow→Topsoil（soil）types 或 Grow→Aquifer（soil）types，并在对话框的字段内输入适当的值，如图 2.56 所示。点击对话框底部的“+”按钮可以添加新的土壤和含水层类型。

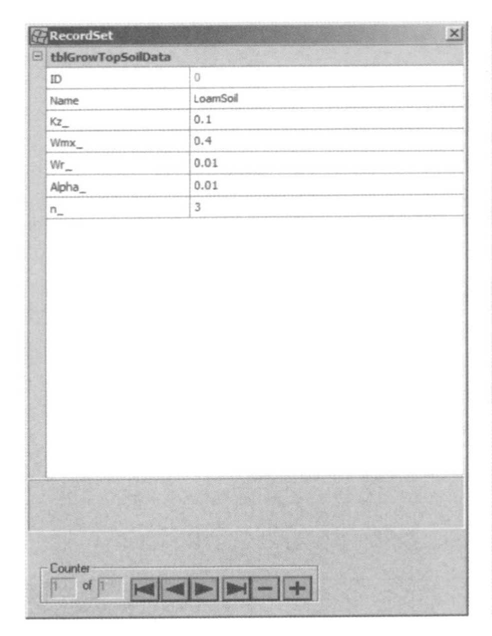

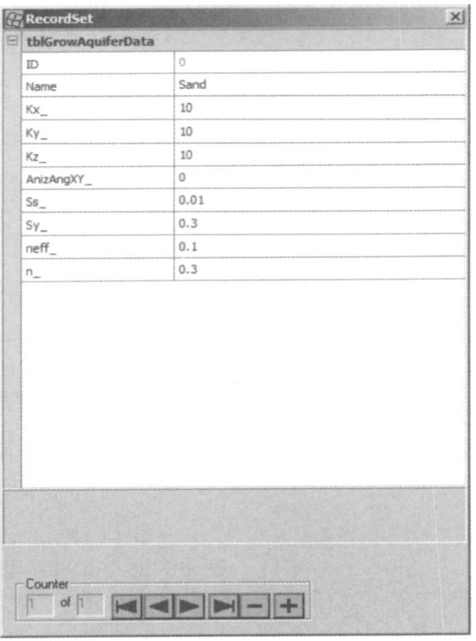

图 2.56　Grow→Topsoil（soil）types 和 Grow→Aquifer（soil）types 对话框

来源：作者。

完整的地下水模拟域由子域组成，每个子域自身都有一组含水层特性。表土也是如此，它的子域通常与土地使用相关。在许多实际应用中，含水层或表土的一个子域会比其他子域大得多。在这种情况下，简便的做法是指定这个子域的类域作为整个域的默认类型，然后在必要时进行修改。为了给 GROW 含水层或 GROW 表土指定默认特性，以及选择默认属性，用户应当：

（1）在与 AreasAquifer 或 AreasTopsoil 相关的 SceneGraph 窗口中按 A 按钮，打开默认零 ID 对象的属性对话框。

（2）点开 Related records 并选择 AquiferDataID（TopSoilDataID）以打开一个网格对话框（见图 2.57）。

（3）从 AquiferDataID（TopSoilDataID）的下拉列表中在已有的资料库里选择适当的土壤类型。

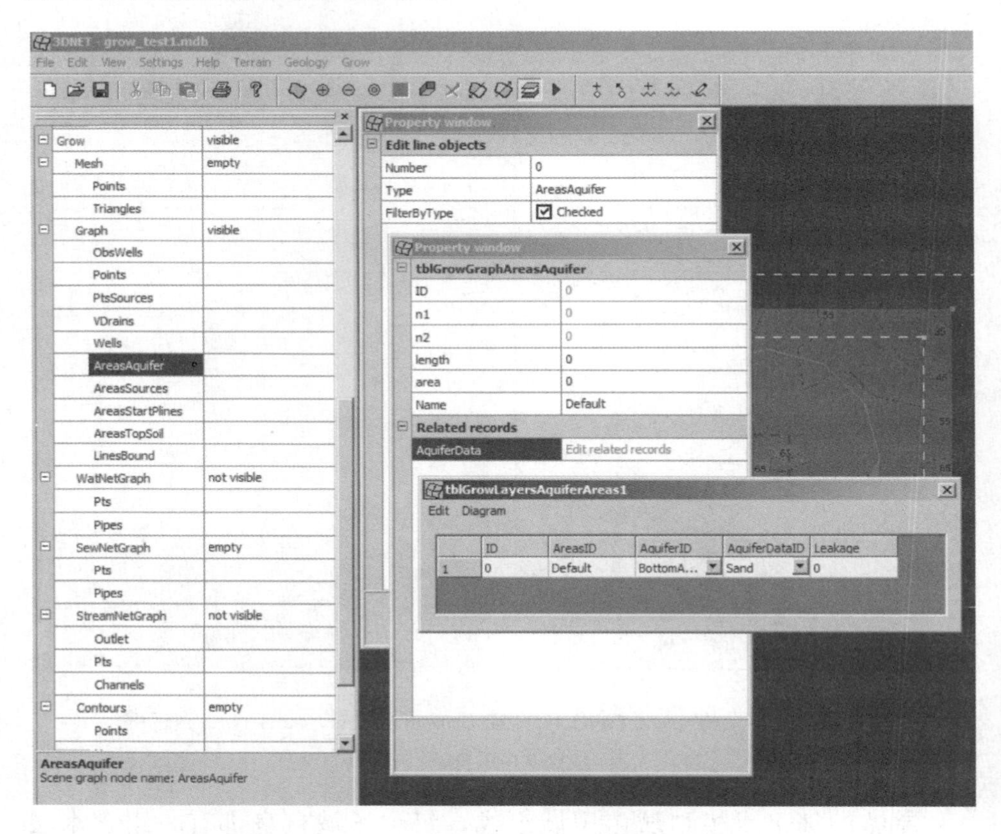

图 2.57　给表土固体和含水层固体指定类型（见彩图 27）

来源：作者。

定义非缺省特征的区域，用户应按照 2.7.2“添加线和面”小节中的操作添加面 Grow-Graph-AreasAquifer（Grow-Graph-AreasTopsoil)。然后通过编辑和重复上述操作将适当的土壤类型分配给这个面，即点开 Related records，选择 AquiferDataID（TopSoilDataID），调用网格对话框，从资料库中选择土壤/含水层类型。

定义边界条件

边界线包围模拟区域，指定边界线几何形状的步骤如上文所述。本节关注的是边界条件的具体类型和具体值，这些是含水层模拟模型 GROW 沿边界要用到的信息。想要指定边界条件，用户应当：

（1）在 SceneGraph 窗口选择 Grow-Graph-LinesBound 节点。

（2）按 Edit Lines 工具按钮，打开 Edit Line Objects 对话框，在 Type 字段选择 LinesBound，并在屏幕上选择一条边界线。

（3）右键单击并选择 Attributes，点开 Related records，点击 Aquifer 字段，调用网格对话框。然后可以输入合理的边界数据。

对于所有的边界，默认的边界条件是一个零通量或不渗透边界。换言之，如果没有给一个边界指定数据，那么就假定此边界是不透水的。

给点边界（如，井）分配边界条件的步骤与给线边界的分配边界条件的步骤类似。首先要在 SceneGraph 窗口选择适当的节点并单击 SceneGraph 工具按钮，后续步骤与处理线边界的步骤一样。

模拟非饱和区垂直水迁移（UNSAT 模型）

UNSAT 模型通过求解不饱和流方程来模拟“表土”内的水迁移。该模型还可计算水平衡条件。条件之一是包气带释放的水进入含水层，随后被用作地下水模拟模型 GROW 的输入数据。

为 UNSAT 模型输入数据的步骤如下：

- 调用 Grow—Meteorologicaldata 命令会显示一个对话框，通过该对话框输入气象数据（降水量和随时间推移可能出现的蒸发量）。
- 在 SceneGraph 窗口中，从 Grow-Graph-AreasTopsoil 节点选择 A，以此来指定土壤特性的默认值，非默认区域的值通过编辑 AreasTopsoil 输入。

- 使用定义土壤特性的相同操作来规定仿真参数［初始土壤饱和度、地表径流系数和土壤深度（通常最深 2m）］。

定义输入数据后，可以通过运行 Grow—UNSAT simulation 命令，并按下 Action 按钮来启动 UNSAT 仿真。仿真结束时，屏幕上会出现一幅图，显示了垂直水平衡的基本组成：降水、渗漏、径流和实际土壤蒸发（见图 2.58）。从包气带到含水层的渗透水量的计算数据，存储在数据库中并准备在含水层仿真时分配给有限单元。

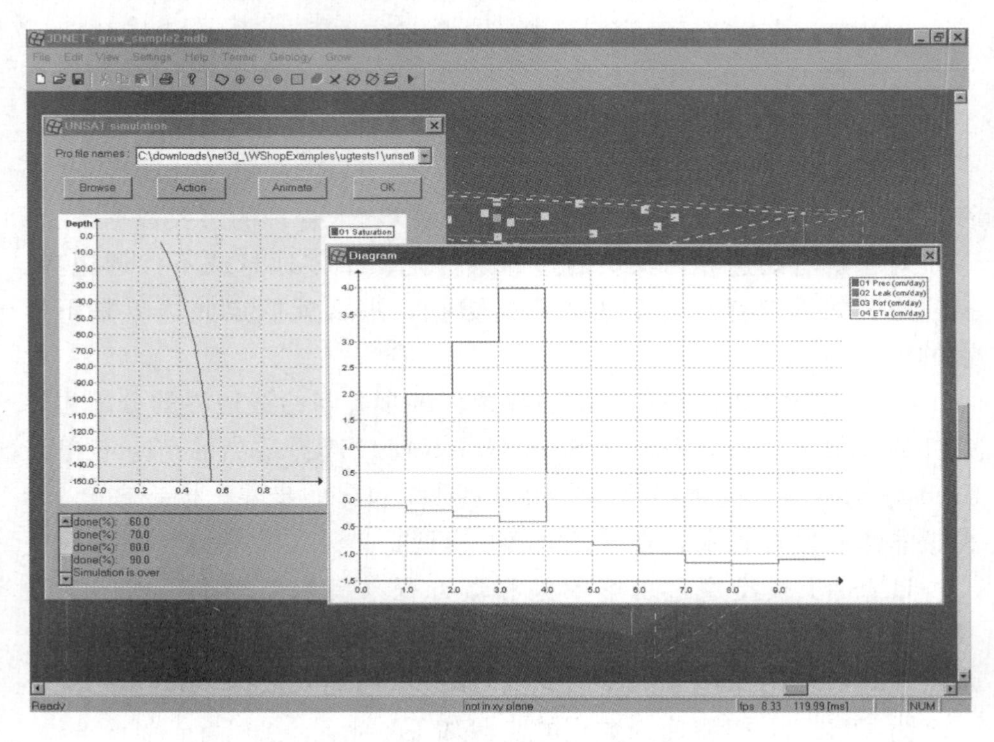

图 2.58　使用 UNSAT 模型模拟的结果（见彩图 28）

来源：作者。

通过编辑 Grow-Graph-AreasTopsoil 对象并打开属性对话框可以看到一个特定区域表层土壤水平衡的可视化结果。点开 Related records，并选择 UnsatWaterBalance，显示表层土壤水平衡结果的网格对话框将出现在屏幕上。

与城市水网络的交互建模

用户可以创建三种类型的城市水网络：供水网络（WatNet）、污水网络（SewNet）和溪流网络（StreamNet）。这些网络的单元与GROW组件的三个相应的分支节点联系在一起（见图2.59）。

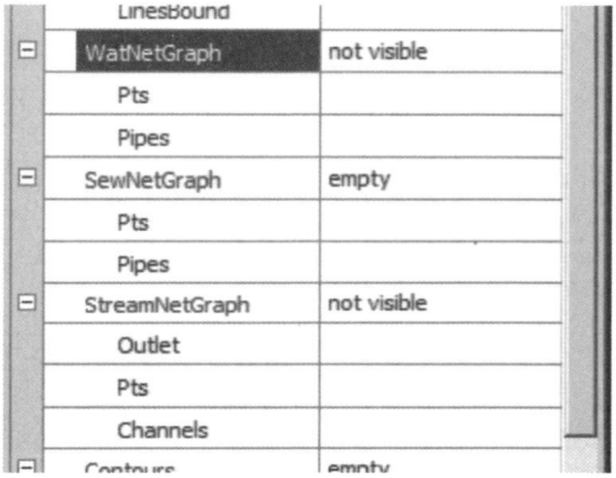

LinesBound	
⊟ WatNetGraph	not visible
Pts	
Pipes	
⊟ SewNetGraph	empty
Pts	
Pipes	
⊟ StreamNetGraph	not visible
Outlet	
Pts	
Channels	
⊟ Contours	empty

图2.59　作为GROW节点的分支节点的SceneGraph城市水网络单元

来源：作者。

添加和编辑网络单元的方法与处理任何其他图形对象的方法相同，见2.7.2小节的叙述。

定义完网络的几何形状后，必须为线对象设置渗漏参数。要设置供水网络中管道的渗漏率，用户应当：

（1）从SceneGraph窗口选择Grow-WatNetGraph-Pipes节点。

（2）按下Edit Lines工具按钮，打开Edit Lines Objects对话框，在屏幕上选择一条管道。

（3）右键单击，打开Attributes对话框，在Leakage字段中输入一个值。

2.6节解释了管道渗漏参数的物理意义。其形式要么是给定单位管道长度的渗漏率（单位时间内的体积），要么是用表示管道和周围地下水水头差的函数表达单位管道长度的渗漏率。前一种设置管道渗漏的方法称为2型渗漏，而后者称为3型渗漏。对3型渗漏而言，当地下水位低于指定的最小值时，渗漏率为常数。根据 UGROW 中符号使用的惯例，如果水从管道中漏出，渗漏率为正，换言之，渗漏补给了含水层。

生成有限元网格

这是一个将模型域划分成更小的子域（有限单元）的操作，是描述瞬时地下水流动的偏微分方程数值解的一部分。在 UGROW 中，域被划分为二阶单元，每个单元都有 6 个节点（见图 2.60）。

使用相同的网格生成算法，产生用于地形和地质数据的三解形。要定义三角测量参数，用户应当：

（1）打开 Grow→Mesh TINparameters 对话框（见图 2.61）。

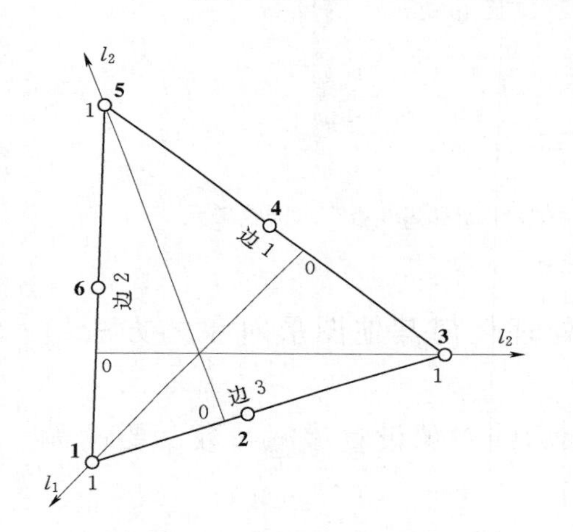

图 2.60 Grow 模型网格单元。粗体数字是节点编号，l_1、l_2、l_3 是局部坐标

来源：作者。

Property window

tblGrowTINParams

ID	0
Precision	0.001
UseMaxArea	☑ Checked
MaxArea	10
RefineNearWells	☐ UnChecked
RefineRadius	15
RefineMaxArea	50
IncludeWatNetLeak	☑ Checked
IncludeSewNetLeak	☑ Checked
IncludeStreamNetLeak	☑ Checked
IncludeMeteoLeak	☐ UnChecked

图 2.61 GROW 有限元网格的三角形化的参数

来源：作者。

（2）用与地形三角化同样的方式，使用 Precision 和 MaxArea 字段。

（3）视情况，选择 RefineNearWells 字段，细化井附近的单元。

（4）勾选相应的复选框，将通过表层土的自然补给（IncludeMeteoLeak）或来自城市网络的渗漏（IncludeWatNetLeak、IncludeSewNetLeak、IncludeStreamNetLeak）包括进来。

调用 Grow→Mesh MESHGEN＋UFIND 命令可启动网格生成。这实际上是由两个算法组成的：

- MESHGEN，将模型域划分为有限元（这种情况下为6节点三角形单元）（见图2.62）；
- UFIND，定义了每个有限单元的三维几何形状（区域面积以及顶部和底部含水层的单位/表层土高程）、单元的物理特征和与其他城市水工程（水网络、污水网络等）相关的数据。

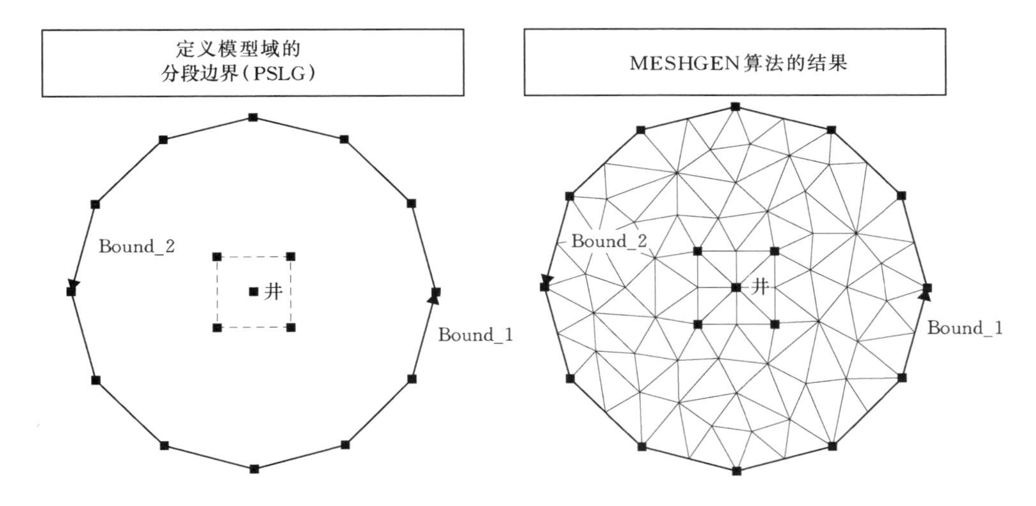

图2.62 三角形化模型域（见彩图29）

来源：作者。

MESHGEN是在整个域上进行的三角化算法，域被完全闭合的边界线包围。换言之，如果我们将边界线连接在一起，所有的点和线都包含在由边界线形成的几何形状之内。如2.6节所述，一组点、线或面被称为平面直线图（PSLG）。边界段包围了内部三角形域，并使其与外部明显区分开。

UFIND算法会找到与给定的有限单元相关的城市水系统的所有单元。换句话说，该算法用以下数据填充有限元网格：

- 通过地质组件中定义的固体得到的含水层和弱透水层的3D几何体。

- 该地区单元的含水层和弱透水层特性（渗透系数、有效孔隙度等）是一样的。
- 地下水点对象与线对象之间的关系，这些对象创建模型区域的 PSLG、网格点和单元：点和线边界条件等。
- 气象、土壤条件及城市水网络渗漏形成的垂直水平衡组件（见图 2.63）。

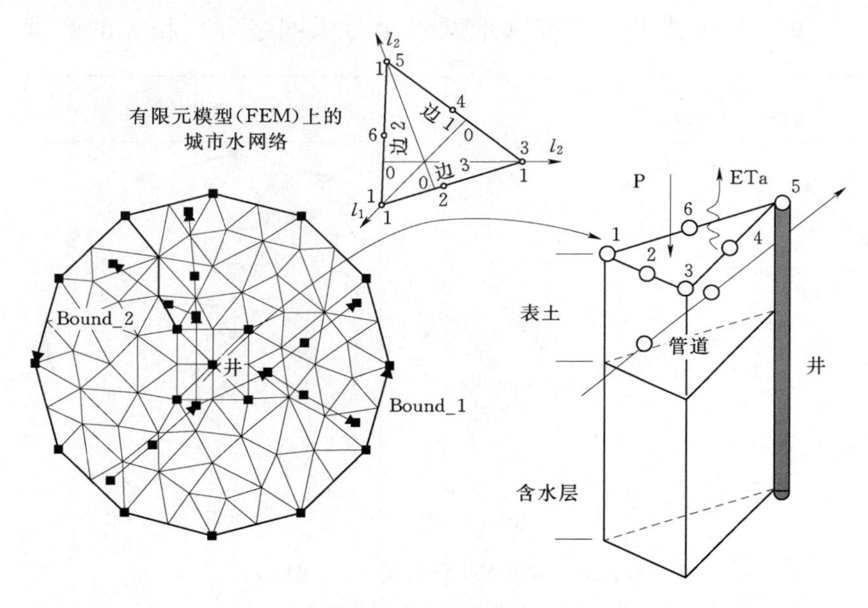

图 2.63 为每个网格单元定义垂直水平衡的输入数据（见彩图 30）
来源：作者。

网格生成后，可以按以下步骤可视化网格单元和点的属性（图 2.64）：

（1）从 SceneGraph 窗口选择 Grow-Mesh-Triangles 节点或 Grow-Mesh-Points 节点。

（2）按 TEdit Lines 或 Edit Pionts 工具按钮，在屏幕上选择一个单元（如果想选择一个三角形，就要点击三角形内的任何地方）。

（3）右键单击打开 Attribute 对话框，点开 Related Records。单击适当的字段（如 AquiferData）来显示属性。

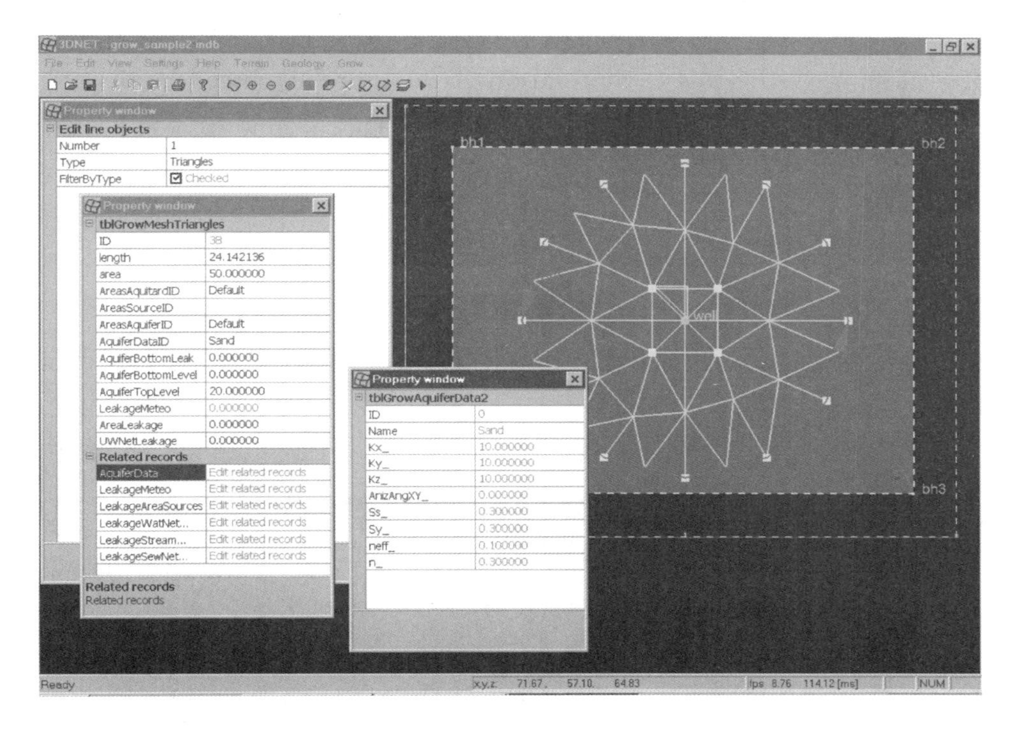

图 2.64　编辑网格单元并查看其属性（见彩图 31）

来源：作者。

用 GROW 模型进行地下水模拟

运行仿真和查看结果需要按以下步骤操作：

（1）通过选择 Grow→Simulation Parameters 或 Grow→Simulation parameters-advanced commands 来设置仿真参数。

（2）通过 Grow→Times 命令，设置仿真模拟时间、与型函数相关的时间步长，后者描述了时变参数的变化。

（3）用 Grow→Simulate Steady GROW 进行稳态模拟，或用 Grow→Simulate Unsteady GROW 进行瞬态模拟。

（4）通过点击工具栏的 Play 按钮开始播放仿真结果的动画。

（5）查看并导出网格点或单元的仿真结果，或与含水层相关的每个对象（与城市水网络相关的管道或流）的仿真结果。

在参数对话框中，用户可以输入最大误差、最大迭代数和配置参数。高级参数（Grow→Simulation parameters-advanced command）规定了如何处理水分布系统中的管道和溪流、下水系统及河网的渗漏。定义渗漏类型的参数的值为2或3，分别对应与水头相关和与水头不相关的渗漏。例如，供水网络渗漏（LeakageTypeWat 参数）的默认值为2，因为加压配水系统的渗漏通常并不依赖于地下水头。默认情况下，类型3（3型）与污水管网和河网相关。

在定义仿真参数和设置仿真时间后，用户可以启动GROW模拟引擎。

图2.65显示了非稳态下使用GROW的一个模拟结果。示例中，

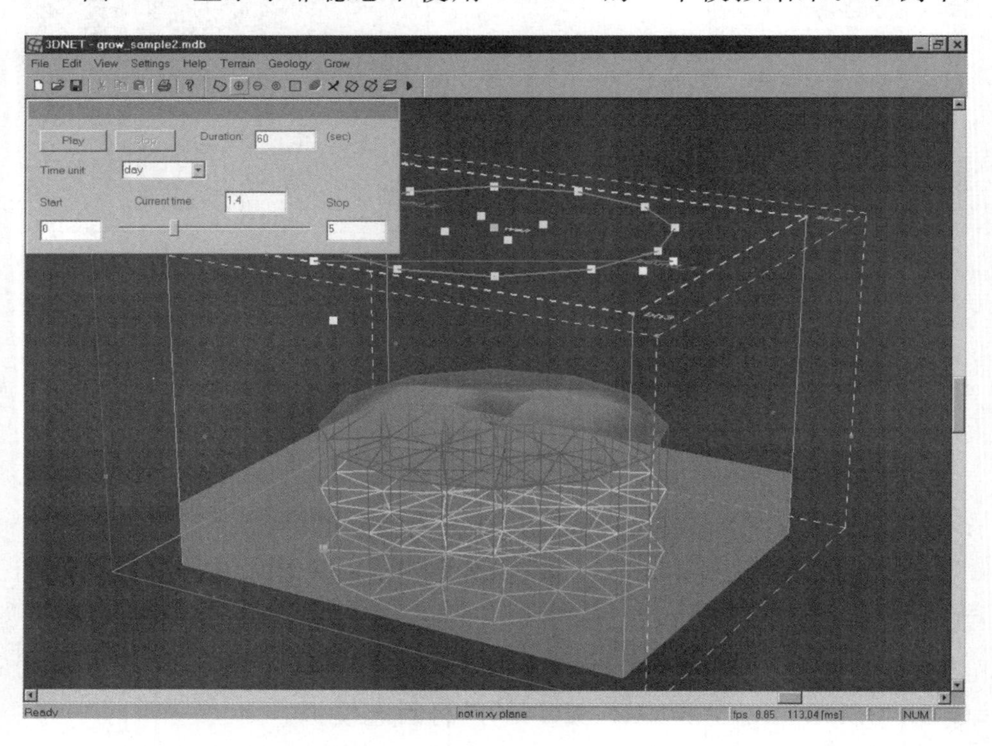

图2.65 模拟受供水管渗漏和模型域中心井补给影响的地下水流动（见彩图32）

来源：作者。

建模域中心有一口取水井，还有一条渗漏的供水管道。仿真结果说明了地下水与供水管道的相互作用。动画显示了渗漏导致的水位上升，明显大于从井里获得补给而导致的水位上升。

除了动画，还有几种方法来查看特定对象（边界线、井、管道、溪流等）、网格点或网格单元的仿真结果。每种情况下，都通过属性对话框进行操作。用户必须选择（编辑）一个特定的对象，打开属性对话框，点开 Related Record，并调用 Simulation Results。

图 2.66 显示了所选对象类型为 Grow-Mesh-Points 的仿真结果。用户可以用相同的方式检查一条选定配水管的渗漏（补给）的仿真结果。

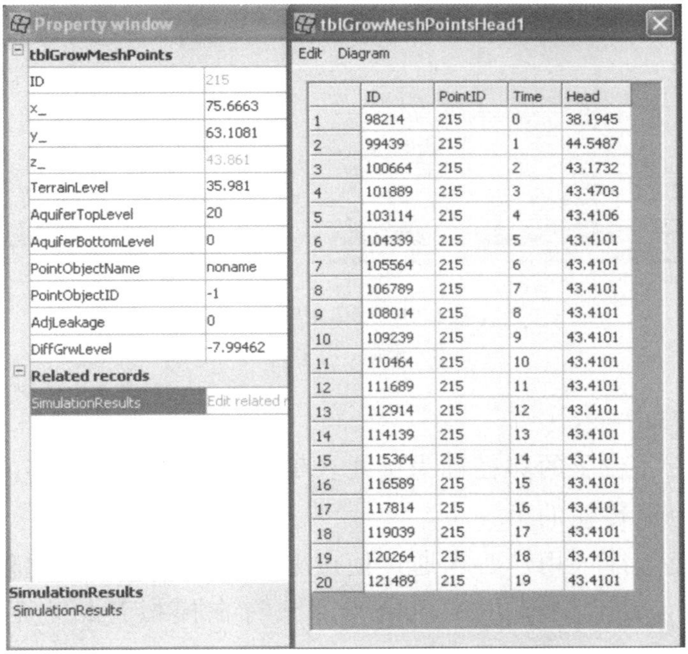

Property window

tblGrowMeshPoints

ID	215
x_	75.6663
y_	63.1081
z_	43.861
TerrainLevel	35.981
AquiferTopLevel	20
AquiferBottomLevel	0
PointObjectName	noname
PointObjectID	-1
AdjLeakage	0
DiffGrwLevel	-7.99462

Related records

SimulationResults	Edit related r

SimulationResults
SimulationResults

tblGrowMeshPointsHead1

Edit　Diagram

	ID	PointID	Time	Head
1	98214	215	0	38.1945
2	99439	215	1	44.5487
3	100664	215	2	43.1732
4	101889	215	3	43.4703
5	103114	215	4	43.4106
6	104339	215	5	43.4101
7	105564	215	6	43.4101
8	106789	215	7	43.4101
9	108014	215	8	43.4101
10	109239	215	9	43.4101
11	110464	215	10	43.4101
12	111689	215	11	43.4101
13	112914	215	12	43.4101
14	114139	215	13	43.4101
15	115364	215	14	43.4101
16	116589	215	15	43.4101
17	117814	215	16	43.4101
18	119039	215	17	43.4101
19	120264	215	18	43.4101
20	121489	215	19	43.4101

图 2.66　在一个选定网格点地下水水头模拟结果的示例

来源：作者。

除了查看特定对象的数值结果，整体水平衡结果可以通过调用 Grow→Simulation results（water balance）网格对话框查看。整体水平衡结果包含每个仿真时间步长内类型相同的所有对象的含水层补给总量。图 2.67 显示了图 2.65 的简单示例的整体水平衡。从水平衡中，我们可以很清楚地知道管道渗漏过高，进入含水层的水量大到不切实际，导致地下水位快速增长。水通过边界以及模型域中心的井流出模型域，流量为 20L/s。

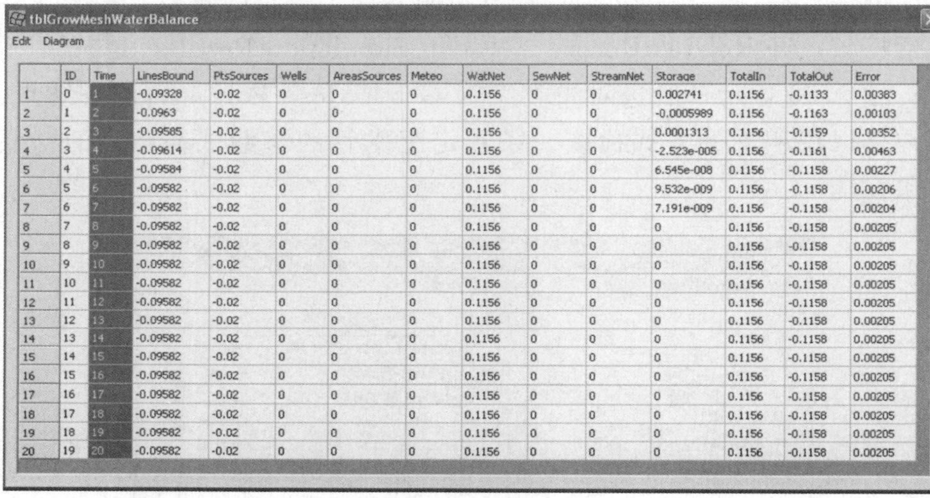

tblGrowMeshWaterBalance

Edit Diagram

	ID	Time	LinesBound	PtsSources	Wells	AreasSources	Meteo	WatNet	SewNet	StreamNet	Storage	TotalIn	TotalOut	Error
1	0	1	-0.09328	-0.02	0	0	0	0.1156	0	0	0.002741	0.1156	-0.1133	0.00383
2	1	2	-0.0963	-0.02	0	0	0	0.1156	0	0	-0.0005989	0.1156	-0.1163	0.00103
3	2	3	-0.09585	-0.02	0	0	0	0.1156	0	0	0.0001313	0.1156	-0.1159	0.00352
4	3	4	-0.09614	-0.02	0	0	0	0.1156	0	0	-2.523e-005	0.1156	-0.1161	0.00463
5	4	5	-0.09584	-0.02	0	0	0	0.1156	0	0	6.545e-008	0.1156	-0.1158	0.00227
6	5	6	-0.09582	-0.02	0	0	0	0.1156	0	0	9.532e-009	0.1156	-0.1158	0.00206
7	6	7	-0.09582	-0.02	0	0	0	0.1156	0	0	7.191e-009	0.1156	-0.1158	0.00204
8	7	8	-0.09582	-0.02	0	0	0	0.1156	0	0	0	0.1156	-0.1158	0.00205
9	8	9	-0.09582	-0.02	0	0	0	0.1156	0	0	0	0.1156	-0.1158	0.00205
10	9	10	-0.09582	-0.02	0	0	0	0.1156	0	0	0	0.1156	-0.1158	0.00205
11	10	11	-0.09582	-0.02	0	0	0	0.1156	0	0	0	0.1156	-0.1158	0.00205
12	11	12	-0.09582	-0.02	0	0	0	0.1156	0	0	0	0.1156	-0.1158	0.00205
13	12	13	-0.09582	-0.02	0	0	0	0.1156	0	0	0	0.1156	-0.1158	0.00205
14	13	14	-0.09582	-0.02	0	0	0	0.1156	0	0	0	0.1156	-0.1158	0.00205
15	14	15	-0.09582	-0.02	0	0	0	0.1156	0	0	0	0.1156	-0.1158	0.00205
16	15	16	-0.09582	-0.02	0	0	0	0.1156	0	0	0	0.1156	-0.1158	0.00205
17	16	17	-0.09582	-0.02	0	0	0	0.1156	0	0	0	0.1156	-0.1158	0.00205
18	17	18	-0.09582	-0.02	0	0	0	0.1156	0	0	0	0.1156	-0.1158	0.00205
19	18	19	-0.09582	-0.02	0	0	0	0.1156	0	0	0	0.1156	-0.1158	0.00205
20	19	20	-0.09582	-0.02	0	0	0	0.1156	0	0	0	0.1156	-0.1158	0.00205

图 2.67 整体水平衡结果

来源：作者。

创建迹线

跟踪流体粒子的路径称为迹线。确定迹线和沿其迁移的时间是求解地下水对流传输的第一步。

要创建迹线，用户必须通过使用上面所述的添加点的程序定义起始点（Grow-Pathlines-StartPoints）。只有在模拟开始之后才能生成迹线，因为计算迹线需要已知流速场。

由于建模域被细分为三角形，每一个单元的地下水头函数 H，近似为由三角形的三个顶点确定的一个平面。

迹线及其相应的行程时间沿单元在最速下降方向上通过速度在时间上的数值积分计算得出：

$$\Delta S = \int_{t}^{t+\Delta t} |\vec{v}| \cdot \mathrm{d}t \qquad (2.7.1)$$

数值积分时使用的时间步数 Δt 是自适应的，并特别注意迹线离开一个网格单元和进入相邻网格单元的时刻。

图 2.68 显示了本节示例的迹线和行程时间。

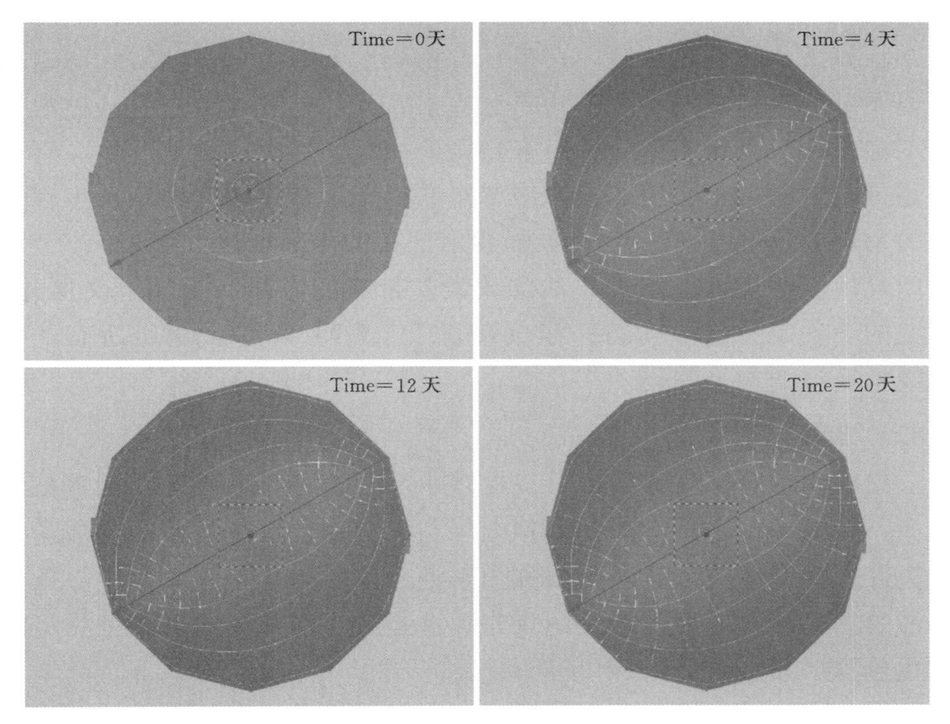

图 2.68　迹线算法得出的结果（见彩图 33）

来源：作者。

2.8　模型应用

使用 UGROW 对特定场地进行模拟所需的数据见 2.6 节。按数据在模型里的功能划分，这些数据可以分为以下几组：

- 模型几何：点（如定义了边界地形、地质层、模型边界、管道等的点）、线、面、管道的直径和长度、溪流宽度和长度。

- 边界条件和初始条件。
- 相关参数：①地下水流动：水力传导率、储水率、有效孔隙度/与水位变动相关的单位产水量、孔隙速度范围内的有效孔隙度；②水分通过包气带移动：垂直方向的饱和水力传导系数、最大和残余含水量、van Genuchten 土壤参数；③管道和溪流：渗漏率或渗漏系数。

数据采集和质量控制一直很具有挑战性。中等尺度的实际问题也需要大量的数据，需要从不同来源检索。此外，三组数据有某种内在的不确定性。对后两组数据而言，尤为如此，在大多数情况下，它们不是可测量的量，必须通过模型率定获得。本节将概述常用于工程实践的率定方法（2.8.1 小节），强调了潜在的不确定性（2.8.2 小节），表明灵敏度分析可以用来评估参数误差带来的影响。正如上文所述，参数的不确定性这一问题并非仅存在于 UGROW 中，而是所有地下水模拟模型的常见问题。

2.8.1 率定

模型率定是证明该模型可以重现水头、流量等活动区实测数据的程序。模型率定通过寻找使模拟结果与实测数据产生良好吻合的参数和边界条件来实现。这通常被称为解逆问题，而不是参数和边界条件都清楚的正问题。后者涉及的仅是模型运行，而前者需要某种类型的优化过程。

模型率定可以运行稳态或瞬态流条件。常见的做法是使用两步率定法，首先使用稳态数据评估含水层透射率值，而使用瞬态数据率定储水率。

对于稳态率定，必须非常仔细地选择具有代表性的稳态周期——可能是月、季节或年均值。使用 GROW 进行地下水流模拟时，选择适当时间间隔的主要依据是流体动力学：围绕稳态平均的瞬态变量的净作用是可以被忽略的，以保证计算结果有意义。选择的时间间隔不应影响模型参数：如果单位储水率和有效孔隙度的值是良好的，那么选定的时间间隔对任何稳态和任何瞬态模拟都应该是有效的。在率定

UNSAT 和 RUNOFF 的参数时，必须要指出的是，这些模型在概念上是基于单次暴雨事件的仿真。如果无法获得连续的降雨数据，可以运行每日或每月的值。然而，参数会略有不同。例如，垂直导水率可以较好地评估暴雨中的渗透和径流，如果模拟利用的是每日或每月的降雨值，需要对垂直导水率进行修正。这个参数解释潮湿和干燥周期的时间变化，而不是简单地描述水力传导率。

对于一些地下水流动态而言，由于水位变化幅度大，假定的稳态条件可能不合适。在这种情况下，模型可以利用瞬态条件率定。瞬态率定通常始于率定的稳态解。或者，模拟可以从一个任意的初始条件开始，但在率定之前需运行足够长的时间，以消除初始条件的影响。

进行模型率定的方法主要有两种：采用试错法的手动参数调优法和自动参数估计法。首先被开发出来的是手动方法，至今仍受到许多建模工作人员的偏爱。第 3 章提到的案例采用的都是此种方法。其缺点是不强迫建模人员遵守任何协议。对操作过程的记录不完整，模拟结果的质量严重依赖建模人员的经验和直觉。自动估计法更快，操作起来不那么沉闷。然而，由于逆问题的解可能并不唯一，算法可能会求出一个解，在形式上满足优化条件，但不能反映系统真实的物理意义。鉴于此，最好是把这两种方法相结合，使用自动参数估计程序并结合建模人员的经验和直觉。

2.8.2 不确定性

所有 UGROW 仿真模型都是确定性的。换句话说，给定一组输入参数和边界条件，会产生一组地下水的水头和流速。然而，众所周知，模型参数和边界条件是不确定的量。另一种方法，称为概率或随机建模，在模型中使用概率分布参数和边界条件。因此，得到的仿真结果是概率分布的，而不是每个流变量对应一个值。

进行概率建模时可使用一个确定性的代码。最受欢迎的方法是蒙特卡洛法。假设模型参数和边界条件（如透射率、存储、补给）是概率分布的，然后随机抽样多次运行模型（1,000 次或更多），每次运行实现单一随机变量。多次运行，可以计算每个随机变量的概率分布。

尽管蒙特卡罗法本身非常简单，但它需要大量的计算机资源。因此，这种方法不常用于工程实践。更高效的随机模型也存在，但这些模型也更加复杂，所要求的数学能力也相当高。随机方法不受欢迎的另外一个原因是，相比概率分布，决策者们通常更喜欢单一的数值。同样，与操作概率密度函数的参数相比，实际建模人员更喜欢简单地作出判断。

在工程实践中，确定性模型可能依旧比随机模型更受欢迎。然而，模型参数、边界条件以及模型输出具有固有的不确定性。

2.8.3 灵敏度

正如上文所述，确定性模型的参数和边界条件总是具有不确定性。换句话说，通过模型率定得到的模型参数值有误差。实际情况中，精确的参数值不得而知，所以不可能计算出误差有多大。然而，评估误差会对模型结果造成多大影响是可能的，可通过灵敏度分析实现。

灵敏度分析的起点是通过模型率定获得的一组参数。这组参数用于生成参考模型输出。一些参数被选出用于灵敏度分析。每个参数都是变化的，每次一个，生成相应的输出。如果模型输出的变化相对较大，这表明模型对该参数是非常敏感的。

如果模型对某个参数高度敏感，那么可以通过率定非常准确地评估这个参数的值。但是，如果值不精确，将会对模型输出的质量产生重大影响。由此可以推断，对某个参数相对不灵敏的模型会导致率定的不精确。然而，率定误差不会对仿真结果有重大影响。

灵敏度分析可以用于选择合适的观察点、提供模型率定数据或用来了解模型性能。

第3章 UGROW的应用——案例分析

Leif Wolf[1],
Christina Schrage[2],
Miloš Stanic′[3],
Dubravka Pokrajac[4]

3.1 在德国拉施塔特市对UGROW进行测试和验证

3.1.1 范围和动机

开发新的软件程序时，一个主要目标是确保获得的结果与已被文献认可的标准解相一致。同时，对于没有经验的用户而言，程序界面友好是很重要的。为此，我们使用来自德国西南部拉施塔特市的数据来测试和评估UGROW模型，该地区已存在一个率定后的地下水流动模型FEFLOW®，此模型是AISUWRS（评估和改善城市水资源和水系统的可持续性）项目的一部分（Wolf等，2006a，2006b）。测试UGROW模型涉及准备仿真运行的输入数据、模型率定、敏感性分析和对比UGROW模型与FEFLOW®模型获得的结果。为了进行对比，UGROW模型的输入值尽可能来自已有的FEFLOW®模型。为了完成分析，UGROW的运行结果同AISUWRS研究得出的结果进

---

[1] 德国卡尔斯鲁厄大学应用地球科学学院。

[2] 德国卡尔斯鲁厄地质生态学项目管理。

[3] 塞尔维亚贝尔格莱德土木工程学院水利工程研究所。

[4] 英国阿伯丁大学工程学院。

行比较。

3.1.2 地理环境

拉施塔特市（人口接近到50,000）在卡尔斯鲁厄以南30km，靠近德国西南部莱茵河上游河谷的东部边界（见图3.1）。拉施塔特是典型的大陆性气候，夏季炎热，冬季凉爽。年均气温10℃，年均降雨量850～1,000mm，夏季降雨量最大（Eiswirth，2002）。由于拉施塔特地区与黑森林接壤处为坡地，该地区降水存在局部变化。

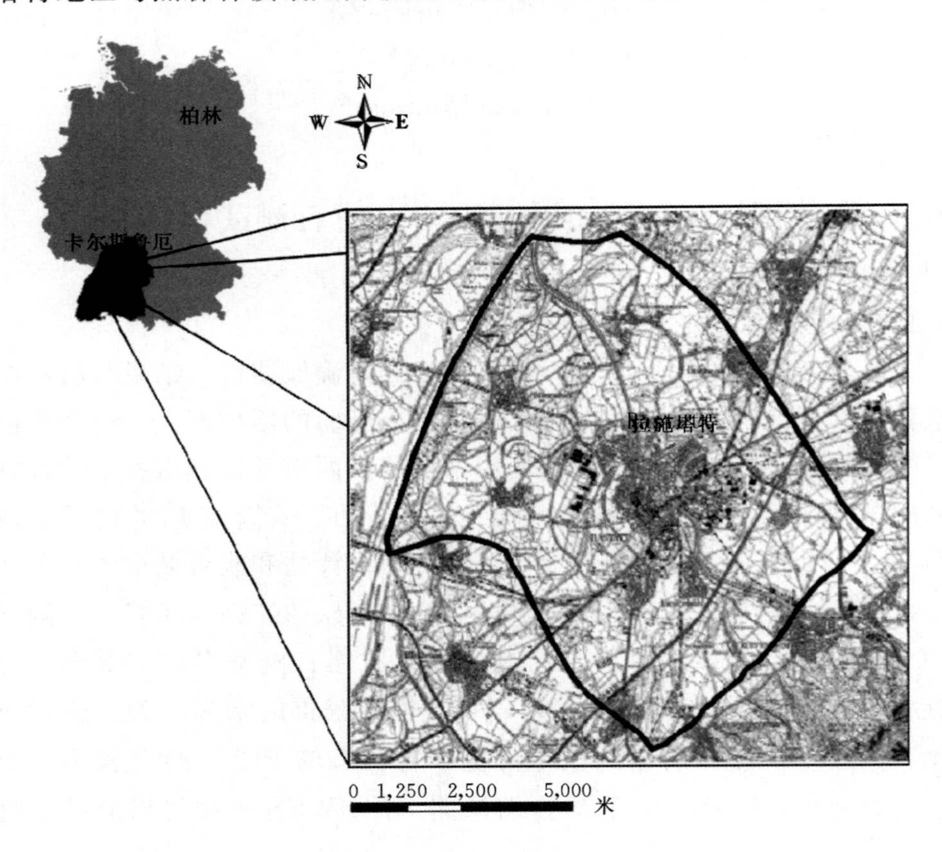

图3.1 地理环境

来源：Klinger和Wolf，2004。

拉施塔特地区的四个含水层被定义为：上砾石层含水层（OKL）、

中砾石层含水层（MKL）、第四纪早期含水层（qA）和上新世含水层。这些含水层被颗粒大小和厚度不一的全新世沉积物覆盖。上部中间隔层由颗粒度较细的沉积物组成，将中砾石层与上砾石层隔开。图 3.2 显示的是根据此区域内主要水流的现有地质信息建立的一个概念水文模型。

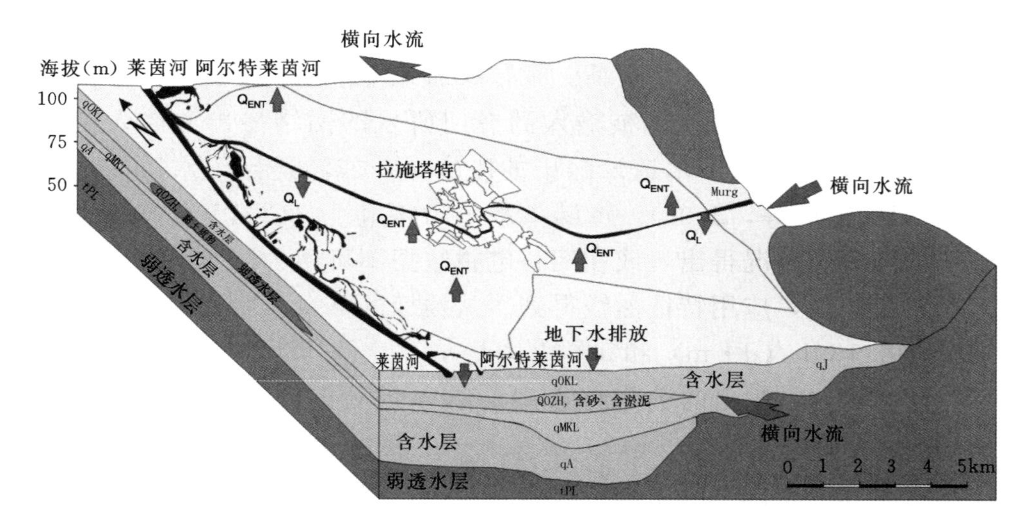

图 3.2　拉施塔特水文地质环境

来源：根据 Eiswirth（2002）修改。

3.1.3　已有的调查数据和可用的基准模型

拉施塔特市开展过三项研究，主要着眼于：

- 污水系统和地下水之间的相互作用，
- 拉施塔特整体水平衡的发展。

第一项研究是得到欧盟（EU）支持的 AISUWRS 项目（见 1.4.2 小节），研究试图缩小人们对地下水资源与城市地表/近地表水网认识和理解上的差距（Eiswirth，2002；Eiswirth 等，2004；Wolf 等，2006b）。实地调查在欧洲和澳大利亚的四个城市展开。目标是衡量和描述城市水利基础设施对城市地下水资源的影响，开发出一套用来描述城市地下水系统并将其与不饱和区、城市供水管网和污水管网联系起来的模型。

AISUWRS系统中最重要的模型是由澳大利亚CSIRO（澳大利亚联邦科学与工业研究组织）开发的城市体积质量模型（UVQ）(Mitchell和Diaper，2005；Diaper和Mitchell，2006)。其主要输入参数是气候记录、耗水特性（如洗衣用水、厕所用水产生的典型污染物负荷）和城市地表渗透系数。AISUWRS模型计算城市废水和雨水系统产生的水流和污染物负荷，评估其对地下水的直接影响。

从UVQ获得的信息被输入到专门研发的网络渗出和渗入模型(NEIMO)，估算从下水道渗漏出的废水量，或渗透到下水道的地下水量（DeSilva等，2005)。渗漏率基于闭路电视（CCTV）监测到的管体缺陷分布情况得出，或在闭路电视数据不可用的情况下，考虑管道材料和年限，应用特征曲线得到。从损坏的下水道中发现，渗漏率通常在0.139L/(d·m）和3.64L/(d·m）之间。

从NEIMO输出的数据传递到为特定目的设计的非饱和区模型(SLeakl、POSI及UL_FLOW)。非饱和区模型计算点源（渗漏的下水道）和分布源（降雨）中的水和溶质迁移到地下水中的时间。当水穿越非饱和区时，这些模型综合考虑了污染物迁移的吸附和衰减作用。最后，地下水流动和迁移模型联合应用，以确定污染物在含水层中的运动。

案例研究的四个城市都使用了AISUWRS这一概念。主要水通量连同标记物质（如氯化物、钾、硼、硫酸盐和锌）的载荷被量化。研究人员广泛开展了地下水现场采样，并在特别建设的试验场地和地下水监测网络进行采样研究，以确认预测的建模结果。建模过程对各种水管理情境进行了建模。这些情境包括分散的雨水入渗和下水道修复产生的影响以及气候变化导致的水平衡改变（Rueedi等，2005；Cook等，2006；Klinger等，2006；Morris等，2006；Souvent等，2006)。

在项目的早期阶段，拉施塔特丹齐格大街子流域被选作AISU-WRS模型的示范例子（Klinger和Wolf，2004；Wolf等，2006b，

2006c，2006d）并进行倍增下水道污水渗漏的量化分析（Wolf 和 Hotzl，2006）。这个子流域用来测试和评估 UGROW。拉施塔特丹齐格大街的集水区由一个混合下水道系统排疏，占地面积 22.4hm²，包含住宅和商业建筑区。集水区可以细分为6个“社区”，每个社区的房屋结构比较类似。研究人员根据现有的气候数据、人口数据、饮用水消费和地表硬化（防水）地图，使用 UVQ 模型计算水和溶质平衡（见图 3.3）。根据公共空地、铺设路面的区域、绿地和屋顶的面积输入土地利用数据。径流计算考虑了土壤湿度，要么采用部分面积法，要么采用两层土壤存水量法。

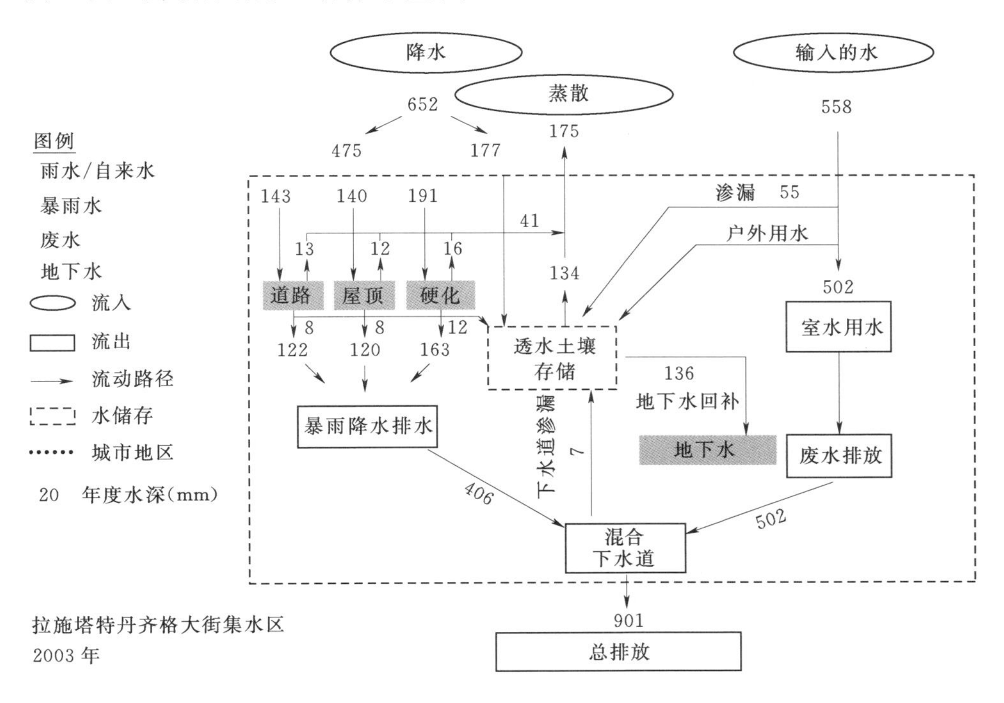

图 3.3 使用 UVQ 模型和拉施塔特丹齐格大街的人口密度计算总水量平衡

来源：Wolf 等，2006c。

早期的实地研究显示，下水道系统渗漏对含水层水质有重大影响（Wolf 等，2004；Morris 等，2006）。例如，碘化 X 射线造影剂被证明是特别有用的标记物质，利用碘化 X 射线造影剂可以在渗透水和城市地下水中检测出各种药物残留（Cook 等，2006；Wolf，2006a）。在研究场地进行的微生物调查也表明排泄物分布比较广泛。研究人员在拉施塔特设立了一个测试场（拉施塔特丹齐格大街站点），首次对运行状态下公共下水道的污水渗漏的数量和质量进行长期监测。

3.1.4 UGROW 模型设置

UGROW 模型面积和表面高程

测试 UGROW 的场地位于拉施塔特东北部面积为 $2km^2$ 的丹齐格大街集水区。卡尔斯鲁厄大学此前研发了 FEFLOW® 模型，此区域内的 FEFLOW® 模型已经率定，模型研发使用的是从当地自来水厂的实地研究和模型中获取的数据。

创建 UGROW 模型的第一步是确定模型边界和标注表面高程数据。这一步通过 UGROW 模型系统的 TERRAIN 组件实现。加载的底图是格式为 .jpeg 的文件，底图通过定义左下和右上的坐标来定位。高程点是从 FEFLOW® 模型中的地表（地形表面）输出得到的，事先由下水道井盖的已知高程进行插入。这些高程点被添加到 MS-Access 表中，是 3DNet 应用程序的基础。网状三角形的最大网格面积是 $20m^2$。

使用 Mesh Properties 标准对话框可以指定地图颜色特性，以显示生成的数字高程模型。利用此方法选定的颜色要与 FEFLOW® 显示的相符。图 3.4 显示了带有基础底图的 UGROW 地形模型的平面视图。图 3.5 显示了 FEFLOW® 模型的平面视图，位于其下的是下水管网。

含水层系统描述

拉施塔特丹齐格大街研究区下方是由水力传导系数稍低的淤泥层分隔开的两个含水层。现有的 FEFLOW® 模型有 5 层，主要是为了使未来关于水质的数值模拟能够实现 5 个垂直离散变量。测试时，UGROW 和 3DNet 都无法展现一个以上的含水层。因此，必须将两个含水层融合为一个单一均质的含水层单元，以简化水文地质组件

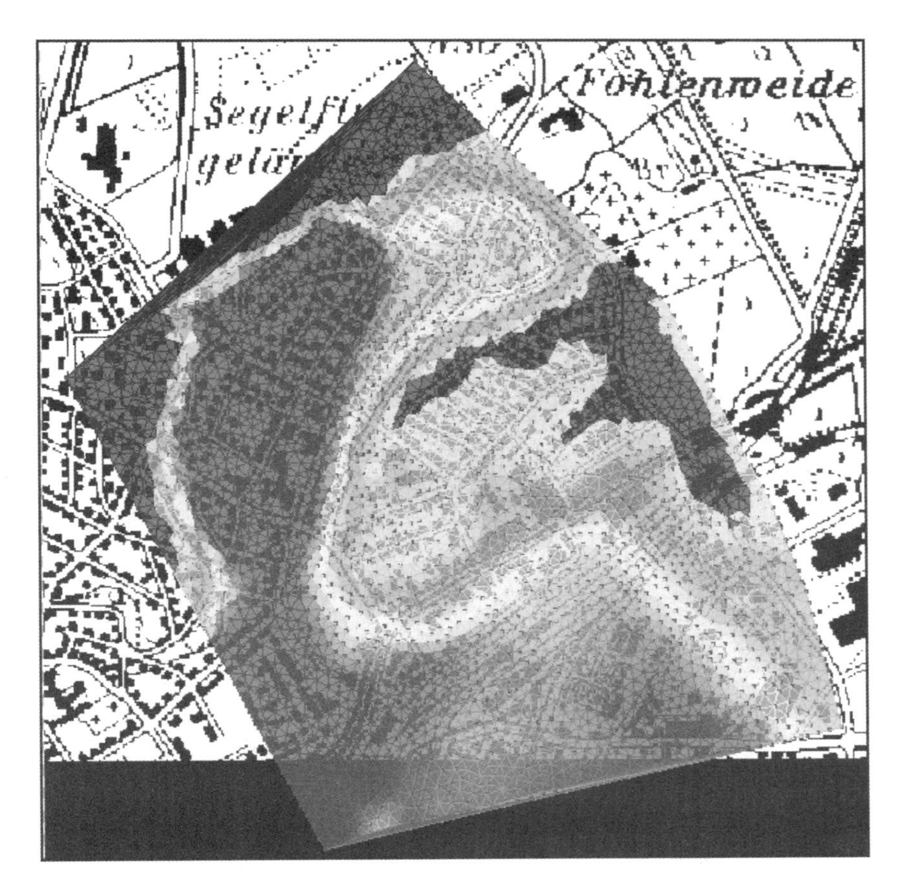

图 3.4　UGROW 底图和数字地形模型

来源：作者。

（见图 3.6）。这种方法是合理的，因为丹齐格大街上下两个含水层之间的水力分离相对较弱，忽略不连续淤泥层对流动建模结果的影响是轻微的。但这种简化不适用于模拟和预测污染物迁移。

在 UGROW 地质组件中，研究人员使用了 18 个钻孔来定义含水层的顶部和底部高程，包括在模型建模域东南部的 6 个现有钻孔，以及模型角和模型边界沿线上的 6 个虚拟的钻孔。虚拟钻孔的高程数据都来自 FEFLOW® 模型中相应位置的地层，依据的是区域钻井日志记录。模拟域外还额外设立了 6 个虚拟钻孔，以确保地质固体延伸到

图 3.5　FEFLOW® 模型和下水管网

来源：作者。

区域外。外部这些钻孔的高程数据与模型边界上的相应钻孔相同。最外面的钻孔定义了固体创建的区域。固体创建在垂直方向上受到地表（地形表面）的限制，使用的最大插补面积为 1,000m^2。

为便于比较，含水层特征的值被指定为与率定的 FEFLOW® 模型使用的值。砂土含水层的垂直和水平水力传导系数分别被设定为 29.52m/d 和 147.50m/d。单位产水量和有效孔隙度被认定为 20%。在 UGROW 中，含水层和之前创建的地质学固体必须链接起来。

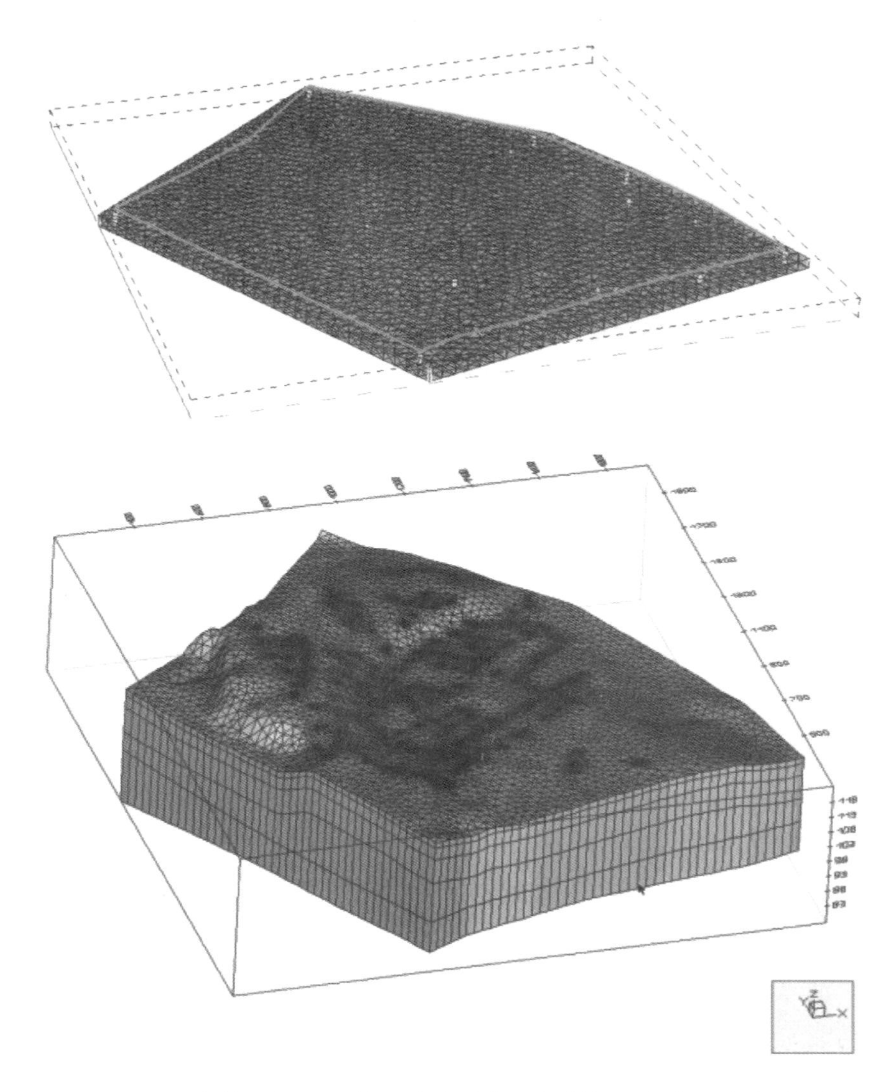

图 3.6　UGROW 中单一含水层（上）和多层含水层系统（下）的水文地质概化模型

来源：作者。

沿着模型域的边界，按照现有的 FEFLOW®模型定义边界条件，其位置和特性如图 3.7 所示。假定东部和西部边界没有水流流动，而北部（下游）边界是一个 111.7m 的常水头边界。南部（上游）边界被构建为流量约为 $6\times10^{-5}\,m^3/(s\cdot m)$ 的定流量边界。这个值是用 FEFLOW®模型南部边界的总流量（6,315m³/d）除以边界长度（1,213m）得到的。因为边界条件被认为不随时间推移而改变，因此它们被指定为在同一个阶段内模式相同，值是“1”。

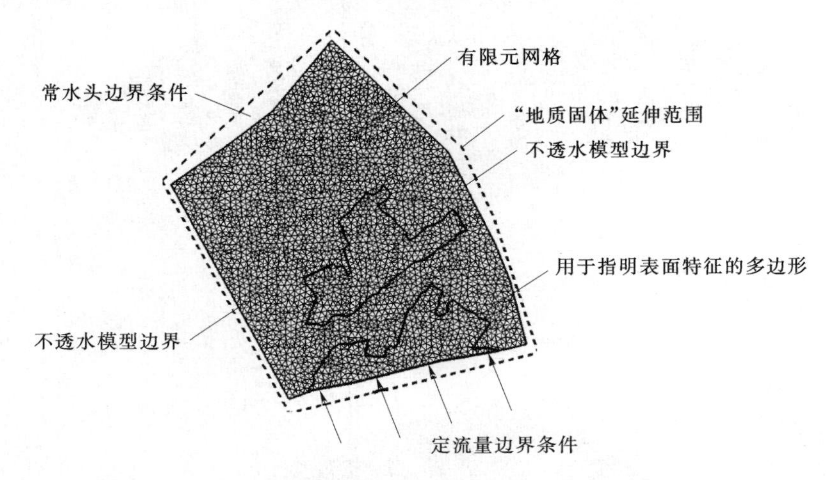

图 3.7　边界条件、地质固体延伸和定义表面特征的多边形
来源：作者。

在 UGROW 中，“AreaTopSoil”用来描述非饱和区。虽然可以将地下水补给直接指定为一个定值——“AreaSource”，但通常建议使用气象数据计算补给。补给可以通过调用仿真模型 UNSAT 中的土壤水平衡来计算。这个模型是建立在 Richards 方程和 van Genuchten 参数基础上的，由 Carsel 和 Parish（1988）给出。UNSAT 的术语“活跃深度”可以被理解为地下水埋深，拉施塔特城镇的活跃深度通常较浅。进行敏感性分析（见 2.8 节）并利用农村测渗计数据率定后，深度选定为 1m。一般来说，活跃深度由根区的垂直深度来定义。

沙土非饱和区的活跃深度最初设置为 3m（后来减少到 1m），初始土壤饱和度设定为 15%。最大含水量设定为 43%。表面密封数据取自拉施塔特市之前进行过的详细调查。AISUWRS 项目对这些数据进行了进一步处理，如图 3.8 所示（Klinger 和 Worf，2004；Worf

等，2005）。基于这种分析，所建立模型的大部分模型域的径流系数为 0.5。研究区域的南半部分例外，两个人口稠密的地区被分配了更高的径流系数，为 0.8（见图 3.9）。

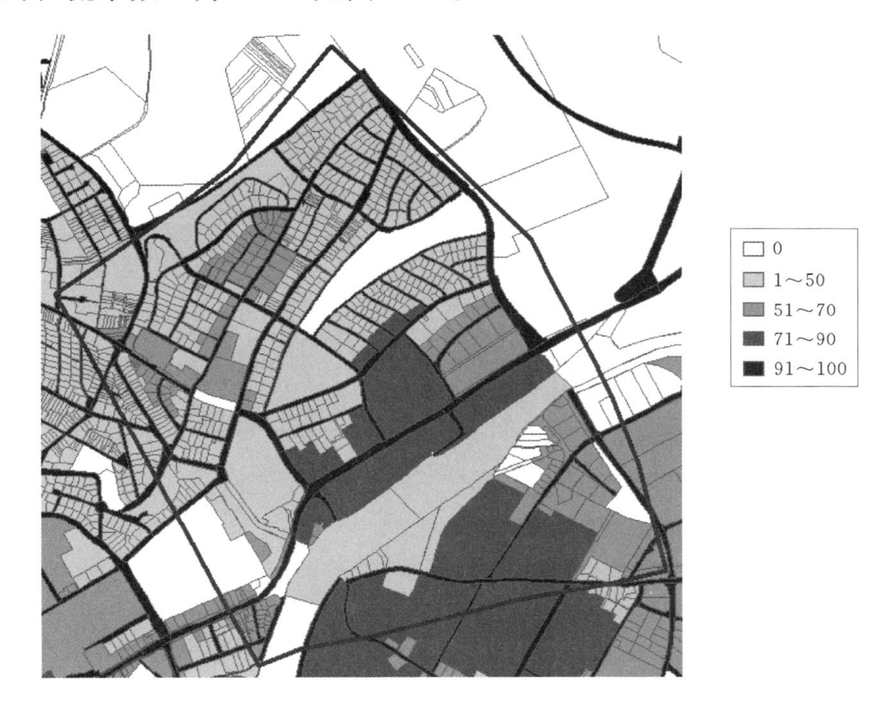

图 3.8　显示密封表面百分比的详细表面密封地图

来源：Klinger 和 Wolf，2004。

非饱和区特点和气候记录

UNSAT 还需要输入气象数据来计算非饱和区的渗漏（含水层补给）。2002—2004 年间日降雨和蒸发量的详细可用记录被用于此模拟。早期采用月作为时间步长，但没有充分描述短期降雨事件的径流过程。因此，UGROW/UNSAT 采用天作为时间步长，这明显降低了误差。即使存在这种改进，短、强降雨事件（如拉施塔特时常发生的历时一小时的大暴雨）造成的径流往往被低估。

供水和排水网络

模型中心部分有公共下水道网络的详细数据。169 个检修人孔的

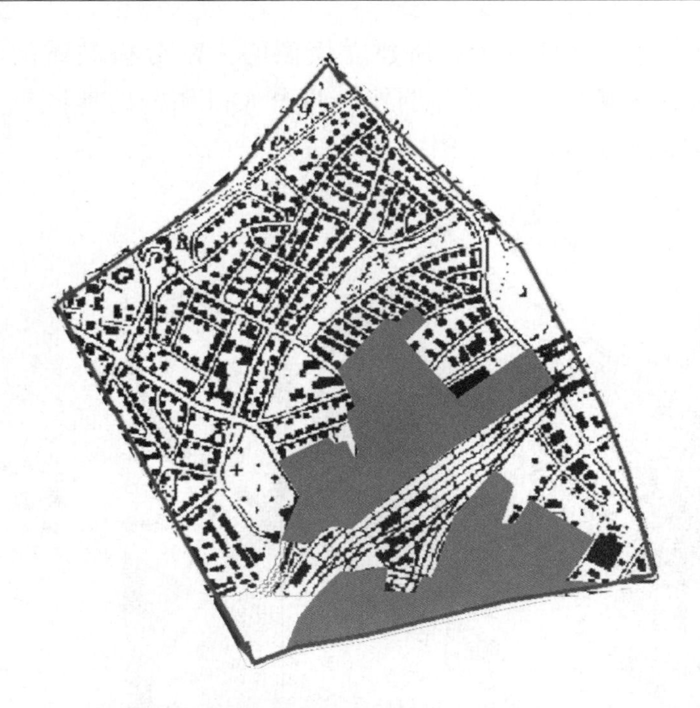

图 3.9　为 UGROW 建模练习而简化的表面密封地图。白色地区的径流系数为 0.5；灰色地区显示人口更密集的地区，径流系数为 0.8

来源：作者。

空间坐标信息（UTM 坐标和高程）被导入到 MS-Access 数据库中，用于指定单条污水管道之间的关系。管道作为检修人孔之间的连接被添加到模型中。模型域内城市排水网络的总长度为6,774m。下水道网络如图 3.10 所示。蒙特卡洛模拟被用来外插丹齐格大街现有的可视检测数据和污水渗漏率（Worf 和 Hötzl，2006），随后，整个拉施塔特市的数据被加以完善（Worf，2006）。

拉施塔特市丹齐格大街子流域的污水管共有 262 处渗漏，分析结果显示地下水补给率的取值范围较大。概率最高（23%）的地下水补给率为 4.2mm/a（相当于总渗漏量为 2.57m^3/d 或干旱天气典型流量 320m^3/h 的 0.8%）。地下水补给低于 65mm/a 的概率为 95%。预测的最高补给率为 176mm/a。所有污水渗漏的数据都包含在使用 2 型

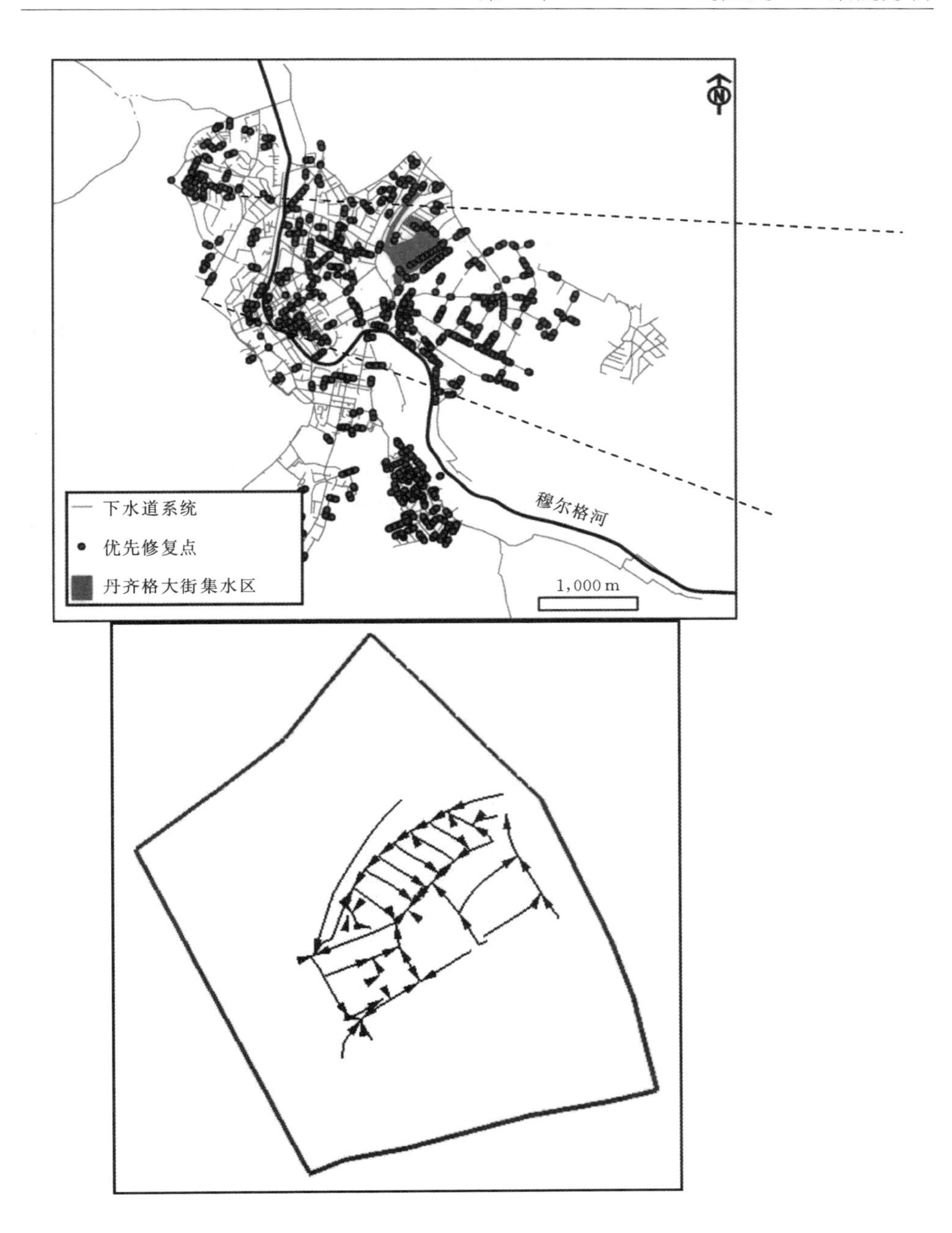

图3.10　拉施塔特的下水道网络，包括主要污水渗漏点和丹齐格大街的子集水区的部分

来源：作者。

边界（详见 2.7 节）的 UGROW 模型模拟中。

饮用水供水网络的数字信息只有 dxf 格式的文件可用，且并不是所有必要的管道规格都包括在内。可用数据集的可视化比较表明，饮用水供水网络与下水道网络存在密切的空间相关性。因此，研究人员用与下水道网络相同的地域分布对城市供水网的渗漏损失进行概念模拟，不同之处在于供水管道的深度较浅。研究人员基于居民数量、整个城市的日均耗水量和水损失来估算渗漏。建模过程中，假定渗漏率为供水量的 10%（见表 3.1）。该模型包含总长 6,672m 的加压饮用水管道，渗漏率为 0.0046$m^3/(d \cdot m)$（Jaiprasart，2005）。

表 3.1　根据 Star. engeriewerke 和预计供水区域的相关地下水平均补给测定的渗漏率

年份	供水量			损耗水量	
	体积 /m^3	折合水深 /$(mm \cdot a^{-1})$	渗漏率 /%	体积 /m^3	折合水深 /$(mm \cdot a^{-1})$
1996	2,579,000	152.7	11.32	291,943	15.8
1997	2,498,000	147.7	9.27	231,565	12.5
1998	2,434,000	144.5	7.76	188,878	10.2
2000	2,475,933	147.0	12.84	317,910	17.2

来源：Wolf 等，2005。

3.1.5　模型结果

非饱和区水平衡

图 3.11 显示了运行超过两年的 UNSAT 月仿真结果。渗漏到地下水中的流量（补给）等于降水减去实际蒸散和地表径流，单位为 cm/d。遵循符号规定，图中渗漏入地下水的流量为负值。径流系数较高（0.8 和 0.5）的两个地区的渗漏（补给）值略低。2003 年 UNSAT 水平衡的组成见表 3.2（根据 Jaiprasart，2005）。

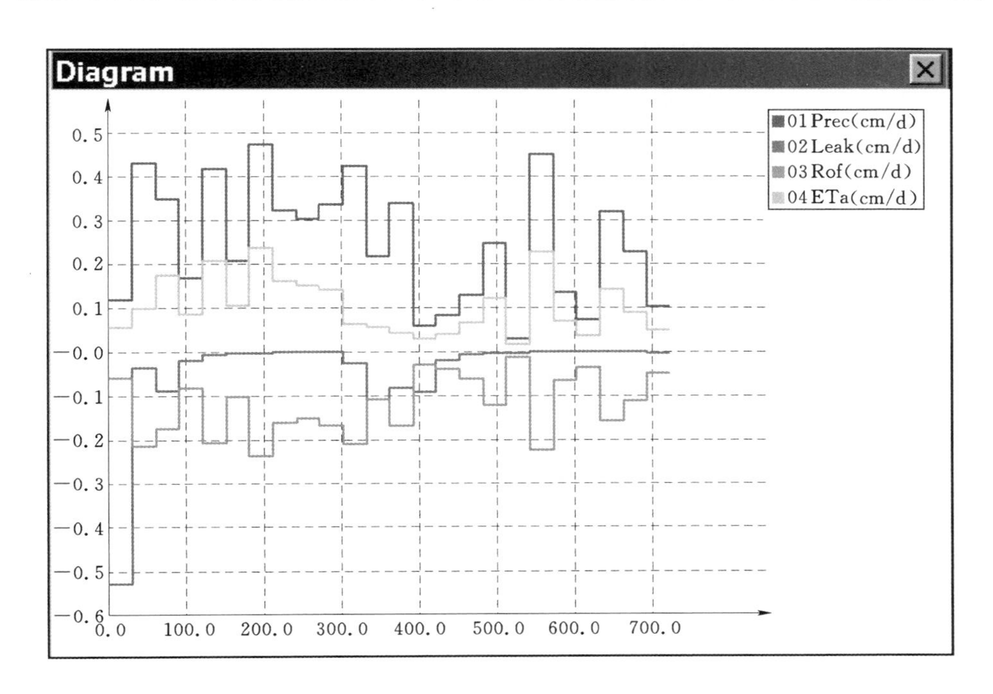

图3.11　UNSAT水平衡月仿真结果。*x*轴的单位为d，*y*轴单位为cm/d

来源：作者。

表3.2　2003年UNSAT水平衡值

组分	水平衡/(mm·a^{-1})	
	流入	流出
降水	652.7	
土壤存储	10.7	
渗漏到含水层		100.9
实际蒸散		92.6
地表径流		469.9
合计	663.4	663.4

来源：根据Jaiprasart，2005。

UNSAT获得的2003年的值（见表3.2）大体上与同一时期内

AISUWRS 的 UVQ 组件的模拟值一致（对比表 3.2 和图 3.3）。应该指出的是，两个模型的水平衡地区并不能精确匹配，两个模型之间存在一些差异。AISUWRS 中的非饱和区模块仅包括 FEFLOW® 模型域的一部分，该模型域中下水道网络信息是可用的。相比之下，UNSAT 在整个 UGROW 区域上进行计算。UNSAT 预测的地表径流值比 AISUWRS 略高（470mm/a 和 406mm/a），且含水层补给（渗漏到饱和区）也比 AISUWRS 略高（136mm/a 和 101mm/a）。最显著的差异是实际蒸散，AISUWRS 的计算值更高（175mm/a 和 93mm/a）。

敏感性分析

UNSAT 的水量平衡模拟需要确定不饱和区域的几个参数。这些参数的初始值见表 3.3。为评估模拟结果的不确定性，研究人员通过改变关键参数的取值来进行灵敏度分析，关键参数的取值范围广但都是真实的。灵敏度分析在径流系数为 0.5 的默认 AreaTopSoil 区域，以及模型南部有着更高径流系数 0.8 的两个地区内开展。因为 UGROW 的后处理工具有限，灵敏度分析仅从对地下水净补给（mm/a）的影响这一角度开展。

如图 3.12 所示，补给率和径流系数间的相关性几乎是线性的，尤其是径流系数低于 0.6 的情况下。系数越高，地表径流越大，用于地下水补给的水就越少。同样，补给和土壤的活跃深度、初始水

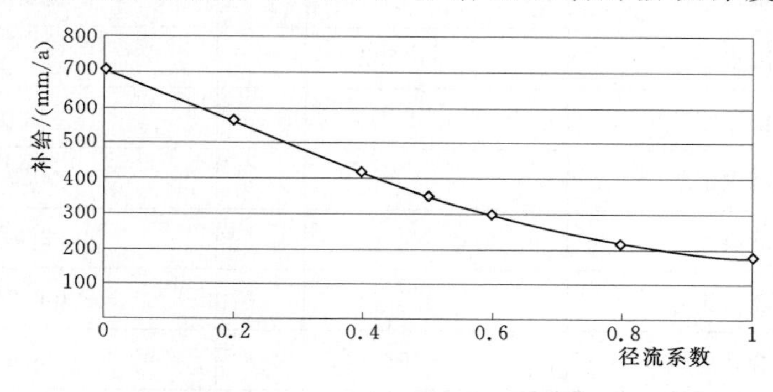

图 3.12　地下水补给计算对径流系数的敏感性

来源：作者。

饱和度之间接近线性相关。总体而言，预测的补给率高于预期的2003年干旱期的补给率。这可能与所选择的表层土的初始参数有关（见表3.3）。模拟的初始条件是一个厚度较大的非饱和区，饱和度大，存储的水量多。模型的运行过程中，非饱和区的水排出，形成了较高的地下水补给。另一个问题是不饱和区最小深度限制的可能值，UNSAT仿真不能计算活跃深度只有1cm的土壤的结果。表层土的初始参数对地下水补给有强烈的影响，这意味着要表现真实的水平衡，输入数据的质量必须要高，或者必须给模型分配足够的计算缓冲时间。

表3.3　　敏感性分析中表层土参数的默认值

活跃土壤深度	3m	最大含水量	43%
初始饱和度	15%	K_Z	8.25×10^{-5} m/s

补给对最大含水量的敏感性分析的情况略有不同。一般来说，补给随着土壤蓄水能力的增大而逐渐升高，特别是径流系数较高的情况下（如图3.13中的0.8）。然而，如果径流系数较小（如0.5，更多的水进入不饱和土壤），蓄水能力小于30%，趋势会出现大逆转，较低的蓄水能力会导致不切实际的高补给。出现这种情况的原因尚不清楚，但可能是由于：

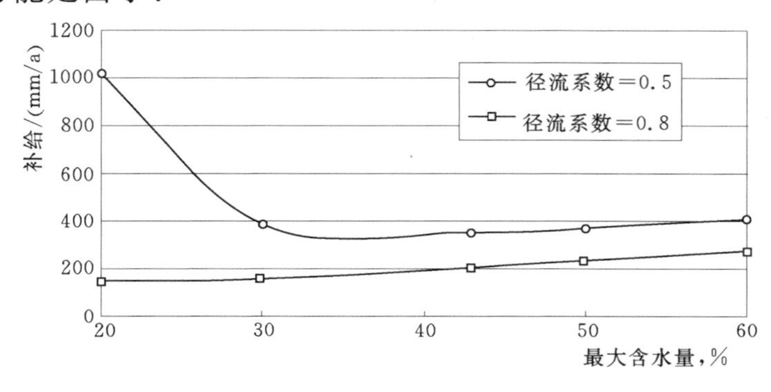

图3.13　地下水补给计算对最大含水量的敏感性

来源：作者。

- 初始含水量高，随后水分从土壤中自由排出；
- 蒸散减小；
- 一旦超出蓄水能力就出现自由排水。

由于时间有限，研究人员没有进行进一步的调查。然而，我们需要清楚，实验模式中，输入参数的某些组合，会使 UNSAT 产生异常的结果。例如，土壤垂直导水率（K_z）和补给之间为双曲线关系（见图 3.14），这样如果渗透系数较高（例如，8.25×10^{-4} m/s），UNSAT 无法生成径流系数相对较低（如 0.5）的地区的结果。

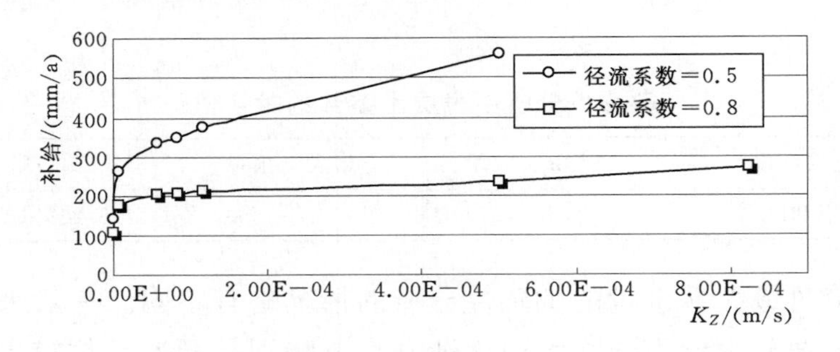

图 3.14　地下水补给计算对活跃土层垂直导水率的敏感性

来源：作者。

总体而言，敏感性分析的结果表明，几个表层土参数对计算地下水补给有明显的影响。在拉施塔特地区，测渗计测量的数据显示空地（密封程度为 0.0，Eiswirth，2002）的补给率约为 340mm/a，城市地区的补给约为 90mm/a。这些目标值可以通过不同的参数组合得到，模型的设置不是唯一的，会导致不确定性的出现。在随后的分析中，研究人员选定的输入参数见表 3.4。结果，默认区域（径流系数为 0.5）的补给为 235mm/a，两个密封度更高（径流系数为 0.8）的区域约 90mm/a。集成整个模型区域，可接受的补给值相当于 190mm/a。

表 3.4　　　　最终模型的表层土参数

活跃土壤深度	1m	最大含水量	43%
初始饱和度	10%	K_Z	8.25×10^{-5} m/s

地下水流场计算比较

对 UGROW 和 FEFLOW®模型进行相同的设置后，简单比较发现，二者的计算结果在水位和水平衡项上显示出良好的吻合。这表明 UGROW 在求解地下水流动数值模拟控制方程时有足够的精度。

输入每日气候参数数据使 UGROW 进行瞬态模拟可以产生季节性水位变化，评估模型假设有效性的最佳途径是将其结果与实际测量值进行对比。在利用 UGROW 模拟的地区，几个地下水监测井配备了自动水位记录器（Worf，2004，2006；Worf 等，2005）。为进行对比，研究人员选择了位置接近监测井的节点的模型数据（图 3.15）。

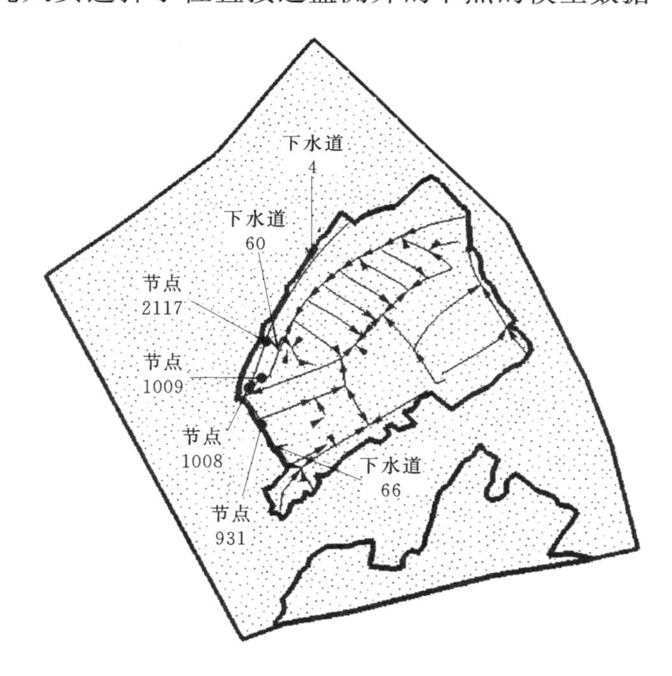

图 3.15　为验证模型选择的节点和下水道

来源：作者。

如图 3.16 所示，模型再现了部分现场数据集，但并不能完美匹配。预测 2004 年 3—9 月间地下水位有普遍下降，但是现实中水位下降了约 40cm，而模型预测只有 20cm 的下降。同样，对降雨事件后地下水位上升的预测也不准确。不匹配的原因可能如下：

- 稳态模型率定时，测量和建模响应的基准数据存在偏移，原因是稳态模型提供的边界条件参数有偏移。稳态模型率定用来产生 1960—1990 年间的平均水力条件，但是用其来产生 2004 年的边界条件可能不合适。
- 模型的中上游边界被指定为一个不变通量。事实中，这个边界必须随时间变化。这可以解释季节性趋势为何不明显。
- 除了 UNSAT 模块考虑的矩阵流外，还有几个地下水补给过程也很活跃。在城市地区，这可能来自暴雨事件中高水位情况下下水管系统的渗漏。然而，也可能包括城市地下沿建筑物地基或其他不均匀介质的流汇集。如图 3.16 所示，对拉施塔特污水渗漏案例研究模型的不同假设表明，污水渗漏对节点 2117 处的水位影响轻微。

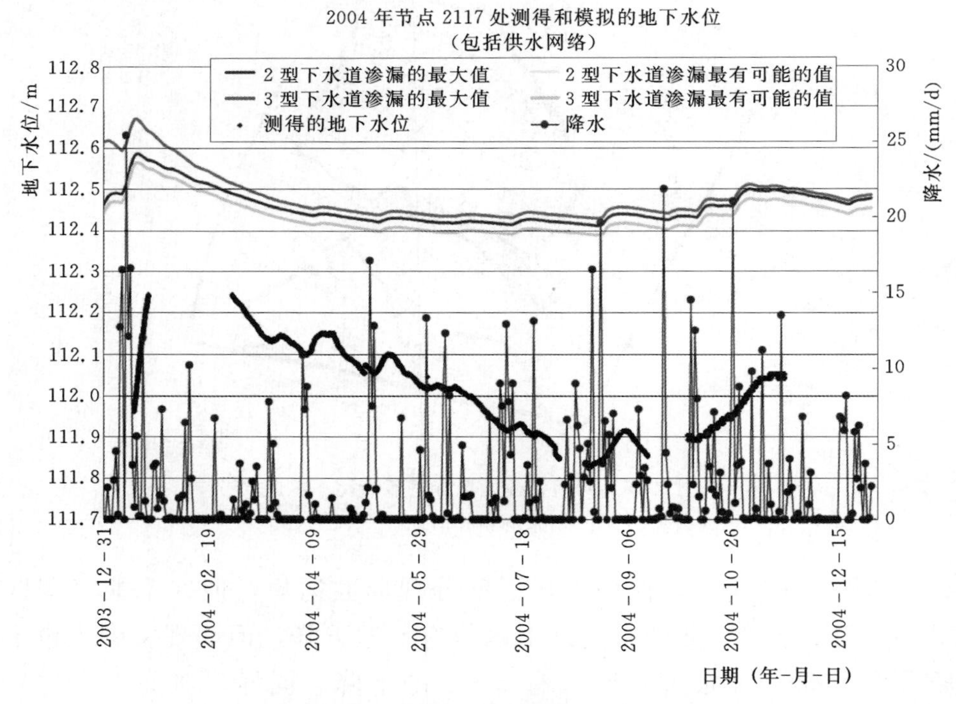

图 3.16　地下水位模拟值和实测值的比较（见彩图 34）

来源：作者。

上述问题大部分可以通过额外花费时间重新审视模型的输入参数来解决，或者通过扩展模型区域解决。实际上，观察到的差异仅有一小部分是由UGROW模型系统造成的。

情境模拟

认识到不同输入参数的数量之多，且缺乏可靠的现场数据（如，城市地区很少有测渗计），我们建议在各种可能的边界条件下运行模型（见表3.5）。这可以给以后的用户提供有关这些处理过程对总体结果所造成影响的额外信息。理解表3.5时必须谨慎，因为结果表明自来水总管道和污水渗漏对总量预算的定量影响很小。然而这可能仅适用于拉施塔特地区，其他城市的结果可能完全不同。

表3.5　不同的城市供水管网和下水管网情境下的关键水预算

项目	2003年			2004年		
	流入	流出	误差	流入	流出	误差
（1）无水网络						
边界		312,918			325,201	
不饱和区	321,257			337,137		
储水量		3,307			6,870	
合计	321,257	316,225	5,032	337,137	332,071	5,066
（2）只有供水管网						
边界		324,245			336,547	
不饱和区	321,257			337,137		
供水网络	11,348			11,379		
储水量		3,308			6,869	
合计	332,605	327,553	5,053	348,517	343,416	5,101
（3）只有2型下水道						
边界		314,887			327,154	
不饱和区	321,257			337,137		

续表

项目	2003 年			2004 年		
	流入	流出	误差	流入	流出	误差
下水道	1,970			1,976		
储水量		3,306			6,871	
合计	323,227	318,193	5,034	339,113	334,025	5,088
(4) 有供水管网和 2 型下水道						
边界		326,224			338,526	
不饱和区	321,257			337,137		
供水网络	11,348			11,379		
下水道	1,970			1,976		
储水量		3,308			6,369	
合计	334,576	329,532	5,044	350,492	345,395	5,097
(5) 只有 3 型下水道						
边界		315,935			328,177	
不饱和区	321,257			337,137		
下水道	1,991			1,973		
储水量		2,304			5,856	
合计	323,248	318,240	5,008	339,111	334,034	5,077
(6) 有供水管网和 3 型下水道						
边界		327,197			339,480	
不饱和区	321,257			337,137		
供水网络	11,348			11,379		
下水道	1,952			1,935		
储水量		2,298			5,852	
合计	334,558	329,495	5,063	350,452	345,333	5,119

3.1.6 总结和结论

城市地区地下水资源的可持续保护需要综合管理城市水利基础设

施和地下含水层。城市水管理工具UGROW的主要优势在于UN-GROW将地下水流模型与能够模拟城市径流特点、非饱和区的流动过程、进出城市水基础设施网络的水流的模型完全集成起来。对比AISUWRS模型套件与UGROW模型发现（Burn等，2006；Mitchell和Diaper，2005；Worf等，2006c），二者模拟结果的吻合程度是可以接受的，与商业发行的FEFLOW®模拟软件间的模型验证（Diersch，2005）是成功的。

在拉施塔特开展的应用测试表明，如果给予适当的帮助，没有参与UGROW软件代码开发的用户也能够成功地操作UGROW系统。由于测试的开展，系统的用户友好性明显得到了改善。

利用现实数据进行的验证表明，对模型进行参数化和解释时必须要小心。建议以后的用户在进行建模任务前先执行适当的灵敏度分析。

3.2 案例研究：塞尔维亚 Pančevački Rit

3.2.1 引言

Pančevački Rit位于塞尔维亚贝尔格莱德以北的多瑙河左岸，部分区域在贝尔格莱德西北部的近郊区。该地区（见图3.17）西部以多瑙河为界，东部以塔米什河为界，北部以卡拉什运河为界，卡拉什运河贯通了多瑙河和塔米什河。低地区域部分受到长约90km的堤坝的保护，城市化地区的面积约34,000hm^2。土地高程介于海拔69～76m。

为达到水管理的目的，整个流域划分为7个子流域，每个子流域都与一个泵站相连（见图3.17）。泵站的总装机容量是34m^3/s。该地区还有分布广泛的排水渠道网络。排水网络的总长约为870km，渠道密度（单位排水面积的渠道长度）约为25m/hm^2。

该地区的水运动受周围的河流水位、气象条件和地下水水位的影响。多瑙河水位与近期水文条件和下游边界条件呈函数关系。下游边界条件受到Derdap大坝以及建在塞尔维亚和罗马尼亚边界Derdap发电厂的控制。Derdap水库一直面临着提高水位以增加发电量的经济

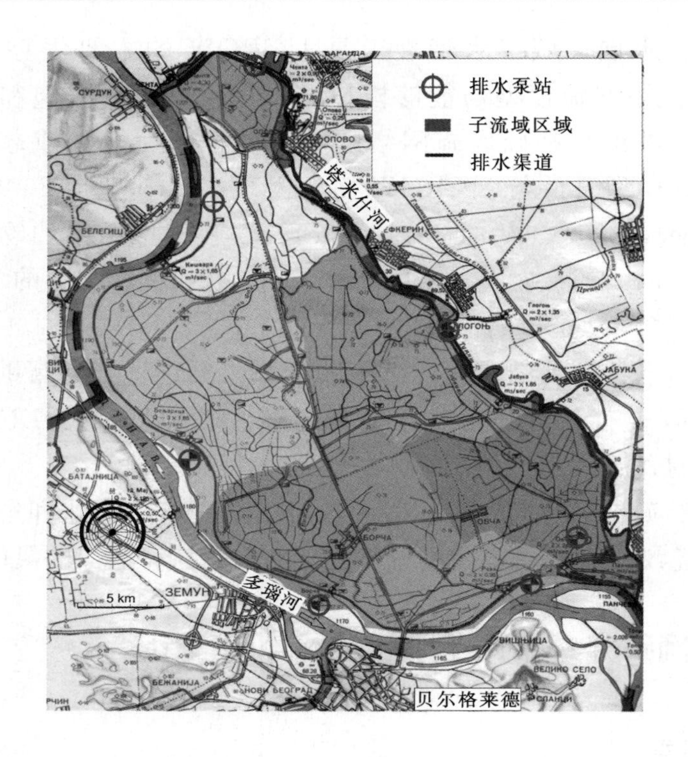

图 3.17 Pančevački Rit 地区：地理位置、子流域和排水渠道网络（见彩图 35）

来源：作者。

压力。图 3.18 比较了研究区域中多瑙河的自然、现在和计划的水流状态的水位历时曲线。大坝明显会影响水位，实际水位在大部分时间里高于计划水位。图 3.18 显示，Pančevački Rit 地区的累计土地高程水平揭示了本地区大约有 1/3 的面积低于多瑙河的平均水位。

水文平均年的累计降水量为 684mm，但湿润和干旱年份之间有显著的差异。例如，1999 年是湿润年，年累计降水量为 1,049mm，而第二年却非常干燥，降水只有 367mm。水文条件的这种变化性，连同多瑙河的高水位导致在 Pančevački Rit 地区开展水资源管理非常困难。地下水水位主要受多瑙河河水的影响，同时也受向潘切沃市和向食品行业供水的井的影响。井的总供水能力大约是 500l/s。

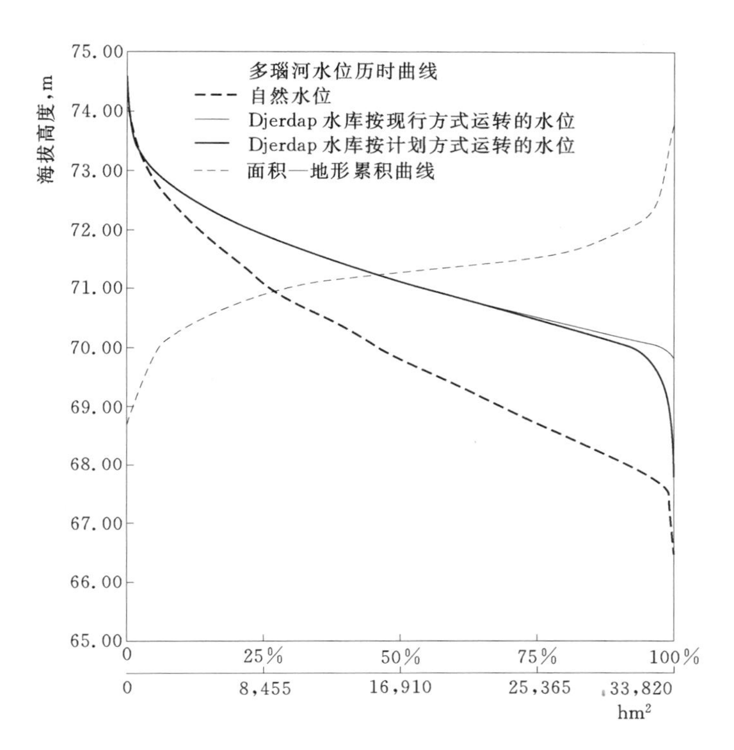

图3.18 Pančevački Rit研究区域内多瑙河水位历时曲线：Derdap大坝的自然、现在和计划水位情况对比。图中还显示了Pančevački Rit地区累积地形等高线（土地高程曲线）

来源：作者。

气象条件是影响多瑙河水位的另一个主要因素。表3.6显示了该地区月平均温度和平均降水情况。

表3.6 研究区域的气象条件

平均气温/℃

项目	1月	2月	3月	4月	5月	6月	7月	8月	9月	10月	11月	12月	平均
平均值	0.7	2.7	7.0	12.3	17.3	20.5	22.2	22.0	17.8	12.5	7.0	2.6	12.0
最大值	4.8	9.1	11.8	16.2	21.5	25	25.5	26.8	21.7	17.0	12.3	6.6	
最小值	−5.5	−7.2	1.2	8.2	13.5	17.5	19.8	18.1	14.1	8.2	1.3	−1.9	
标准差	2.42	3.42	2.66	1.79	1.77	1.52	1.37	1.76	1.58	1.51	2.30	2.25	

续表

平均降水/mm													
项目	1月	2月	3月	4月	5月	6月	7月	8月	9月	10月	11月	12月	总计
降水/mm	45.2	40.2	44.4	55.9	69.4	94.9	69.2	50.6	54.6	45.6	55.4	58.6	684.2
所占比例/%	6.60	5.88	6.49	8.17	10.14	13.87	10.11	7.40	7.98	6.66	8.10	8.56	100.0

该地区内的土地大部分用于农业生产。据估计，该地区大约25%的面积为城市，城市快速发展的趋势很强，而且这种发展通常是无计划的。这样的发展使控制水情变得更加复杂，因为现有的排水系统是按照耕地的标准设计的，不能满足城市环境的需求。

研究的总体目标是提高 Pančevački Rit 地区的水管理水平。具体目标是：

- 确定现行水资源管理体系中存在的问题；
- 为一般水管理制定广泛的战略；
- 确定每种系统（污水系统、渠道网络、泵站、抽水井）的管理标准；
- 评价水平衡；
- 设计用于观察未来整个区域水平衡变化的监控系统。

水管理解决方案的质量取决于对水平衡中所有重要水系统组件的可靠评估。Pančevački Rit 地区的特点是不同水系统之间（即河流、地下水、渠道、泵站和抽水井）相互作用特别复杂。编译和解释所有这些系统的数据通常极具挑战性。UGROW 被证明是应对这种任务的理想工具，因为 UGROW 是基于将所有城市水系统数据存储在一个数据库这样的概念来设计的。在模拟各独立系统间的相互作用时，数据库用于输入信息，支持水平衡计算。下文介绍了如何使用 UGROW 评估 Pančevački Rit 地区的水平衡。

3.2.2 UGROW 的输入数据

地形数据

地表以三维表面的形式表现在 UGROW 中，数学描述为数字地形模型（DTM）。DTM由表面一系列被称为“高程点”的点的坐标（x，y，z）生成。将比例尺为1∶5,000的地图扫描后数字化等高线，得到Pančevački Rit地区的高程点。通过这种方式得到了大约85,000个高程点。

地质数据

模型中用155个钻孔的数据来定义含水层的几何形状。图3.19显示了DTM和所选钻孔的位置。

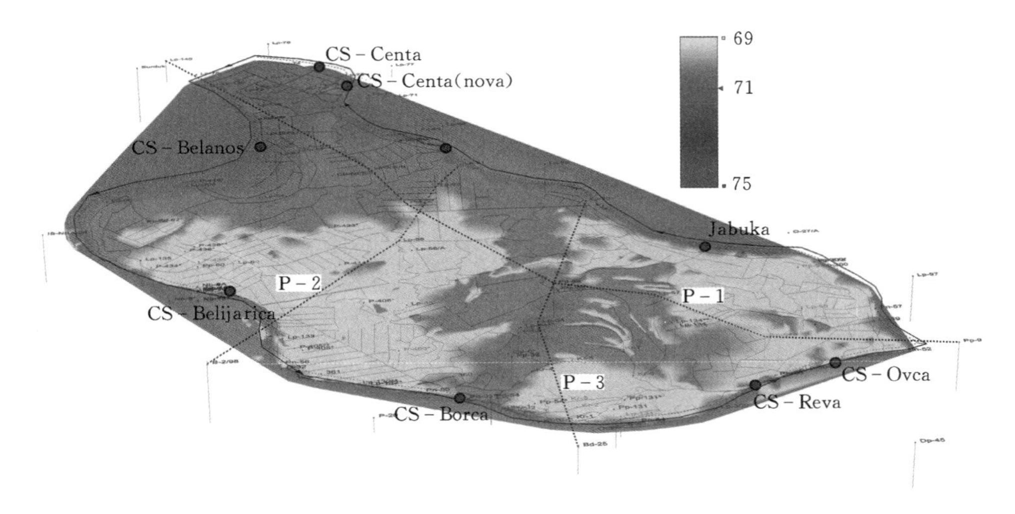

图3.19 数字地形模型（DTM）、所选钻孔的位置和图3.20显示的横截面P-1、P-2、P-3的位置（见彩图36）

来源：作者。

一旦为每个钻孔指定顶部和底部高程，运行GEOSGEN算法在模型区域内生成地质固体，定义含水层的几何形状。图3.20用地表、含水层顶部和含水层底部截面的形式，显示了在截面P-1、P-2和P-3运行这种算法得出的结果。

排水渠道网络

向UGROW输入排水渠道网络三维数据。通过扫描地图，渠道被数字化。通过输入正射影像图片来检查渠道。有关渠道几何形状的其他数据，如横断面面积、上游和下游河床水位，利用现有的技术文

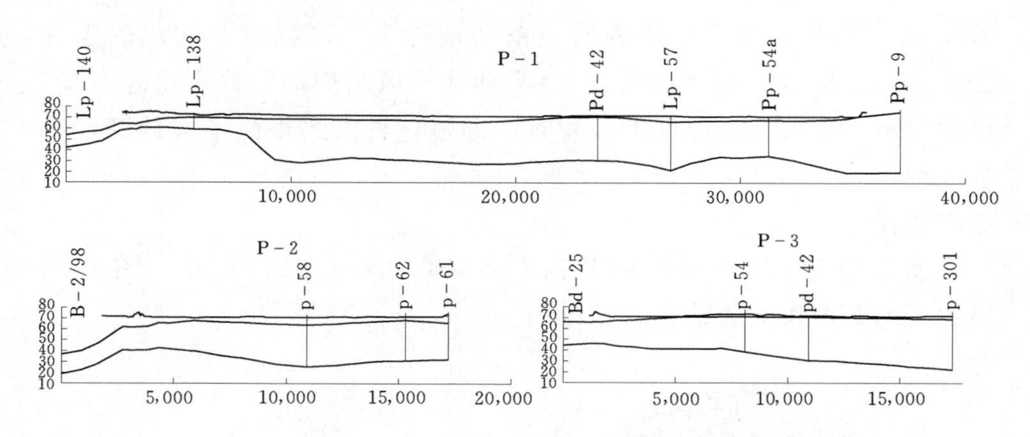

图 3.20　截面 P-1、P-2、P-3 的含水层几何形状和数字地形模型

来源：作者。

档获得。

土壤水分平衡

模拟时段为 4 年，从 1999 年 1 月到 2002 年 12 月。潜在蒸散量通过 Penman-Monteith 方法利用每日的温度、太阳辐射、相对湿度和风速数据进行计算。随后，利用 UNSAT 模型来确定土壤水分平衡组分，即：径流（Roff）、渗漏（Leak）和实际蒸散（ET_a）。2001 年的计算结果见图 3.21 和图 3.22 所示。

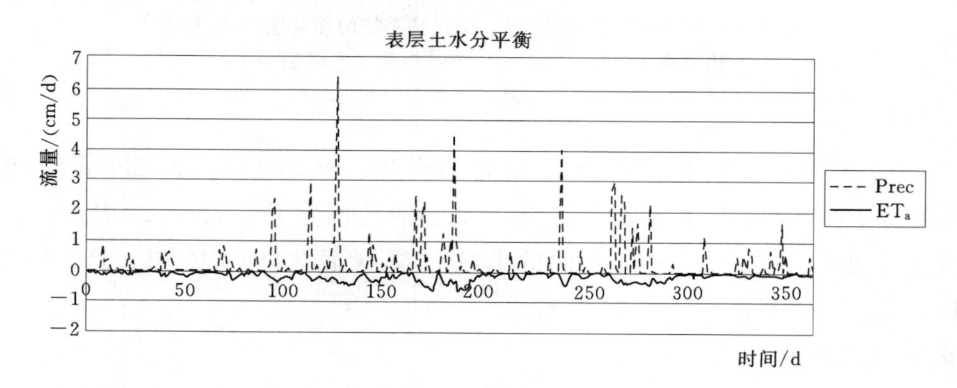

图 3.21　运行 UNSAT 模型得出的 2001 年降水量和对潜在蒸散量的预测

来源：作者。

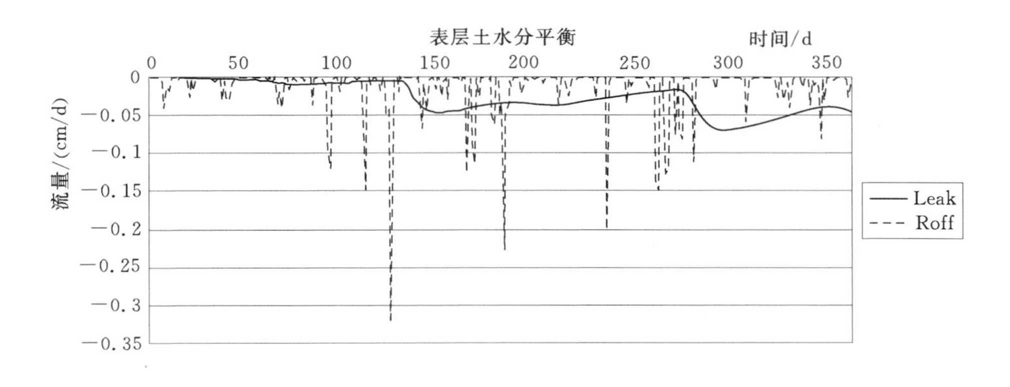

图 3.22　运行 UNSAT 模型得出的对 2001 年渗漏和径流的预测值

来源：作者。

边界条件

多瑙河和塔米什河的每日水位值用来定义模型边界条件。通过水力传导率显著低于含水层的沉积层实现河流和含水层之间的相互作用。为了确定这个层的特征，研究人员使用了一个众所周知的一维解析模型方程，如下：

$$\frac{\partial^2 s}{\partial x^2}=\frac{S_y}{T}\frac{\partial s}{\partial t} \tag{3.2.1}$$

式中：s 为含水层水位降低值，x 为到河的距离，S_y 为单位产水量，T 为透射率，t 为时间。

边界条件为：

$$\begin{aligned} &s(t=0,x>0)=0 \\ &s(t>0,x\to\infty)=s_0 \\ &\text{且 } s(t>0,x=0)=s_0 \end{aligned} \tag{3.2.2}$$

解析解为：

$$s(x,t)=s_0\left(1-\frac{2}{\sqrt{\pi}}\int_0^u e^{-u^2}\mathrm{d}u\right)=s_0\cdot erfc(u) \tag{3.2.3}$$

式中：u 为无量纲变量，$u=\sqrt{\frac{x^2 S}{4Tt}}$；$erfc$ 为误差函数。

对于河流每日的水位波动，叠加原理如下：

$$s(x,t) = \sum_i \Delta S_i \cdot erfc\left[\sqrt{\frac{x^2 S}{4T(t-t_i)}}\right] \tag{3.2.4}$$

式中：ΔS_i 是在时间 t_i 和前一时间 t_{i-1} 之间河流水位的变化。

该模型率定使用的数据来自河岸附近的测压计，可以假定河岸附近的地下水水位主要受河流水位控制。图 3.23 显示了位于多瑙河堤坝附近的水压计 CB－41 的测量结果。红线显示的是在多瑙河内测得的水位，蓝色虚线显示的是同一时期测压计测得的水位，绿色实线显示的是模拟结果。研究人员还计算得出了单位补给量，显示为与多瑙河水位相关的函数。

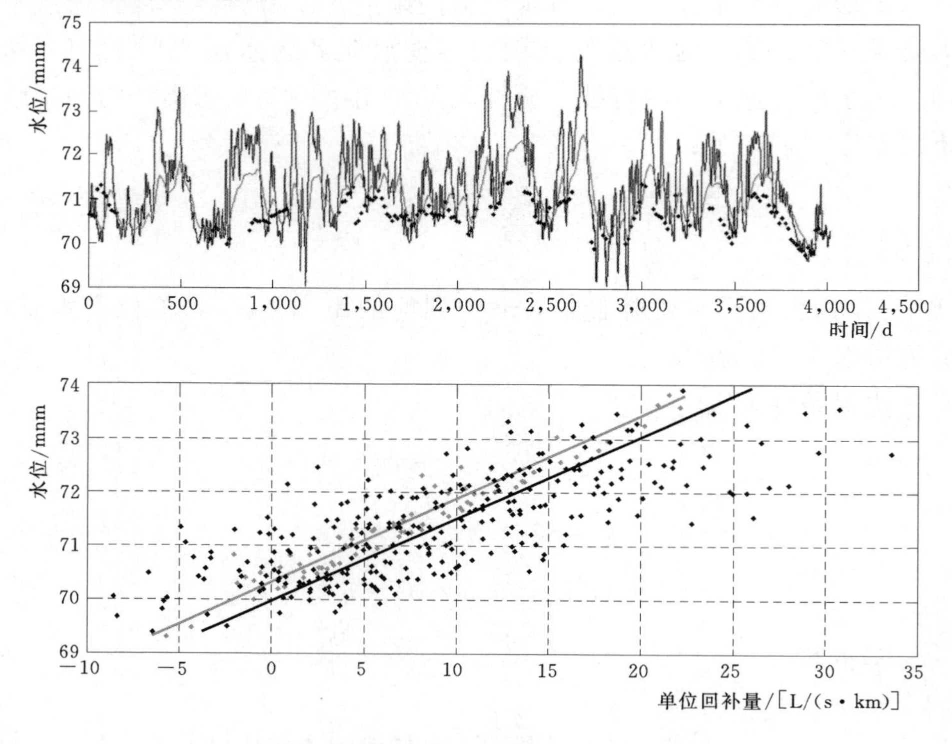

图 3.23 1D 模型的分析结果（见彩图 37）

来源：作者。

3.2.3　仿真结果

模型区域覆盖了图 3.17 所示的整个研究区域，通过 MESHGEN +UFIND 算法实现有限元划分。正如上文所述（见 2.7 节），UFIND 算法决定了排水渠道网络与每个有限元之间的 3D 交叉点。图 3.24 显示了将建模域细分为有限单元的结果。

图 3.24 还显示了 DELINEATE 算法的结果。正如 2.5 节所述，为模拟地表径流，该算法将模型区域分为子集水区。如图所示，每个排水口（在这种情况下，排水口是排水泵站）有自己的排水区，利用网络拓扑和网格中每个单元的地形高程数据来定义。

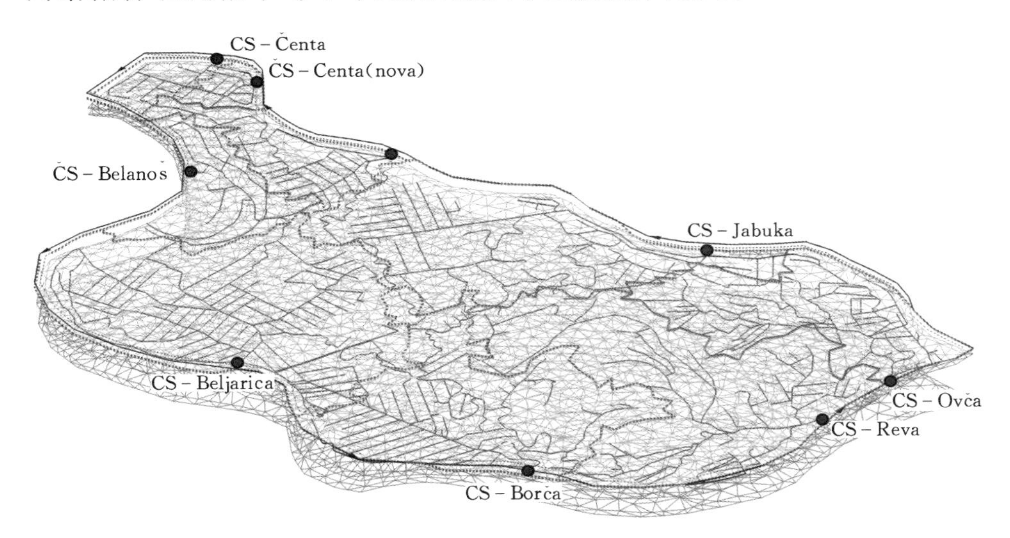

图 3.24　网格生成（绿色有限单元）和地表径流描述算法（红色虚线表示集水区及其相关的各排水口）的结果。排水渠道显示为蓝色（见彩图 38）

来源：作者。

该模型利用以下数据进行率定：

- 选定测压计处的地下水位；
- 排水网络排水口处测得的排放量。

该地区的平均水力传导率是 30m/d。图 3.25 为透射率图。

模拟周期开始于 1999 年 1 月，持续了 4 年，直到 2002 年 12 月。

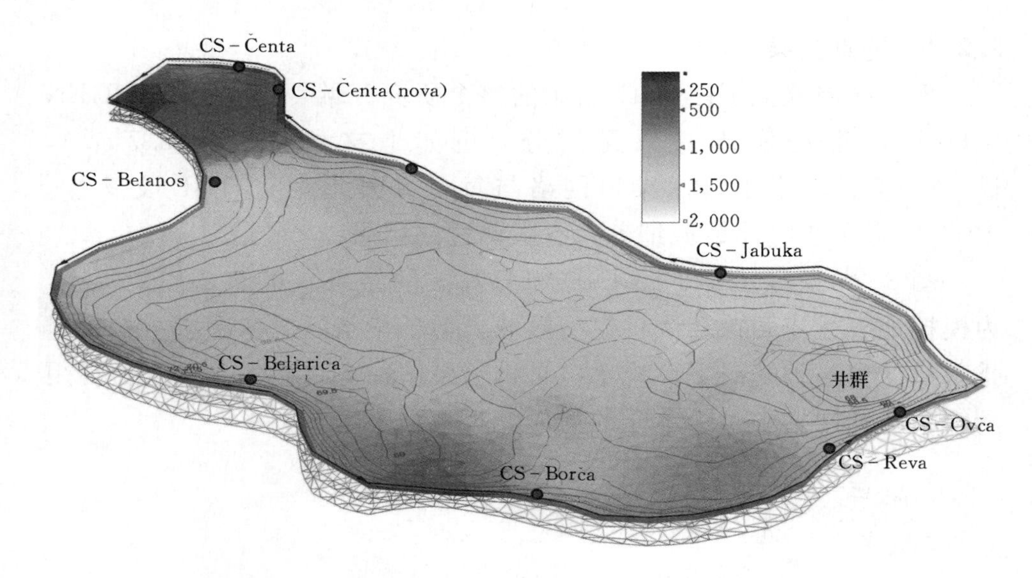

图 3.25　含水层透射率（单位：m²/d）（见彩图 39）

来源：作者。

图 3.26 显示了 1999 年 5 月 15 日的仿真结果。等高线显示了地下水水位，蓝色斑块显示的是地下水水位在地面以下 0.5m 以内的排水情况欠佳的地区。1999 年的降雨极其多，所以尽管当地有非常密集的排水网，该地区仍有相当大的一部分面积被淹没。排水情况欠佳的地区主要位于多瑙河左岸，城市化水平很高。

图 3.26 显示了实地数据和模型数据的对比。右侧图表显示的是在雷瓦（Reva）的排水泵站实测和模拟的排放量。模拟排放量是通过 RUNOFF 模型计算得出的排放量和利用 GROW 模型计算得出的地下水排放量之和。GROW 模拟还得出了地下水水位。图 3.26 中左侧的图表对比了选定测压计的实测结果和 GROW 模型的模拟结果。

3.2.4　结论

对于面积相对较大，土地利用情况复杂且具有大量几何形状复杂的水系统的区域而言，水平衡评估是一项非常具有挑战性的工作。

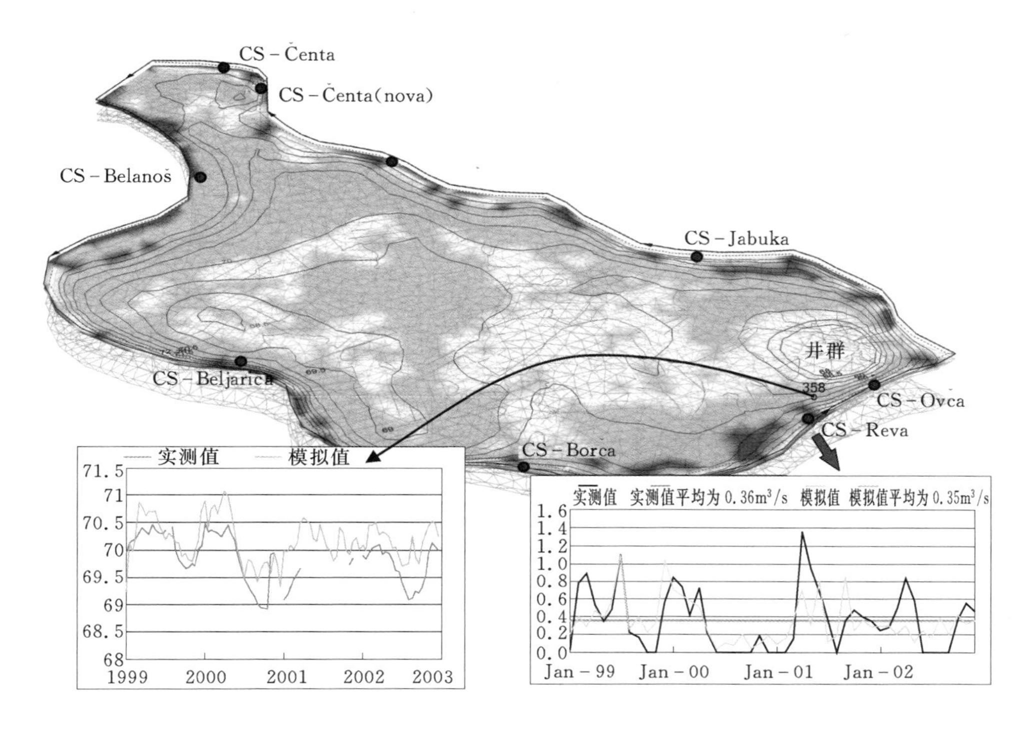

图 3.26　图表显示选定的测压计和排水泵站的仿真结果。地下水轮廓线显示 1999 年 5 月 15 日的仿真结果（见彩图 40）

来源：作者。

UGROW 是解决这一问题的一个强大工具，高度多样化的数据存储在一个单一的系统中，然后以图形方式呈现和处理这些数据来实现水平衡。尽管模拟的任务比较复杂，但实测的水平衡和模拟的水平衡之间高度吻合。

3.3　案例研究：波斯尼亚和黑塞哥维那的比耶利纳市

3.3.1　介绍

比耶利纳市位于波斯尼亚和黑塞哥维那的塞姆博瑞亚（Semberia）省（见图 3.27）。在 1992 年战争爆发前至少十年，比耶利纳市

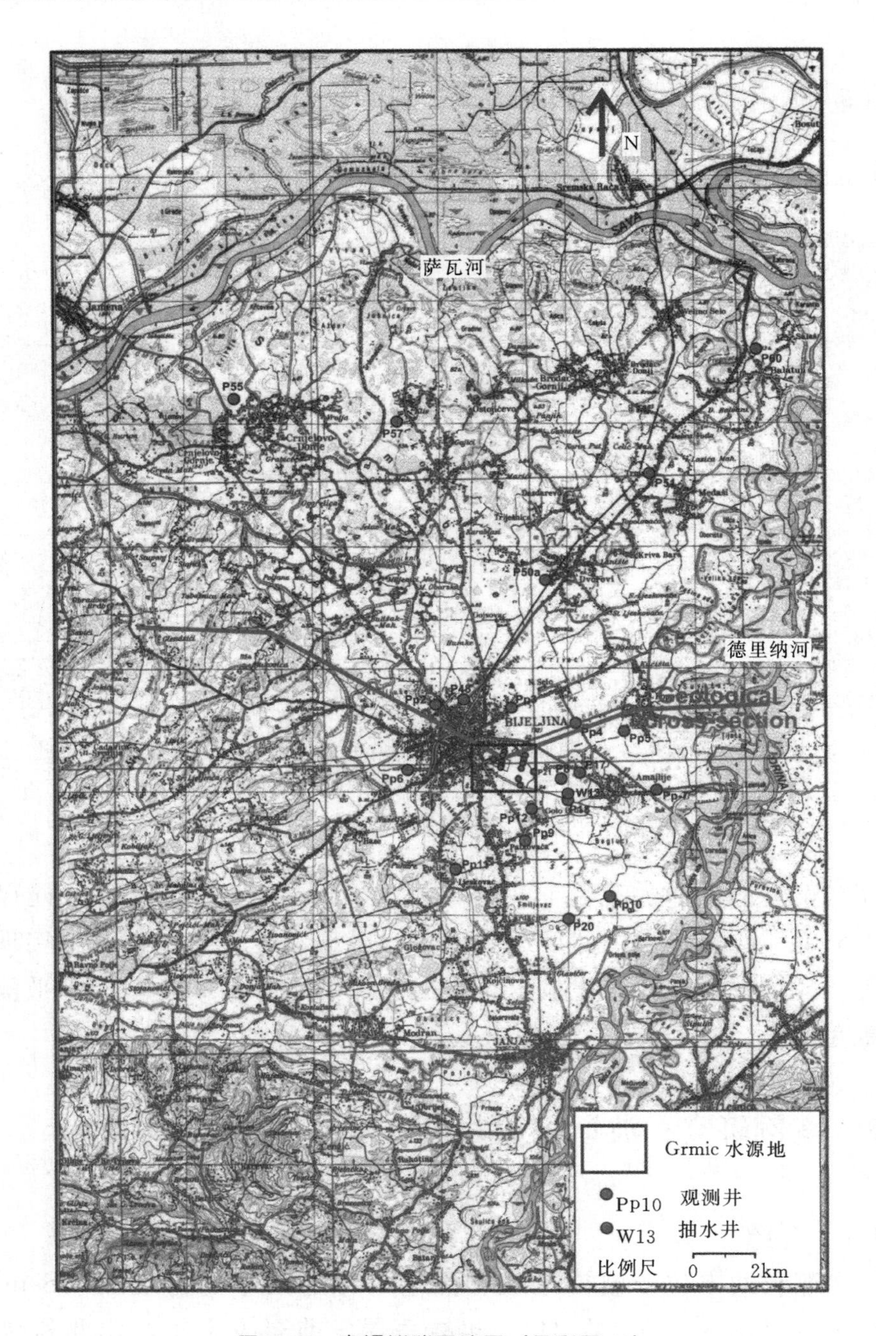

图 3.27 塞姆博瑞亚地图（见彩图 41）

来源：根据 Pokrajac（1999）编制。

的地下水管理缺乏明确目标和长期策略。战争期间，地下水管理计划的弱点显现出来，由于城市人口的快速增加，地下水资源面临严重的压力。当井水中检测出严重的大肠菌细菌污染时，这些问题达到顶峰。因此，当地启动了地下水管理短期和长期策略的研究项目。研究的目的是：

- 识别水井中细菌污染的污染源；
- 识别其他潜在的污染源；
- 确定地下水保护的优先领域。

研究人员找到了细菌污染的可能来源，但解决这一问题需要高昂的费用，要用定量分析方法来验证是否值得这样做。这项研究是在不利的情况下进行的，资源和时间有限。问题很严重，需要迅速解决。下文描述了问题涉及的范围及其性质，以及 UGROW 如何作为有价值的决策支持工具详细地模拟地下水。

比耶利纳市坐落在两条河流之间，东临德里纳河，北傍萨瓦河（见图 3.27）。整个地区有丰富的地下水储备，地下水存储在一个面积约为 $400km^2$ 的冲积含水层中（图 3.28 中的单元 2 和单元 3）。含水层是高渗透层，水质极易受到影响。渗入到地下水的污染物随着地下水流动被快速传播。发展城市卫生系统和选择固体废物处置场所时，人们很少考虑到浅层含水层系统。结果，出现了许多潜在的地下

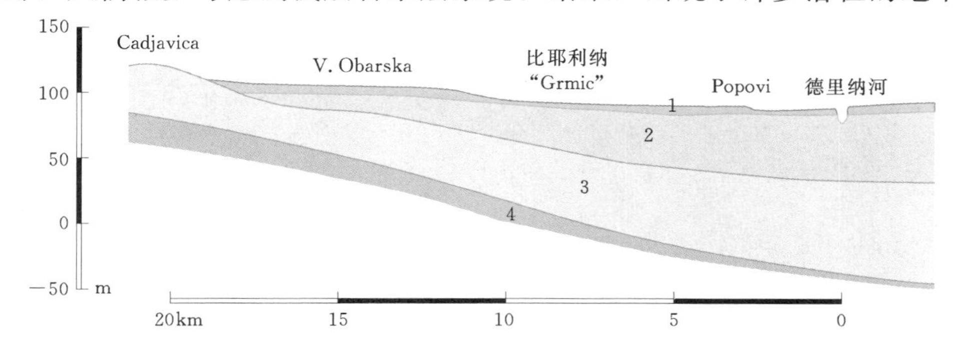

图 3.28　东西方向典型的地质截面：（1）沼泽黏土；（2）砂及砾石；（3）砂及夹层黏土砾石；（4）泥灰岩、泥灰质黏土（见彩图 42）

来源：根据 Pokrajac（1999）编制。

水污染源。20 世纪 90 年代，水质开始出现问题。

比耶利纳市的公共供水来自地下水。水源地靠近城市（见图 3.27 和图 3.29），适当建造的大口径井产水量为 700 万～900 万 L/d，造成的水位下降只有 1～2m。整个城市的用水依靠公共供给，但仅在部分城区建有污水系统。在没有下水道的地区，废弃物直接排入建造不完善的化粪池，渗入渗透井中。这种情况出现在靠近水源地的三条大街（见图 3.29）：

- Hajduk Stanka 街，距离 10 号抽水井不到 150m；
- Galac 大街，一系列违章建造的房屋与一排水井平行，沿水力坡度向上 300m；
- Galac 大街西边的 S. Jovanovica 大街，距离抽水井稍远。

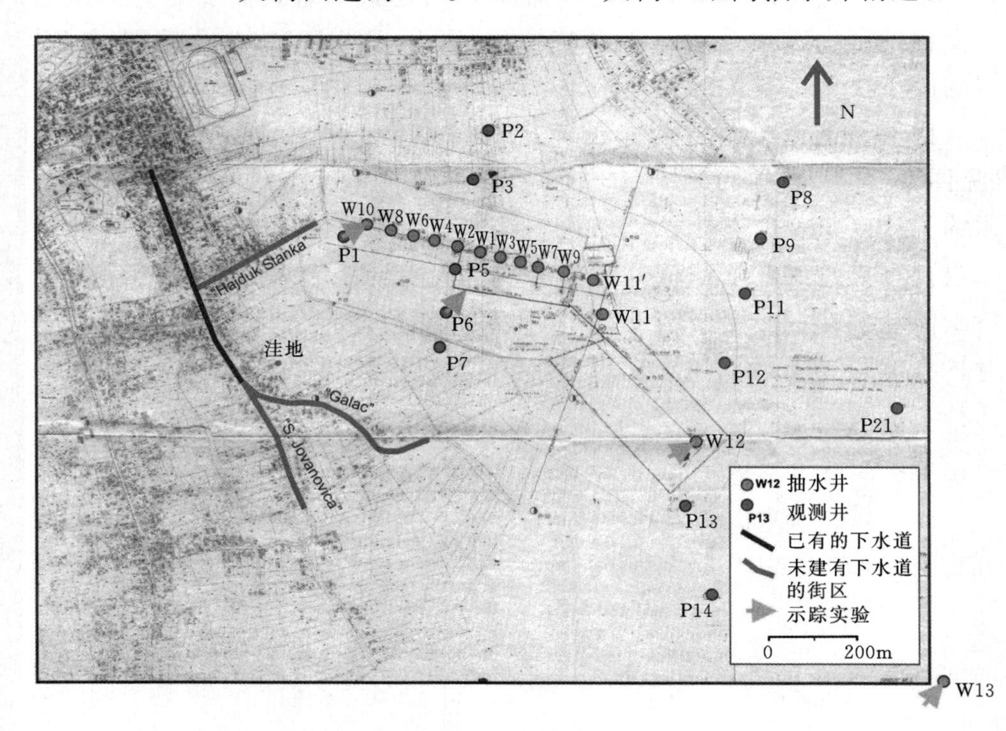

图 3.29　井场的布局图（见彩图 43）

来源：根据 Pokrajac（1999）编制。

在一次现场观测中，研究人员记录了很多化粪池渗透井（Hajduk Stanka 大街有 24 个，Galac 大街有 31 个，S. Jovanovica 大街有 10 个），并在 Galac 大街发现一处充满感染性废弃物的洼地（标记在图 3.29 中）。

在 1992 年波斯尼亚爆发战争之前，供水能满足所有的饮用水需求。日均消费水量大约为1,210万 L，井的产水总量是2,410万 L/d。战争期间，移民的涌入导致当地人口在 5 万人的基础上增长了 3 万人。

水管理部门决定，应该将井的产能提高到 2,850 万 L/d。除了人口数量的增加，战争期间对管道维护不及时导致的水量损失进一步升高，也可能是需水量增加的原因。经过一段时间的高强度开采，1993 年夏天，西部井区检测出了严重的肠道细菌污染。作为初步解决措施，总产水量约为 700 万 L/d 的 5 口井被排除在系统外，当局建造了一口同等产量的井。这只是临时性解决方案，研究人员展开研究，优先考虑水质问题，并给出解决方案。

3.3.2　地质和水文地质

图 3.28 显示了具有代表性的一个地质剖面（东西向）。最上层 200 米内的地质单元包括：

- 第四纪冲积沉积，由上覆在砂和砾石结合体（2）的沼泽黏土（1）组成；
- 沼泽砂、含有黏土层的砂质砾石（3）；
- 泥灰质黏土和泥灰岩（4）。

含水层主要包括由德里纳河、萨瓦河沉积形成的冲积砂和砾石以及 Paludin 结合体。这些单元有很好的水压连续性，能够形成单一的含水层系统。含水层的走向一般从西南到东北。其厚度从塞姆博瑞亚西部的 20～50m 到南部地区的 90～120m 不等，甚至在北部和东部靠近河流的地区局部厚度达 170m。自然冲积砂砾受到上覆黏土层的天然保护，不易遭受污染，其厚度不一，在一些地区变薄甚至完全消失。因此，地下水资源是不受保护的，在一些地方容易受到污染。

3.3.3 地下水体系

塞姆博瑞亚地下水的水位受德里纳河影响较强，含水层具有良好的水压连续性。德里纳河沿其流程补给含水层，但在北部、地势较低的地区和靠近与萨瓦河连接的地区例外。含水层释放的水进入到萨瓦河和德里纳河。多年水平衡的情况下，年均降水量为781mm，地表径流为219mm，潜在蒸散量为522mm，降水对地下水的补给量约120mm。地下水流动的主要方向是从南到北，平行于德里纳河。地下水的季节性波动相对较小，靠近河流处最大为1.5m，比耶利纳水源地处为1m。

3.3.4 实地测量

水源地的设计、施工和运行的过程中对地下水水位进行了监测。然而，监测井的总数量和观察的频率不断变化。1985—1986年期，每周在36个观测点进行地下水水位监测，如图3.27和图3.29所示。井抽水量的评估建立在对实际流量只有一次校准的泵特性曲线的基础上。11、12和13号大口径井建成后，当地进行了标准抽水试验，试验结果被用于估计含水层渗透率。

为了获得有关地下水流速的信息，研究人员对先前进行的两次示踪实验（Avdagic，1992）的数据进行了分析。第一次实验在两个测试站点使用氯化钠和染料（荧光素钠）作为示踪剂，如图3.29所示。示踪剂在梯度上方的井中释放，在梯度下方的井中进行监测。通过测量水样的电阻估计氯化钠的浓度。所有的取样井均较浅，只能从含水层最上面的3m取水样。示踪剂研究的结果如图3.30所示。上面的图显示测得的染料浓度，下面的图显示测得的电阻值。研究人员没有记录井中地下水的水位。在P6位置，平均线性流速（“孔隙速度”）估计为7m/d，但P1位置的值并不确定，因为示踪剂最大浓度的时间无法准确地得出。

在第二次示踪研究中，抽水井作为采样点，并且示踪剂（染料）被引入到邻近的观测井中。这种方法在实验过程中可以控制地下水流

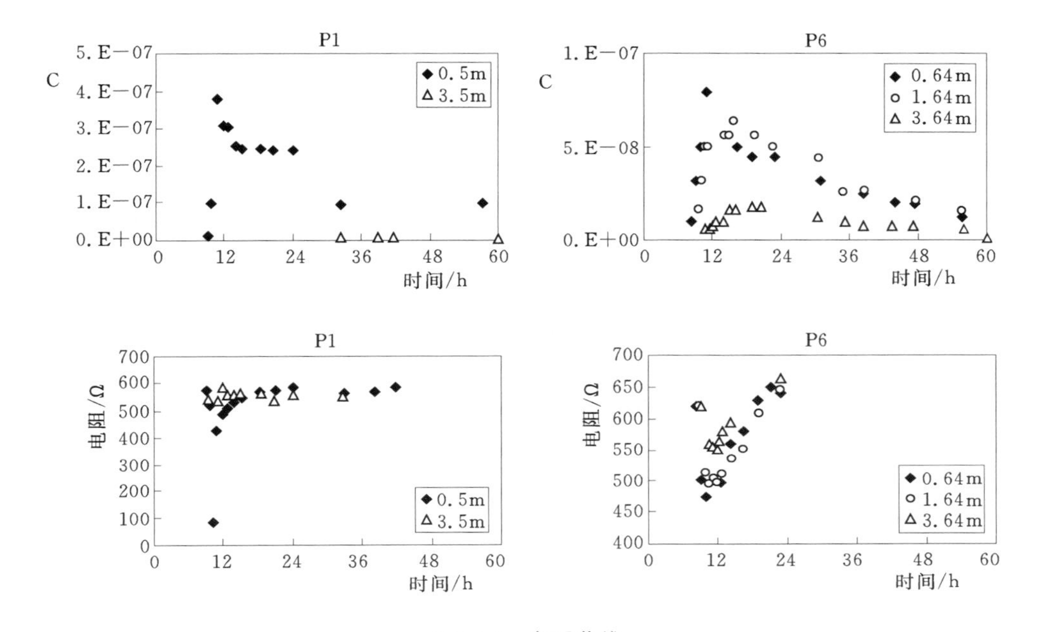

图3.30　穿透曲线

来源：根据Pokrajac（1999）编制。

动方向（朝向井的方向）和地下水流量（与抽水率有关的函数）。实验所涉及含水层的深度，与正常运行的井相同，所以测试过程中获得的信息可以从总体上描述含水层的行为。研究人员对12号和13号井进行了测试（见图3.29）。每次测试之前，研究人员都进行了一次常规的抽水试验（逐级测试），估算含水层的渗透率。在逐级测试的最后，研究人员使最终流速在数小时内保持不变，并向观测井内加入示踪剂。监测来自抽水井的水样，直到示踪剂出现。这个时间段被视作水在观测井和抽水井之间迁移所需的时间。表3.7显示了观测井和抽水井之间的距离、井的排放量、含水层渗透率（经抽水试验获得）以及每次测试的迁移时间。

为了便于分析，研究人员作了如下假设：

- 流向井的水流是稳态流，呈径向流动；
- 含水层是承压的，厚度恒定为M，渗透系数为K，有效孔隙度为n_{eff}，含水层透射率$T=KM$。

表 3.7 抽水井 W12 和 W13 的示踪实验数据

项目	符号	单位	W12	W13
距离	r_0	m	10.8	39.5
井的排放量	Q	l/s	110	115
渗透率	T	m^2/s	0.34	0.29
迁移时间	t	h	1.3	12.5

根据这些假设，从释放示踪剂的井到距离 r_0 的点的迁移时间 t，可以通过对沿着半径 r 的孔隙速度积分求得，如下式：

$$t=n_{\text{eff}}M\pi\frac{r_0^2-r_w^2}{Q} \tag{3.3.1}$$

或者

$$\frac{K}{n_{\text{eff}}}=\frac{T\pi}{t}\frac{r_0^2-r_w^2}{Q} \tag{3.3.2}$$

式中：r_w 为井的半径。

这个方程可以计算水力传导系数与有效孔隙度之比，K/n_{eff}。求得的两口井的值很接近，为 0.27m/s（W12）和 0.28m/s（W13）。引入真实的有效孔隙度后，水力传导系数约为 0.05～0.07m/s。这样高的值不支持抽水试验分析，也与下面介绍的模型率定不相协调。相反，示踪剂测试结果表明，通过渗透性最大的渗透层的输移速度最大。根据井的地质记录，这一渗透层是一层粗砾石。因为研究关注的是地下水中病原菌的迁移，因此最大速度有高度的相关性，尽管这个最大速度出现在厚度很小的一个层中。

实际上，观测到的迁移时间反映了渗透性最大的透水层的水力传导系数，而抽水试验和模型率定得到的水力传导系数代表整个含水层的平均值：

$$K=\frac{\sum K_i m_i}{\sum m_i},\sum m_i=M \tag{3.3.3}$$

式中：K_i 为第 i 个子层的水力传导系数，m_i 为其厚度。垂直方向的平均水力传导系数明显小于最大水力传导系数，如果水力传导系数的垂直变化比较大的话，其值会更小。水力传导系数在垂直方向上的变化，会导致单位流量出现垂直变异，并在储层范围纵向弥散。

3.3.5　城市含水层模型

用 GROW 构建塞姆博瑞亚的城市含水层模型。建模的目的是确定污染物来源，明确地下水保护的优先顺序。由于塞姆博瑞亚的含水层渗透率高，污染物的运移主要是平流。粒子跟踪模拟了平流传输。由于无法获得地下水水质数据，研究人员没有尝试模拟横向扩散。

塞姆博瑞亚含水层的概念模型包含两层：一个由地质单元（2）和（3）组成、具有不渗透基底的高渗透率含水层和一个由地质单元（1）组成的低渗透率承压层（见图 3.28）。数值模型使用了包含 12,517个节点和 4,266 个单元的网格，如图 3.31 所示。本研究探讨了有限元技术的优点。利用曲线单元，自然不规则含水层边界（德里纳河和萨瓦河、含水层的西部边界）被真实地再现出来，几乎没有进行粗略估计。此外，研究人员细化了水源地附近的网格，避免潜在问题的出现和两个独立模型（一个区域模型和一个局部模型）之间的耦合问题。生成的模型尺度较大，是区域性的，但研究所关注的局部精度较高（图 3.31 中放大的局部），这确保了精确度不会显著降低，不会浪费计算时间。

研究人员使用 1985 年的数据率定该模型，当时观测井的数量最多。用 1985 年 11 月的平均值进行率定，因为地下水水位整个月都处于稳定状态。地质特征类似的区域用单一的水力传导系数表现（见图 3.31）。表 3.8 列出了 1985 年 11 月抽水井的取水率。研究人员从测量站获得萨瓦河和德里纳河的水位值，内插得到两河之间站点的水位。为了使观测到的和计算得出的地下水水位之差最小，研究人员通过试错法得到水力传导系数的值。在井的附近，抽水实验得到的值被用来检测模型中确定的水力传导系数的值。图 3.31 显示了最后采用的水力传导系数值的分布情况。1985 年 11 月地下水水位的实测值和计算值如图 3.32 所示。

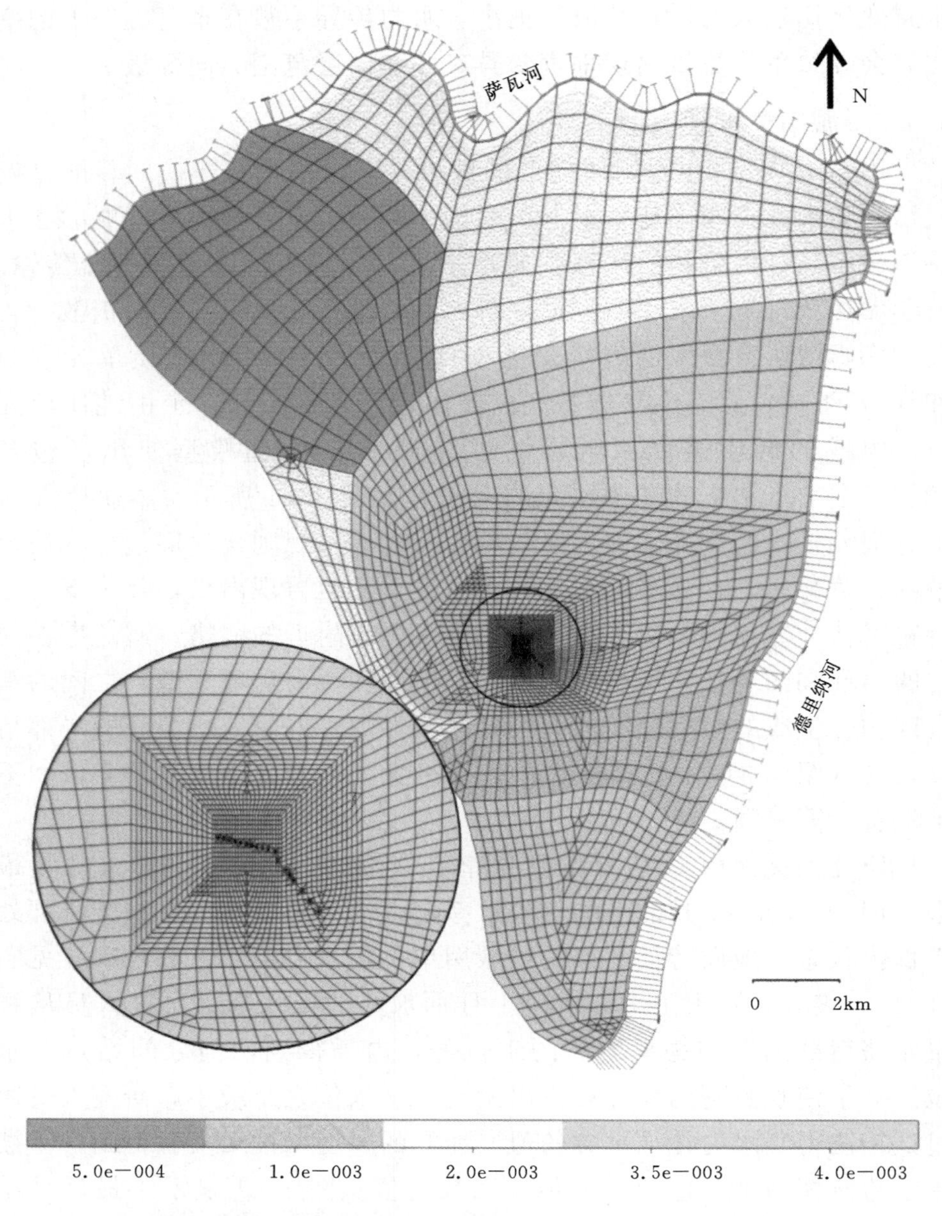

图 3.31　数值网格和水力传导率的空间分布（单位：m/s）（见彩图 44）

来源：根据 Pokrajac（1999）编制。

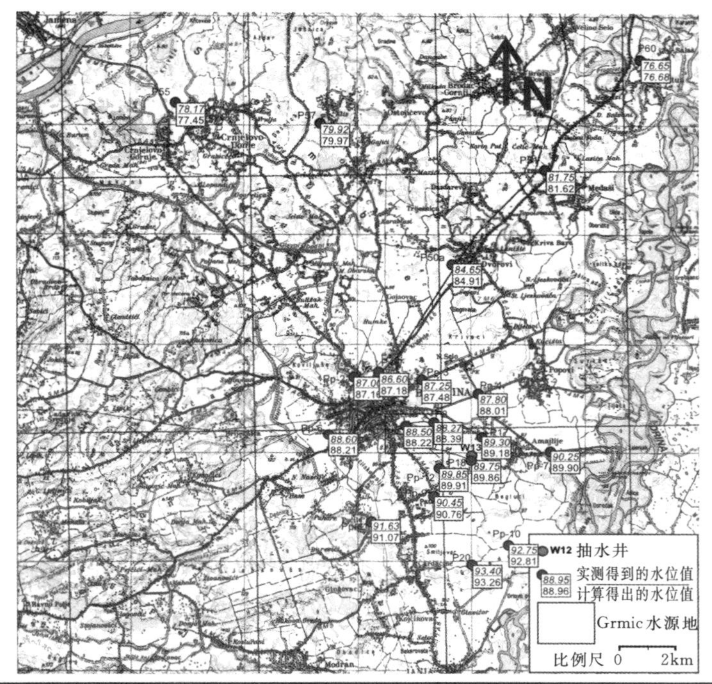

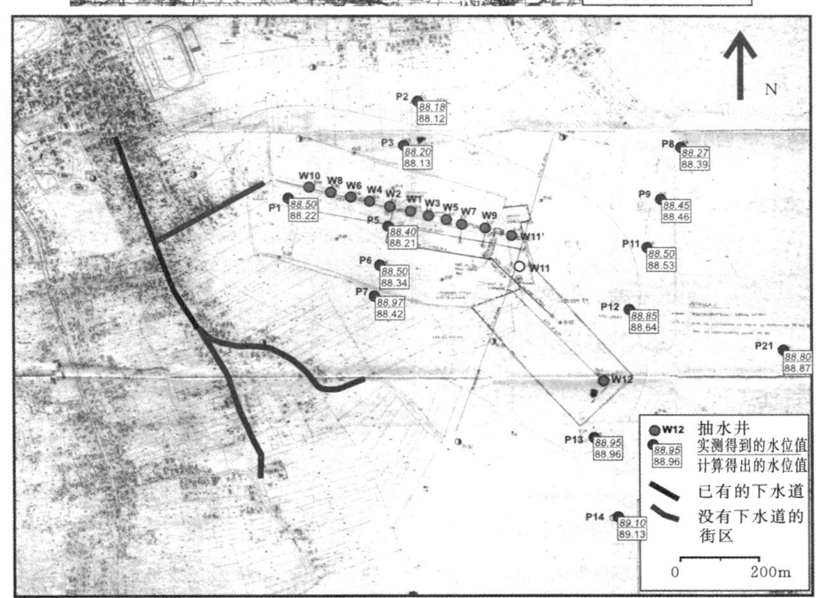

图 3.32　1985 年 11 月水位的实测值和模拟值（海拔，m）（见彩图 45）

来源：根据 Pokrajac（1999）编制。

地下水模型率定后，用来模拟以下时间段的地下水流动情况：

- 1993 年检测到污染物之前，所有的井都正常运行时；
- 关闭西部地区的 5 口井之后。

因为 1993 年的数据丢失（只有估算的取水率），研究人员使用的是 1994 年的数据。表 3.8 列出了关闭水井之前和之后两个时间段的取水率。区域地下水水位和迹线如图 3.33 所示，图 3.34 比较了两个模拟周期的捕获区和迁移时间。关闭水井之前，地下水从 Hajduk Stanka、Galac 和 S. Jovanovica 大街向西部地区的井［见图 3.34 (a)］流动。如图中所示，通过 Hajduk Stanka 大街的迹线错过了 10 号井；然而，通过 Hajduk Stanka 大街东南不远处几个化粪池的迹线通过了 10 号井，因此，这条街被视为潜在的污染源。关闭西部地区的 5 口井后，捕获区东移，流经 Galac 大街的化粪池和 Hajduk Stanka 大街某些化粪池的地下水未流经运转中的井［见图 3.34 (b)］。

表 3.8　　模型中抽水井的取水率　　单位：$10^3 m^3/d$

井编号	1985 年 11 月	受污染的井关闭前（1994 年数据）	受污染的井关闭后（1994 年数据）
10	1.4	1.4	
8	1.4	1.4	
6	1.4	1.4	
4	1.4	1.4	
2	1.4	1.4	
1	1.4	1.4	1.4
3	1.4	1.4	1.4
5	1.4	1.4	1.4
7	4.3	4.3	4.3
9	4.3	4.3	4.3
11	4.3	4.3	4.3
11′		4.3	4.3
12			6.9
总计	24.1	28.4	28.5

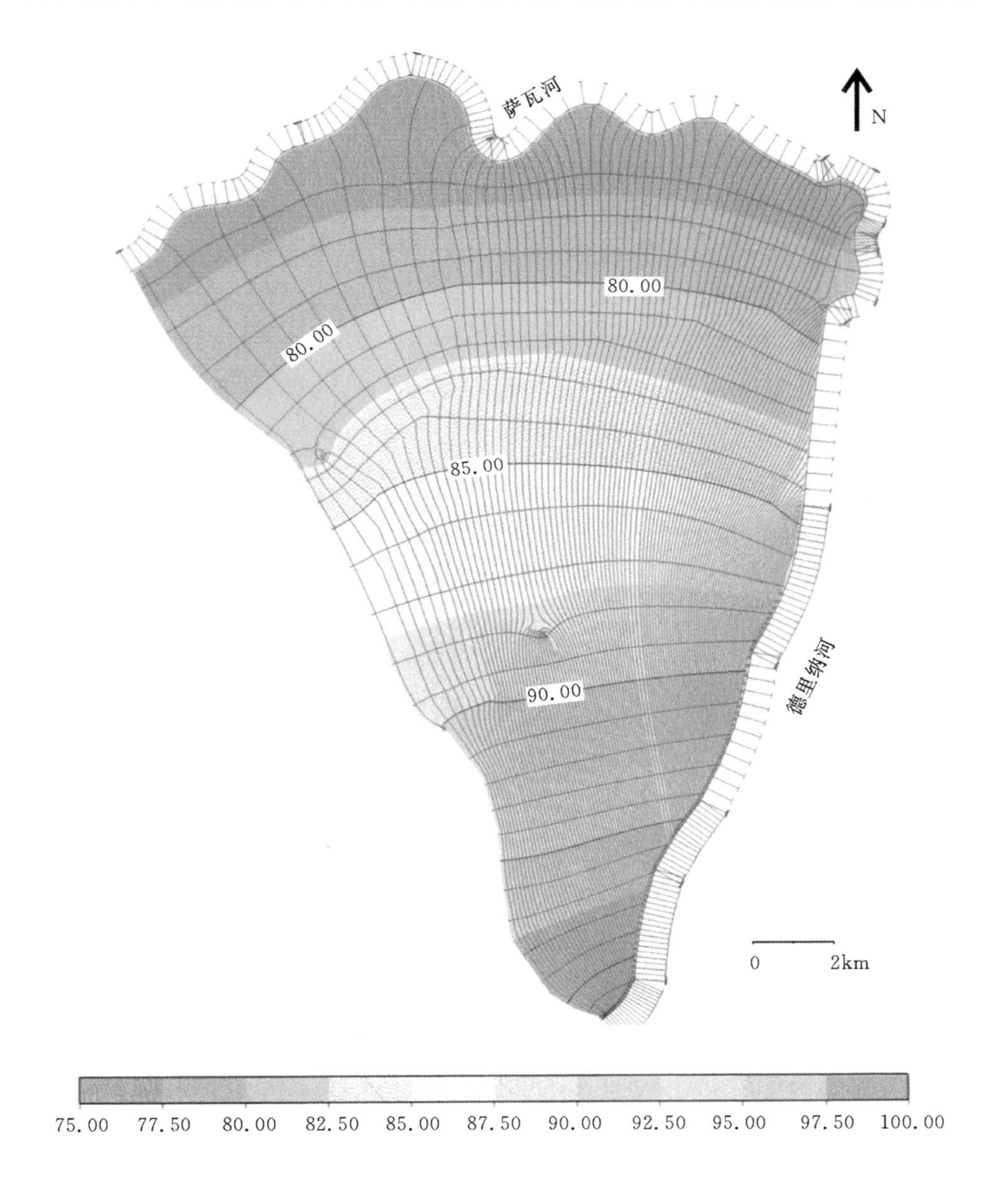

图 3.33　模拟 1994 年地下水水位（海拔，m）和塞姆博瑞亚的地下水流动路径（见彩图 46）

来源：根据 Pokrajac（1999）编制。

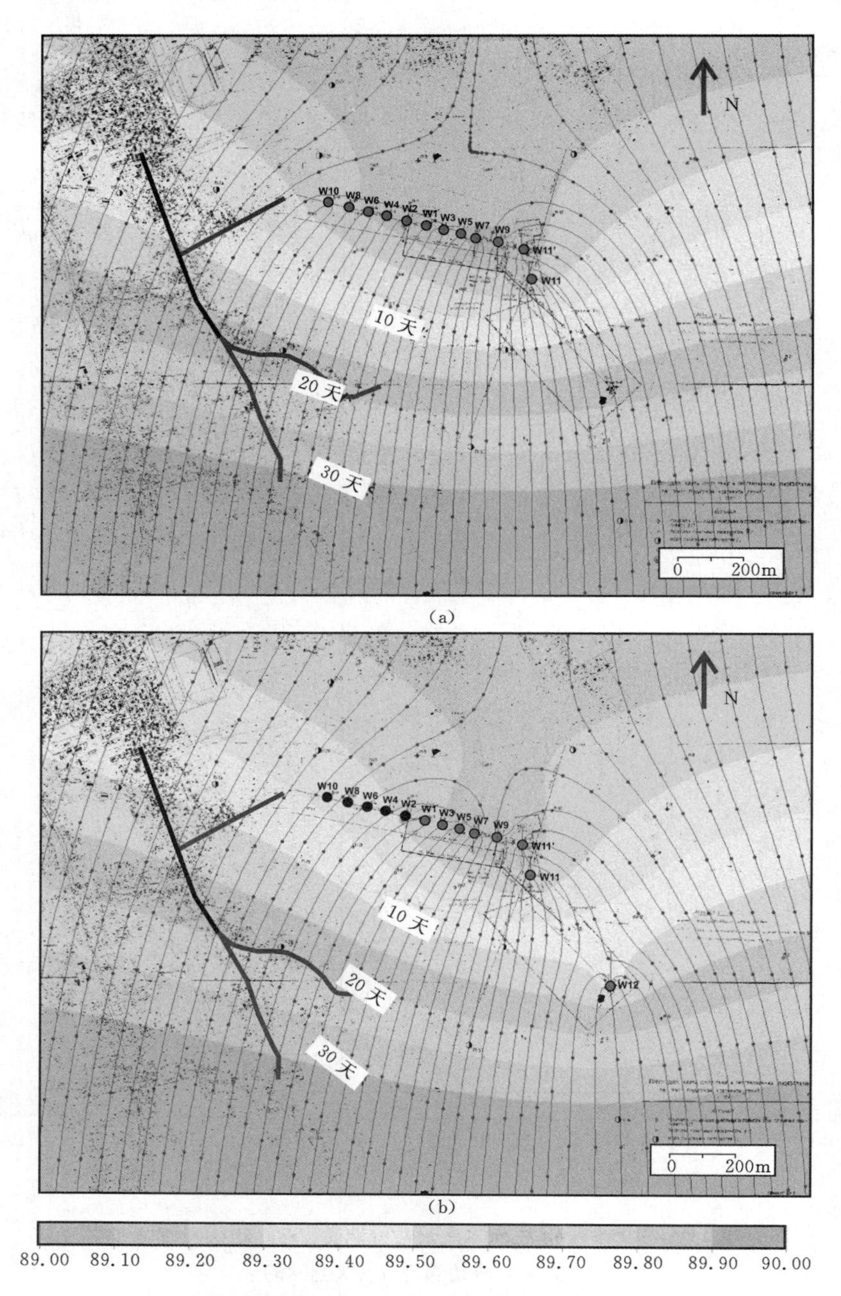

图 3.34　西部地区 5 口井关闭之前和之后的捕获区和运移时间。阴影表示水位高程（见彩图 47）

来源：根据 Pokrajac（1999）编制。

我们必须承认，仿真的结果具有一系列的高度不确定性。首先，地下水模型率定使用的是数量有限的数据。如果有更多的数据可用，该模型需要重新率定，以降低模型参数的不确定性。其次，模型结果只显示水主管部门提供的“平均”取水率的平均流态。1993年夏天的实际情况可能更加恶劣，因为当时取水强度的增大引起了井捕获区的暂时扩大。最后，除了图3.34所示的对流运输模拟以外，由于侧向扩散，一些污染水可能会垂直于迹线流动。

为了使用区域（垂直平均）数值模型来计算最小运移时间，考虑到示踪实验的结果，人为地降低了有效孔隙度，降低的系数为5。相应的运移时间如图3.34所示。关闭西部地区抽水井之前，沿着Hajduk Stanka大街南侧的一些渗透井到抽水井的运移时间是10d甚至更短。Galac大街洼地化粪池中水的运移时间约为20d。

井的关闭会影响Hajduk Stanka大街地下的流型，但是对其他两条大街地下流动的影响很小。因此，关闭井只能作为一种短期的补救策略，而长期来看则需要一个更可靠的计划。应在这3条街道紧急建设污水处理管网，现有的网络中新增了观测井网络，以监测水质，从而提高地下水模型的可靠性。研究人员将使用重新率定后的模型评估排水主管道建成后重新使用西部地区抽水井的可行性。这些井的运行将基于水质监测的开展，接近街道的井可能会作为拦截井，发挥主动保护和控制地下水水质的作用。测量抽水率和抽水量并利用这些数据进行模型的重新率定，除了可以改善对水位和水质的监控，还将很大程度上帮助解决模型解不唯一所产生的问题。

3.3.6 总结讨论

研究人员利用地下水流动模型数值模拟结果和现场示踪实验来确定供给比耶利纳市饮用水的地下水中细菌污染的来源。模型模拟表明，化粪池的渗透基本不影响地下水动态，但其对地下水水质的影响是显著的、不可接受的。从街道化粪池到抽水井的水流动时间在3周到几天范围内。在这段不长的时间里，进入地下水的细菌能够生存下来，并出现在井水中。水源地附近由于缺乏足够的排水系统而出现污染，这一问题的出现是因为水管理体系中对地下水、供水和废水的管理是分离的，即使这三项工作是由同一家公司承担的。这项研究表明，水源地附近容纳生活污水的化粪池需要被公共污水处理系统替代。

问题的出现是由于当地未能认识到市政水系统之间存在密切的相互关系所致。必须对供水、排水、城市固体废弃物和城市地下水进行整体管理。缺乏适当排水系统的供水可能会导致地下水污染。尽管不可能完全杜绝污染的出现，释放到含水层中的污染物必须低于临界水平。为了实现这一目标，决策过程中应对所有市政水系统进行协调。

保护地下水资源的第一步是对含水层保护区进行真实的描述。数值模拟地下水流动是进行决策的一个有力工具。然而，为了避免出现严重的误差，数值模型必须得到恰当的现场实验的支持。对于污染物迁移的模拟而言更是如此，而不是只考虑地下水通量的模拟。无法模拟高透水层中快速流动的流体的模型，虽然可能对地下水水位和通量作出可靠的预测，但可能会对孔隙流体速度和迁移时间作出错误的预测。

即使装备有最先进的监控系统，研究人员获得的实测数据是空间离散的，模型中用到的数据需要进行空间插值。因此，所有模型的结果都存在内在的不确定性。如果模型是分阶段开发出来的，利用每个阶段的结果来改进监测系统，收集更多的数据，重新率定模型，完善之前作出的推断，模型的不确定性就会逐渐降低。采用这样办法构建的模型，可以帮助我们增强对复杂城市环境变化过程的理解，为我们的决策提供有力支持。

第4章　结　　论

Dubravka Pokrajac[1],
Ken W. F. Howard[2]

4.1　城市可持续发展的挑战

在人口过于密集的环境中，确保健康和可持续的居住条件已经成为全球面临的一项主要挑战。给居民提供安全且可持续的饮用水是这个任务的核心。历史上，在城市水循环中，地下水所扮演的重要角色被严重地忽视。在一定程度上，这是一种“眼不见，心不念”的心态，这种心态加剧了人们对地下水运动的忽视。然而，地下水和地表水系统在空间上是分离的，并且由于水流速度的不同，使得二者在不同的时间尺度上运行，这也导致了人们对地下水运动这种忽视的出现。原因不谈，不幸的是，城市水管理的工具很少。如果有的话，这些工具在分析阶段，以及在随后同样重要的决策过程中并未体现出对城市地下含水层和地下水的作用的充分了解。这些态度必须要改变，时间是至关重要的。对整个城市水系统进行全面管理开始成为国际社会的共识。反言之，如果要实现城市可持续发展的目标，实用的、健全发达的城市水系统建模工具是必不可少的。

在过去的25年里，我们对城市地下水问题的认识以及我们模拟城市地下水的能力都有了显著的进步。然而，这些领域的发展进步是彼此孤立的。只是在最近几年，这两方面的发展才出现融合，研究人

[1] 英国阿伯丁大学工程学院。
[2] 加拿大多伦多大学物理和环境科学系。

员开始认真考虑设计能够将城市区域的普遍特征包含在内的模型，这些特征包括：多点、线和分布污染源，以及通过污水管和供水网络进入含水层的渗漏。就这一点而言，AISUWRS（评估和改善城市水资源和水系统的可持续性）是目前最全面、最精确的城市水模拟系统的一个代表，其科学严谨性、对细节的注重和周密的现场试验可以使用户获益。可惜，这个模型对于数据的需求之大已经妨碍了其在世界上许多大城市的应用。问题在于它采用的“耦合方法”，该模型严重依赖自身与其他独立开发的地下水流模型（比如：Modflow 或 Felow®）建立高效联系的能力，以完成多模块模拟，实现最终目标。

4.2 城市水系统管理工具 UGROW

作为专门用于城市水系统的一个全面综合的模型，UGROW 具有完整且可以无缝连接的建模软件包，是城市水资源决策管理者目前可获得的工具套件里，能够完善 AISUWRS 软件的模型。UGROW 还具有其他一些优点。和 AISUWRS 一样，UGROW 在城市地下水综合管理的框架内支持决策制定，其特点是直接处理城市地下水文地质特征的一些重要方面。UGROW 不具备 AISUWRS 的成熟性，并且目前的雏形还有一些限制。然而，UGROW 包含专门的含水层模拟模块（GROW），和其他城市水系统模型组件的配合完美流畅，这使得 UGROW 格外具有吸引力。

设计 UGROW 软件系统的最初目的就是提高人们对城市地下水和其他城市水系统之间相互作用的本质的认识，改善模拟模型表现这些相互作用的能力。因此，UGROW 关注的一个重点是开发不仅能量化模拟地下水水系统的相互作用，而且能以可视化的方式展现并显示这些相互作用的工作。为实现这一目的，我们需要储存大量地用来描述地下水系统的数据，并对其进行有效处理。为完成这个目标，UGROW 已经开发了强大的 GIS 功能并且能够全面整合合适的动态模拟模型。

UGROW 的主要组件包括数据库、一套模拟模型和图形用户界面：

- 数据库包含有关地质层几何结构、水文地质单元特性和城市水系统不同要素水力特征的所有数据。其主要组件是：TERRAIN、GEOLOGY 和 WATER。TERRAIN 专门用于控制和呈现地下水，GEOLOGY 用于处理地质层，而 WATER 用来处理溪流、排水系统、供水系统等运转中的水系统。用于地下水模拟时，WATER 还可用来定义模型的边界条件和水文地质单元（主要的含水层，如果存在的话，还有弱透水层），用 MESHGEN 算法生成有限单元网格，并用 UFIND 算法将城市水网络与地下水模型连接起来。
- 模拟模型包括用来计算和分配地表径流的 RUNOFF 模型、用来表示包气带的渗透并决定含水层补给的 UNSAT 模型以及用于地下水流动的 GROW 模型。地下水流动模块是系统的核心，和 UGROW 的其他组件完全集成。模型采用有限元方法，可以对城市含水层中的水流和污染物进行瞬态模拟，包括对与其他城市水系统之间发生的动态交互进行模拟。
- UGROW 的用户交互界面，称为 3DNet，是水信息综合工具，能直接访问数据库的 TERRAIN、GEOLOGY 和 WATER 组件。主要用于：
  - 操作数据；
  - 逐步建立指定地点的模型；
  - 启动模拟过程；
  - 结果可视化。

模型开发和随后的模拟结果中的所有信息都可以通过 3DNet 窗口以三维或二维的图形来展示。

4.3 UGROW 的验证和测试

早期版本的 UGROW 用了三个地下水案例来做测试：

- 德国拉施塔特市，该地的主要问题是地下水渗透进入排水管道，增加了水处理厂的负荷。
- 塞尔维亚的 Pančevački Rit，由于大量相关水系统的存在，人们对该地区的地下水平衡了解很少。
- 波斯尼亚和黑塞哥维那的比耶利纳市，该地的地下水受到来自化粪池的地下排放的严重污染。

UGROW 在每一个案例中的应用都很成功，每项研究的反馈都被用来完善模型组件。在拉施塔特市开展的研究中，UGROW 和 AISUWRS 模型的比较证明了模拟结果的合理性和一致性。此外，用商用的 Felow®模拟软件进行的验证也是成功的。如果得到适当的技术支持，没有参与代码开发的用户也能很成功地操作 UGROW 软件。所有的研究都表明，进行模型的参数化和理解时必须要谨慎，在模拟任务开始之前，应该进行适当的灵敏度分析。目前，UGROW 的局限在于其只能模拟一个含水层系统，这对于地下有复合含水层的城市来说是个问题。一般情况下，我们可以通过关注和保护最上层的含水层，使更深的含水层得到一定的保护。

4.4 UGROW 的未来

UGROW 是一个强大的城市水管理工具，可用于提高人们对城市各水系统之间相互作用的认识，支持决策制定，并可解决广泛的城市水问题。其科学基础完善，计算高效，具有出色的图形支持。对该模型早期版本的实地测试证明其具有相当的潜力。未来，该模型将被加以改进，在保证科学严谨性和易用性的同时降低其对水文地质条件的限制以扩大应用范围。气候变化对沿海城市地下水的可持续性造成的威胁是一项特殊的挑战。但是，在用户的持续支持下，最好的 UGROW 将会出现。

参考文献

Alekperov, A.B., Agamirzayev, R.Ch. and Alekperov, R.A. 2006. Geoenvironmental problems in Azerbaijan. J.H. Tellam, M.O. Rivett and R.G. Israfilov (eds) *Urban Groundwater Management and Sustainability*. Dordrecht, Holland, Springer, pp. 39–58. (NATO Science Series, 74).

Anders, R. and Chrysikopoulos, C.V. 2005. Virus fate and transport during artificial recharge with recycled water. *Water Resources Research* 41(10).

Anon. 2002. *London's Warming: the impacts of climate change on London*. London, Greater London Authority.

Anon. 2004. *Nanoscience and nanotechnologies: opportunities and uncertainties*. Report. London, The Royal Society & The Royal Academy of Engineering.

Atkinson, T.C. 2003. Discussion of 'Estimating water pollution risks arising from road and railway accidents' by R.F. Lacey and J.A. Cole. *Quarterly J. Engineering Geology and Hydrogeology*, 36, pp. 367–68.

Atkinson, T.C. and Smith, D.I. 1974. Rapid groundwater flow in fissures in the chalk: an example from South Hampshire. *Quarterly J. Engineering Geology*, Vol. 7, pp. 197–205.

Attanayake, P.M. and Waterman, M.K. 2006. Identifying environmental impacts of underground construction. *Hydrogeology J.*, Vol. 14, pp. 1160–70.

Avdagic, I. 1992. *Podzemne vode jugoistocnog dijela Semberije* (Groundwater in south-east part of Semberia), Sarajevo, Institute of Hydraulic Engineering, Faculty of Civil Engineering (in Serbian).

Barrett, M.H., Hiscock, K.M., Pedley, S.J., Lerner, D.N., Tellam, J.H. and French, M.J. 1999. Marker species for identifying urban groundwater recharge sources: the Nottingham case study. *Water Research*, Vol. 33, pp. 3083–97.

Bear, J. and Bachmat, Y. 1991. *Introduction to Modeling of Transport Phenomena in Porous Media*. Dordrecht/Boston, Kluwer Academic Publishers, p. 553.

Bradford, T. 2004. *The Groundwater Diaries: trials, tributaries and tall stories from beneath the streets of London*. London, Flamingo, Harper Collins.

Brassington, F.C. 1991. Construction causes hidden chaos. *Geoscientist*, Vol. 14, pp. 8–11.

Burn, S., Desilva, D., Ambrose, M., Meddings, S., Diaper, C., Correll, R., Miller R. and Wolf, L. 2006. A decision support system for urban groundwater resource sustainability. *Water Practice & Technology*, Vol. 1.

Burston, M.W., Nazari, M.M., Bishop, P.K. and Lerner, D.N. 1993. Pollution of groundwater in the Coventry region (UK) by chlorinated hydrocarbon solvents. *J. Hydrology*, Vol. 149, pp. 137–61.

Butler, D. and Davies, J.W. 2000. *Urban Drainage*. London, E & FN Spon.

Carlyle, H.F., Tellam, J.H. and Parker, K.E. 2004. The use of laboratory-determined ion exchange parameters in the prediction of field-scale major cation migration over a 40-year period. *Journal of Contaminant Hydrology*, Vol. 68, pp. 55–81.

Carsel, R.F. and Parrish, R.S. 1988. Developing joint probability distributions of soil water retention characteristics. *Water Resources Research*, 24(5), pp. 755–69.

Cedergren, H.R. 1989. *Seepage, Drainage, and Flow Nets*, 3rd edn. New York, John Wiley.

Chilton, P.J. (ed.) 1999. *Groundwater in the Urban Environment: selected city profiles*. Rotterdam, Holland, Balkema.

Chilton, P.J. et al. (eds) 1997. *Groundwater in the Urban Environment: Vol. 1: Problems, Processes and Management*. Proc. of the XXVII IAH Congress on Groundwater in the Urban Environment, Nottingham, UK, 21–27 September 1997. Rotterdam, Holland, Balkema.

Chocat, B. 1997. Amenagement urbain et hydrologie. *La Houille Blanche*, Vol. 7, pp. 12–19.

Cook, S., Vanderzalm, J., Burn, S., Dillon, P. and Page, D. 2006. A karstic aquifer system. *Urban Water Resources Toolbox Integrating Groundwater into Urban Water management*. Mount Gambier, Australia, IWA Publications.

Cronin, A.A., Rueedi, J., Joyce, E. and Pedley, S. 2006. Monitoring and managing the extent of microbiological pollution in urban groundwater systems in developed and developing countries. J.H. Tellam, M.O. Rivett and R.G. Israfilov (eds) *Urban Groundwater Management and Sustainability*. Dordrecht, Holland, Springer, pp. 299–314. (NATO Science Series, 74.)

Datry, T., Malard, F. and Gibert, J. 2006. Effects of artificial stormwater infiltration on urban groundwater ecosystems. J.H. Tellam, M.O. Rivett and R.G. Israfilov (eds) *Urban Groundwater Management and Sustainability*. Dordrecht, Holland, Springer, pp. 331–45. (NATO Science Series, 74).

DeSilva, D., Burn, S., Tjandraatmadja G., Moglia, M., Davis, P., Wolf, L., Held, I., Vollersten, J., Williams, W. and Hafskjold, L. 2005. Sustainable management of leakage from wastewater pipelines. *Water Science and Technology*, 52(12), pp. 189–98.

Diaper, C. and Mitchell, G. 2006. Urban Volume and Quality (UVQ). L. Wolf, B. Morris and S. Burn (eds) *Urban Water Resources Toolbox: Integrating Groundwater into Urban Water Management*. London, IWA, pp. 16–33.

Diersch, H.-J-G. 2005. WASY Software FEFLOW, Finite Element Subsurface Flow and Transport Simulation Software, Reference Manual. Berlin, WASY, Institute for Water Resources Planning and Systems Research.

Dillon, P.J. and Pavelic, P. 1996. *Guidelines on the Quality of Stormwater and Treated Wastewater for Injection into Aquifers for Storage and Reuse*. Melbourne, Urban Water Research Association of Australia. (Research Report No. 109).

Eiswirth, M. 2002. Hydrogeological factors for sustainable urban water systems. K.W.F. Howard and R. Israfilov (eds) *Current Problems of Hydrogeology in Urban Areas, Urban Agglomerates and Industrial Centres*. Dordrecht/Boston: Kluwer Academic Publishers, pp. 159–84. (NATO Science Series IV, Earth and Environmental Sciences, 8).

Eiswirth, M., Ohlenbusch, R. and Schnell, K. 1999. Impact of chemical grout injection on urban groundwater. B. Ellis (ed.) *Impacts of Urban Growth on Surface and Groundwater Quality* pp. 187–94. (IAHS Pub. No. 259).

Eiswirth, M., Wolf, L. and Hötzl, H. 2004. Balancing the contaminant input into urban water resources. *Environmental Geology*, 46(2), pp. 246–56.

Ellis, P.A. and Rivett, M.O. 2006. Assessing the impact of VOC-contaminated groundwater on surface water at the city scale. *J. Contaminant Hydrology*, Vol. 91, pp. 107–27.

Ford, M. and Tellam, J.H. 1994. Source, type of extent of inorganic contamination within the Birmingham urban aquifer system, UK. *J. Hydrology*, Vol. 156, pp. 101–35.

Ford, M., Tellam, J.H. and Hughes, M. 1992. Pollution-related acidification in the urban aquifer, Birmingham, UK. *J. Hydrology*, Vol. 140, pp. 297–312.

Foster, S., Morris, B., Lawrence, A. and Chilton, J. 1999. Groundwater impacts and issues in developing cities – an introductory review. P.J. Chilton (ed.) *Groundwater in the Urban Environment*. Rotterdam, Holland, Balkema, pp. 3–16.

Fram, M.S. 2003. *Processes Affecting the Trihalomethane Concentrations Associated with the Third Injection, Storage and Recovery Test at Lancaster, Antelope Valley, California, March 1998 through April 1999*. US Geological Survey Water Resources Investigations Report 03-4062.

Garcia-Fresca B. 2007. Urban-enhanced groundwater recharge: review and case. Study of Austin, Texas, USA. K.W.F. Howard (ed.) *Urban Groundwater – Meeting the Challenge*. London, Taylor & Francis, pp. 3–18. (IAH-SP Series, Vol. 8).

Gerber, R.E. 1999. Hydrogeologic behaviour of the Northern Till aquitard near Toronto, Ontario. Ph.D. thesis, Toronto, Ontario, University of Toronto.

Gerber, R.E. and Howard, K.W.F. 1996. Evidence for recent groundwater flow through Lake Wisconsinan till near Toronto, Ontario. *Canadian Geotechnical Journal*, Vol. 33, pp. 538–55.

Gerber, R.E. and Howard, K.W.F. 2000. Recharge through a regional till aquitard: three dimensional flow model water balance approach. *Groundwater*, Vol. 38, pp. 410–22.

Gerber, R.E. and Howard, K.W.F. 2002. Hydrogeology of the Oak Ridges Moraine aquifer system: implications for protection and management from the Duffins Creek watershed. *Canadian Journal of Earth Sciences* (CJES), Vol. 39, pp. 1333–48.

Glass, R.J., Steenhuis, T.S. and Parlange, J.-Y. 1988. Wetting front instability as a rapid and far-reaching hydrologic process in the vadose zone. *J. Contaminant Hydrology*, Vol. 3, pp. 207–26.

Global Water Partnership. 2000. *Integrated Water Resources Management*. TAC Background Papers, No. 4, www.gwpforum.org/gwp/library/Tacno4.pdf

Global Water Partnership. 2002. *ToolBox, Integrated Water Resources Management*. http://gwpforum.netmasters05.netmasters.nl/en/index.html

Grimmond, C.S.B. and Oke, T.R. 1999. Evapotranspiration rates in urban areas. B. Ellis (ed.) *Impacts of Urban Growth on Surface and Groundwater Quality*, IAHS Pub. No. 259, pp. 235–44.

Harris, J.M. 2007. Precipitation and urban runoff water quality in non-industrial areas of Birmingham, UK. Unpublished MPhil Thesis. Birmingham, UK, University of Birmingham, Earth Sciences.

Harrison, R.M. and de Mora, S.J. 1996. *Introductory Chemistry for the Environmental Sciences*. 2nd edn. Cambridge, UK, Cambridge University Press.

Heathcote, J.A., Lewis, R.T. and Sutton, J.S. 2003. Groundwater modelling for the Cardiff Bay Barrage, UK – prediction, implementation of engineering works and validation of modelling. *Quarterly J. Engineering Geology and Hydrogeology*, Vol. 36, pp. 159–172.

Held, I., Wolf, L., Eiswirth, M. and Hötzl, H. 2006. Impacts of sewer leakage on urban groundwater. J.H. Tellam, M.O. Rivett and R.G. Israfilov (eds) *Urban Groundwater Management and Sustainability*. Dordrecht, Holland, Springer, pp. 189–204. (NATO Science Series, 74).

Hiscock, K.M. and Grischek, T. 2002. Attenuation of groundwater pollution by bank filtration. *Journal of Hydrology*, Vol. 266, pp. 139–44.

Hosseinipour, E.Z. 2002. Managing groundwater supplies to meet municipal demands: the role of simulation-optimization-demand models and data issues. J.H. Tellam, M.O. Rivett and R.G. Israfilov (eds) *Urban Groundwater Management and Sustainability*. Dordrecht, Holland, Springer, pp. 137–56. (NATO Science Series, 74).

Howard, K.W.F. 1988. Beneficial aspects of sea-water intrusion. *Ground Water*, Vol. 17, pp. 250–57.

Howard, K.W.F. (ed.) 2007. *Urban Groundwater – Meeting the Challenge*. London, Taylor & Francis. (IAH-SP Series, Vol. 8).

Howard, K.W.F. and Beck, P.J. 1993. Hydrogeochemical implications of groundwater contamination by road de-icing chemicals. *Journal of Contaminant Hydrology* 12(3), pp. 245–68.

Howard K.W.F. and Gelo, K. 2002. Intensive groundwater use in urban areas: the case of megacities. R. Llamas and E. Custodio (eds) *Intensive use of Groundwater: Challenges and Opportunities*. Rotterdam, Holland, Balkema, pp. 35–58.

Howard, K.W.F. and Haynes, J. 1993. Urban Geology 3: Groundwater contamination due to road de-icing chemicals – salt balance implications. *Geoscience Canada*, 20(1), pp. 1–8.

Howard, K.W.F. and Israfilov, R.G. 2002. *Current Problems of Hydrogeology in Urban Areas, Urban Agglomerates and Industrial Centres*. Dordrecht/Boston: Kluwer Academic Publishers. (NATO Science Series IV, Earth and Environmental Sciences Vol. 8).

Howard K.W.F. and Maier H. 2007. Road de-icing salt as a potential constraint on urban growth in the Greater Toronto Area, Canada. *Journal of Contaminant Hydrology*, Vol. 91, pp. 146–70.

Jaiprasart, P. 2005. Analysis of interaction of urban water systems with groundwater aquifer: a case study of the Rastatt City in Germany. Masters Thesis, Imperial College, London.

Johanson, R.C., Imhoff, J.C., Kittle Jr., J.L. and Donigian, A.S. 1984. *Hydrological Simulation Program – FORTRAN (HSPF): Users Manual for Release 8.0*. Athens, GA, Environmental Research Laboratory, US EPA.

Jones, H.K., MacDonald, D.M.J. and Gale, I.N. 1998. *The Potential for Aquifer Storage and Recovery in England and Wales*. British Geological Survey Report WD/98/26.

Jones, I., Lerner, D.N. and Thornton, S.F. 2002. A modelling feasibility study of hydraulic manipulation: a groundwater restoration concept for reluctant contaminant plumes. S.F. Thornton and S.E. Oswald (eds) *Groundwater Quality: natural and enhanced restoration of groundwater pollution*. pp. 525–31. (IAHS Publication No. 275).

Joyce, E., Rueedi, J., Cronin, A., Pedley, S., Tellam, J.H. and Greswell, R.B. 2007. *Fate and Transport* of *Phage and Viruses in UK Permo-Triassic Sandstone Aquifers*. Environment Agency of England and Wales Science Report SC030217/SR.

Khazai, E. and Riggi, M.G. 1999. Impact of urbanization on the Khash aquifer, an arid region of southeast Iran. B. Ellis (ed.) *Impacts of Urban Growth on Surface and Groundwater Quality*, pp. 211–17. (IAHS Publication No. 259).

Klinger, J. and Wolf, L. 2004. *Using the UVQ Model for the Sustainability Assessment of the Urban Water System*. EJSW workshop on process data and integrated urban water modelling. Proceedings availabile online at: http://www.citynet.unife.it/

Klinger, J., Wolf, L. and Hötzl, H. 2005. New modelling tools for sewage leakage assessment and the validation at a real world test site. *Proceedings of EWRA2005 – Sharing a Common Vision for our Water Resources*. 6th International Conference, 7–10 Sept. Menton, France.

Klinger, J., Wolf, L., Schrage, C., Schaefer, M. and Hötzl, H. A porous aquifer: Rastatt. L. Wolf, B. Morris and S. Burn (eds) *Urban Water Resources Toolbox: Integrating Groundwater into Urban Water Management*. London, IWA, pp 100–43.

Knipe, C., Lloyd, J.W., Lerner, D.N. and Greswell, R.B. 1993. *Rising Groundwater Levels in Birmingham and their Engineering Significance*. Special Publication 92. London, Construction Industry Research and Information Association (CIRIA).

Krothe, J.N. 2002. Effects of urbanization on hydrogeological systems: the physical effects of utility trenches. MS thesis, The University of Texas, Austin.

Krothe, J.N., Garcia-Fresca, B. and Sharp Jr., J.M. 2002. Effects of urbanization on groundwater systems. Abstracts for the International Association of Hydrogeologists XXXII Congress, Mar del Plata, Argentina, p. 45.

Kung, K.-J.S. 1990. Preferential flow in sandy vadose zone: 2. mechanisms and implications. *Geoderma*, Vol. 46, pp. 59–71.

Lacey, R.F. and Cole, J.A. 2003. Estimating water pollution risks arising from road and railway

accidents. *Quarterly Journal of Engineering Geology and Hydrogeology*, Vol. 36, pp. 185–92.
Lerner, D.N. 1986. Leaking pipes recharge groundwater. Ground Water, 24(5), 654–662.
Lerner, D.N. 1997. Too much or too little: recharge in urban areas. P.J. Chilton et al. (eds) *Groundwater in the Urban Environment: Problems, Processes and Management*. Rotterdam, Holland, A.A. Balkema, pp. 41-47.
Lerner, D.N. 2002. Identifying and quantifying urban recharge: a review. *Hydrogeology J.*, Vol. 10, pp. 143–52.
Lerner, D.N. (ed.) 2003. *Urban Groundwater Pollution*. London, Taylor and Francis. (International Association of Hydrogeologists International Contributions to Hydrogeology ICH24).
Lerner, D.N. and Tellam, J.H. 1992. The protection of urban groundwater from pollution. *J. Institution of Water and Environmental Management*, Vol. 6, pp. 28–37.
Lerner, D.N., Yang, Y., Barrett, M.H. and Tellam, J.H. 1999. Loadings of non-agricultural nitrogen in urban groundwater. B. Ellis (ed.) *Impacts of Urban Growth on Surface and Groundwater Quality*. pp. 117–24. (IAHS Publication No. 259).
Maidment, D.R. 1993. *Handbook of Hydrology*. New York, McGraw-Hill.
Martin, P., Turner, B., Dell, J., Payne, J., Elliot, C. and Reed, B. 2001. *Sustainable Drainage Systems – Best Practice Manual for England, Scotland, Wales and Northern Ireland*. London, CIRIA, p 113. (CIRIA Report C523).
McDonald, M.G. and Harbaugh, A.L. 1988. *A Modular Three-Dimensional Finite-Difference Ground-water Flow Model: U.S. Geological Survey Techniques of Water-Resources Investigations*, book 6, chap. A1.
McDonald, M.G. and Harbaugh, A.W. 2003. The history of MODFLOW. *Ground Water*, 41(2), pp. 280–83.
Misstear, B., White, M., Bishop, P. and Anderson, G. 1996. Reliability of sewers in environmentally vulnerable areas. *Construction Industry Research and Information Association (CIRIA) Project Report 44*. London, CIRIA.
Mitchell, V.G. and Diaper, C. 2005. UVQ: A tool for assessing the water and contaminant balance impacts of urban development scenarios. *Water Science and Technology*, 52(12), pp. 91–98.
Morris, B.L., Lawrence, A.R. and Foster, S.D. 1997. Sustainable groundwater management for fast growing cities: mission achievable or mission impossible? J. Chilton et al. (eds) *Proceedings of the 27th IAH Congress on groundwater in the urban environment: problems, processes and management*. Rotterdam, Balkema, pp. 55–66.
Morris, B., Rueedi, J. and Mansour, M. 2006. A sandstone aquifer: Doncaster, UK. L. Wolf, B. Morris and S. Burn (eds) *Urban Water Resources Toolbox: Integrating Groundwater into Urban Water Management*. London, IWA.
Pedley, S. and Howard, G. 1997. The public health implications of microbiological contamination of groundwater. *Quarterly Journal of Engineering Geology and Hydrogeology*, 30(2), pp. 179–88.
Petts, G., Heathcote, J. and Martin, D. 2002. *Urban Rivers: Our Inheritance and Future*. London, IWA.
Pitt, R., Clark, S. and Field, R. 1999. Groundwater contamination potential from stormwater infiltration practices. *Urban Water*, 1(3), pp. 217–36.
Pokrajac, D. 1999. Interrelation of wastewater and groundwater management in the city of Biljeljina in Bosnia, *Urban Water*, Vol. 1, pp. 243–55.
Powell, K.L., Barrett, M.H., Pedley, S., Tellam, J.H., Stagg, K.A., Greswell, R.B. and Rivett, M.O. 2000. Enteric virus detection in groundwater using a glasswool trap. O. Sililo (ed.) *Groundwater: Past Achievements and Future Challenges*. Rotterdam, Balkema, pp. 813–16.
Powell, K.L., Taylor, R.G., Cronin, A.A., Barrett, M.H., Pedley, S., Sellwood, J., Trowsdale, S.A.

and Lerner, D.N. 2003. Microbial contamination of two urban sandstone aquifers in the UK. *Water Research*, Vol. 37, pp. 339–52.

Preene, M. and Brassington, R. 2003. Potential groundwater impacts from civil-engineering works. *Water and Environment Journal*, 17(1), pp. 59-64.

Pyne, R.D.G. 2005. *Aquifer Storage Recovery: A Guide to Groundwater Recharge Through Wells*, Gainesville, FL, ASR Press.

Rivett, M.O., Lerner, D.N., Lloyd, J.W. and Clark, L. 1990. Organic contamination of the Birmingham aquifer. *Journal of Hydrology*, Vol. 113, pp. 307–23.

Rivett, M.O., Shepherd, K.A., Keeys, L. and Brennan, A.E. 2005. Chlorinated solvents in the Birmingham aquifer, UK: 1986–2001. *Quarterly Journal of Engineering Geology and Hydrogeology*, 38(4), pp. 337–50.

Robins, N.S., Kinniburgh, D.G. and Bird, M.J. 1997. Generation of acid groundwater beneath City Road, London. A.B. Hawkins (ed.) *Ground Chemistry Implications for Construction*. Bristol, UK, Proc. Int. Conf. on the Implications of Ground Chemistry and Microbiology for Construction, 1992, pp. 225–32.

Rosenbaum, M.S., McMillan, A.A., Powell, J.H., Cooper, A.H., Culshaw, M.G. and Northmore, K.J. 2003. Classification of artificial (man-made) ground. *Engineering Geology*, Vol. 69, pp. 399–409.

Rueedi, J., Cronin, A.A., Moon, B., Wolf, L. and Hötzl, H. 2005. Effect of different water supply strategies on water and contaminant fluxes in Doncaster, United Kingdom. *Water Science and Technology*, 52(9), pp. 115–23.

Rushton, K.R. and Redshaw, S.C. 1979. *Seepage and Groundwater Flow*. Chichester, UK, Wiley.

Rushton, K.R., Kawecki, M.W. and Brassington, F.C. 1988. Groundwater model of conditions in the Liverpool sandstone aquifer. *J. Institution of Water and Environmental Management*, Vol. 2, pp. 65–84.

Scheytt, T., Grams, S. and Fell, H. 1998. Occurrence and behaviour of drugs in groundwater. J.V. Brahana, Y. Eckstein, L.K. Ongley, R. Schneider and J.E. Moore (eds) *Gambling with Groundwater – physical, chemical, and biological aspects of aquifer-stream relations*. St Paul, Minnesota, US, American Institute of Hydrology, pp. 13–18.

Seymour, K.J., Ingram, J.A. and Gebbett, S.J. 2006. Structural controls on groundwater flow in the Permo-Triassic sandstones of NW England. R.D. Barker and J.H. Tellam (eds) *Fluid Flow and Solute Movement in Sandstones: the Offshore UK Permo-Triassic Red Bed Sequence*. London, Geological Society, pp. 169–86. (Special Publications, 263).

Sharp Jr., J.M., Hansen, C.N. and Krothe, J.N. 2001. Effects of urbanization on hydrogeological systems: the physical effects of utility trenches. K-P. Seiler and S. Wohnlich (eds) *New Approaches Characterizing Groundwater Flow*, supplement volume. Proceedings of the International Association of Hydrogeologists XXXI Congress, Munich, Germany.

Sharp Jr., J.M., Krothe, J., Mather, J.D., Garcia-Fresca, B. and Stewart, C.A. 2003. Effects of urbanization on groundwater systems. G. Heiken, R. Fakundiny and J. Sutter (eds) *Earth Science in the City*. Washington, DC, American Geophysical Union, pp. 257–78. (Special Publication Series, 56).

Shepherd, K.A., Ellis, P.A. and Rivett, M.O. 2006. Integrated understanding of urban land, groundwater, baseflow and surface-water quality – The City of Birmingham, UK. *The Science of the Total Environment*, Vol. 360, pp. 180–95.

Smith, J.W.N. 2005. *Groundwater – Surface Water Interactions in the Hyporheic Zone*. Bristol, UK, Environment Agency. (Environment Agency Science Report SC030155/1).

Sophocleous, M. 2000. From safe yield to sustainable development of water resources: the

Kansas experience. *Journal of Hydrology*, vol. 235, pp. 27–43.
Sophocleous, M. 2005. Groundwater recharge and sustainability in the high plains aquifer in Kansas, USA. *Hydrogeology Journal*, Vol. 13, pp. 351–65.
Sophocleous, M. 2007. Science and practice of environmental flows and the role of hydrogeologists. *Ground Water*, 45(4), pp. 393–401.
Souvent, P., Vizintin, G. and Cencur-Cuck, B. 2006. A layered aquifer system: Ljublana, Slovenia. L. Wolf, B. Morris and S. Burn (eds) *Urban Water Resources Toolbox: Integrating Groundwater into Urban Water Management*. London, IWA, pp. 191–216.
Taylor, R.G., Cronin, A.A., Lerner, D.N., Tellam, J.H., Bottrell, S.H., Rueedi, J. and Barrett, M.H. 2006. Hydrochemical evidence of the depth of penetration of anthropogenic recharge in sandstone aquifers underlying two mature cities in the UK. *Applied Geochem*istry, Vol. 21, pp. 1570–92.
Taylor, R.G., Cronin, A.A., Trowsdale, S.A., Baines, O.P., Barrett, M.H. and Lerner, D.N. 2003. Vertical groundwater flow in Permo-Triassic sediments underlying two cities in the Trent River Basin (UK). *J. Hydrology*, Vol. 284, pp. 92–113.
Tellam, J. H. and Thomas, A. 2002. Well water quality and pollutant source distributions in an urban aquifer. K.W.F. Howard and R.G. Israfilov (eds) *Current Problems in Hydrogeology in Urban Areas, Urban Agglomerates and Industrial Centres*. Dordrecht, Holland, Springer, pp. 139–58. (NATO Science Series IV. Earth and Environmental Sciences, 8).
Tellam, J.H., Rivett, M.O. and Israfilov, R. (eds) 2006. *Urban Groundwater Management and Sustainability*. Dordrecht, Holland, Springer. (NATO Science Series, 74).
Thomas, A. and Tellam, J.H. 2006a. Modelling of recharge and pollutant fluxes to urban groundwaters. *Science of the Total Environment*, Vol. 360, pp. 158–79.
Thomas, A. and Tellam, J.H. 2006b. Development of a GIS model for assessing groundwater pollution from small scale petrol spills. K.W.F. Howard (ed.) *Urban groundwater – meeting the challenge*. Selected papers from the 23rd International Geological Congress, 2004, Florence, Italy. London, Taylor & Francis, pp. 107–27.
United Nations. 2005. *World Urbanization Prospects*. Department of Economic and Social Affairs. New York, UN.
Van Genuchten, M.T. 1980. A closed-form equation for predicting the hydraulic conductivity of unsaturated soils. *Soil Sci. Soc. Am. J.* Vol. 44, pp. 892–98.
Van Hofwegen, P.J.M. and Jaspers, F.G.W. 1999. *Analytical Framework for Integrated Water Resources Management. Guidelines for Assessment of Institutional Frameworks*. Monograph 2, Delft, Holland, Int. Inst. Hydraulic and Environmental Eng.
Van de Ven, F.H.M. and Rijsberman, M. 1999. Impact of groundwater on urban development in The Netherlands. J.B. Ellis (ed.) *Impact of Urban Growth on Surface water and Ground Water Quality*. Wallingford, UK, IAHS, pp. 13–21. (IAHS publication 259).
Wedjen, B. and Ovstedal, J. 2006. Contamination and degradation of de-icing chemicals in the unsaturated and saturated zones at Oslo Airport, Gardermoen, Norway. J.H. Tellam, M.O. Rivett and R.G. Israfilov (eds) *Urban Groundwater Management and Sustainability*. Dordrecht, Holland, Springer, pp. 205–18. (NATO Science Series, 74).
Wolf, L. 2004. Integrating leaky sewers into numerical groundwater models. EJSW Workshop on Process Data and Integrated Urban Water Modelling. Proceedings availabile online at: http://www.citynet.unife.it/
Wolf, L. 2006. Assessing the influence of leaky sewer systems on groundwater resources beneath the City of Rastatt, Germany. Ph.D. thesis, Department of Applied Geology. Karlsruhe, University of Karlsruhe.
Wolf, L. and Hötzl, H. 2006. Upscaling of laboratory results on sewer leakage and the associ-

ated uncertainty. K.F. Howard (ed.) *Urban Groundwater – Meeting the Challenge*. London, Taylor and Francis, pp. 79–94. (IAH selected paper series).

Wolf, L., Eiswirth, M. and Hötzl, H. 2006a. Assessing sewer-groundwater interaction at the city scale based on individual sewer defects and marker species distributions. *Environmental Geology*, Vol. 49, pp. 849–57.

Wolf, L., Morris, B. and Burn, S. (eds) 2006b. *AISUWRS Urban Water Resources Toolbox – Integrating Groundwater into Urban Water Management*. London, IWA.

Wolf, L., Held, I., Eiswirth, M. and Hötzl, H. 2004. Impact of leaky sewers on groundwater quality. *Acta Hydrochimica Hydrobiologie*, Vol. 32, pp. 361–73.

Wolf, L., Held, I., Klinger, J. and Hötzl, H. 2006c. Integrating groundwater into urban water management. *Water Science and Technology*, 54(6–7), pp. 395–403.

Wolf, L., Morris, B., Dillon, P., Vanderzalm, J., Rueedi, J. and Burn, S. 2006d. AISUWRS Urban Water Resources Toolbox – A Brief Summary. L. Wolf, B. Morris and S. Burn (eds) *AISUWRS Urban Water Resources Toolbox – Integrating Groundwater into Urban Water Management*. London, IWA, pp. 282–97.

Wolf, L., Klinger, J., Held, I., Neukum, C., Schrage, C., Eiswirth, M. and Hötzl, H. 2005. Rastatt City Assessment Report. AISUWRS Deliverable D9, Department of Applied Geology Karlsruhe. www.urbanwater.de

Yang, Y., Lerner, D.N., Barrett, M.H. and Tellam, J.H. 1999. Quantification of groundwater recharge in the city of Nottingham, UK. *Environmental Geology*, Vol. 38, pp. 183–98.

彩图 1 在阿塞拜疆巴库，强降雨和水管道泄漏造成的高地下水位导致的城市滑坡(点 X)

来源：作者。

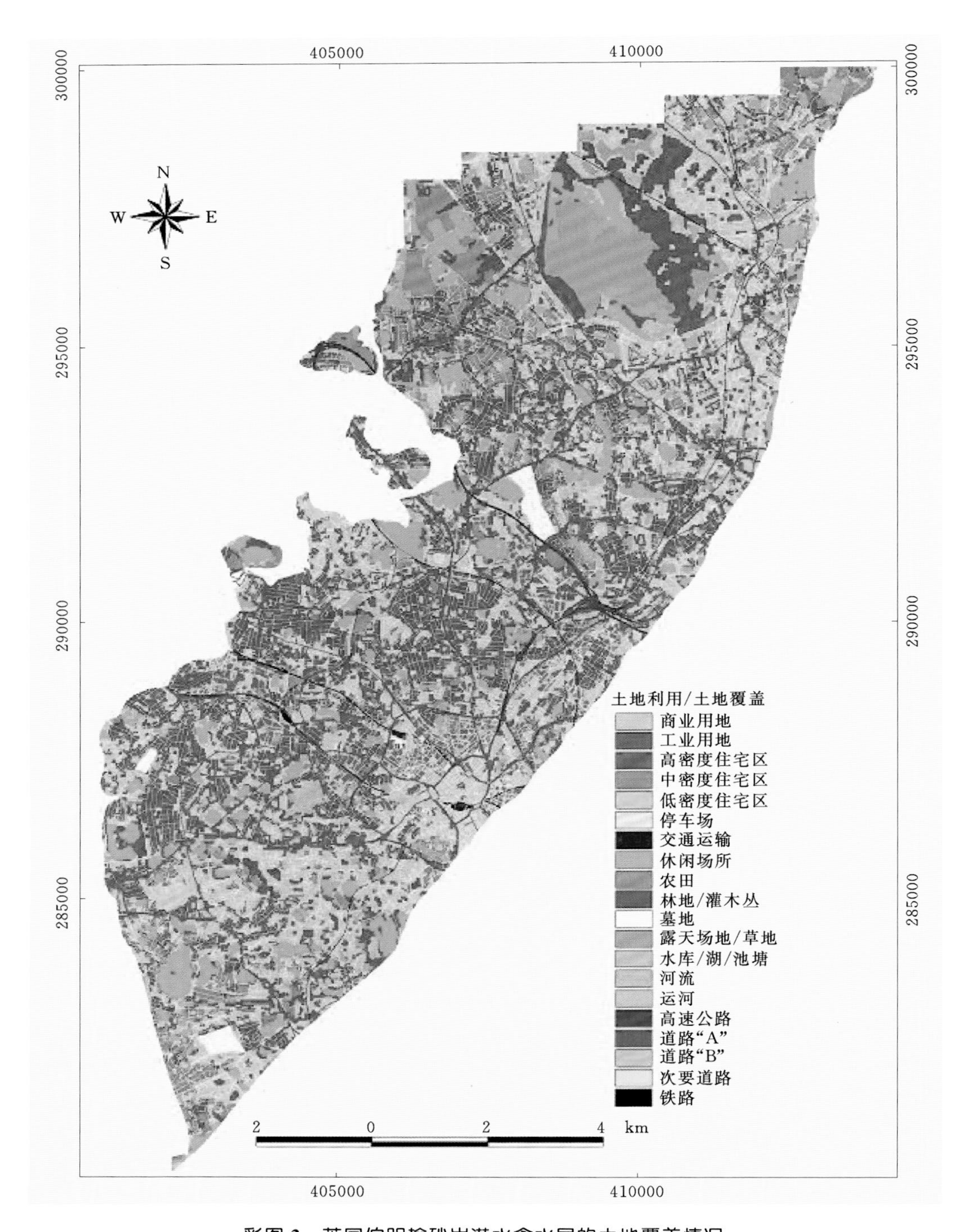

彩图 2　英国伯明翰砂岩潜水含水层的土地覆盖情况

来源：Thomas 和 Tellam，2006b。本图部分基于英国地形测量局（Ordnance Survey）的数据，©英国地形测量局皇家版权。

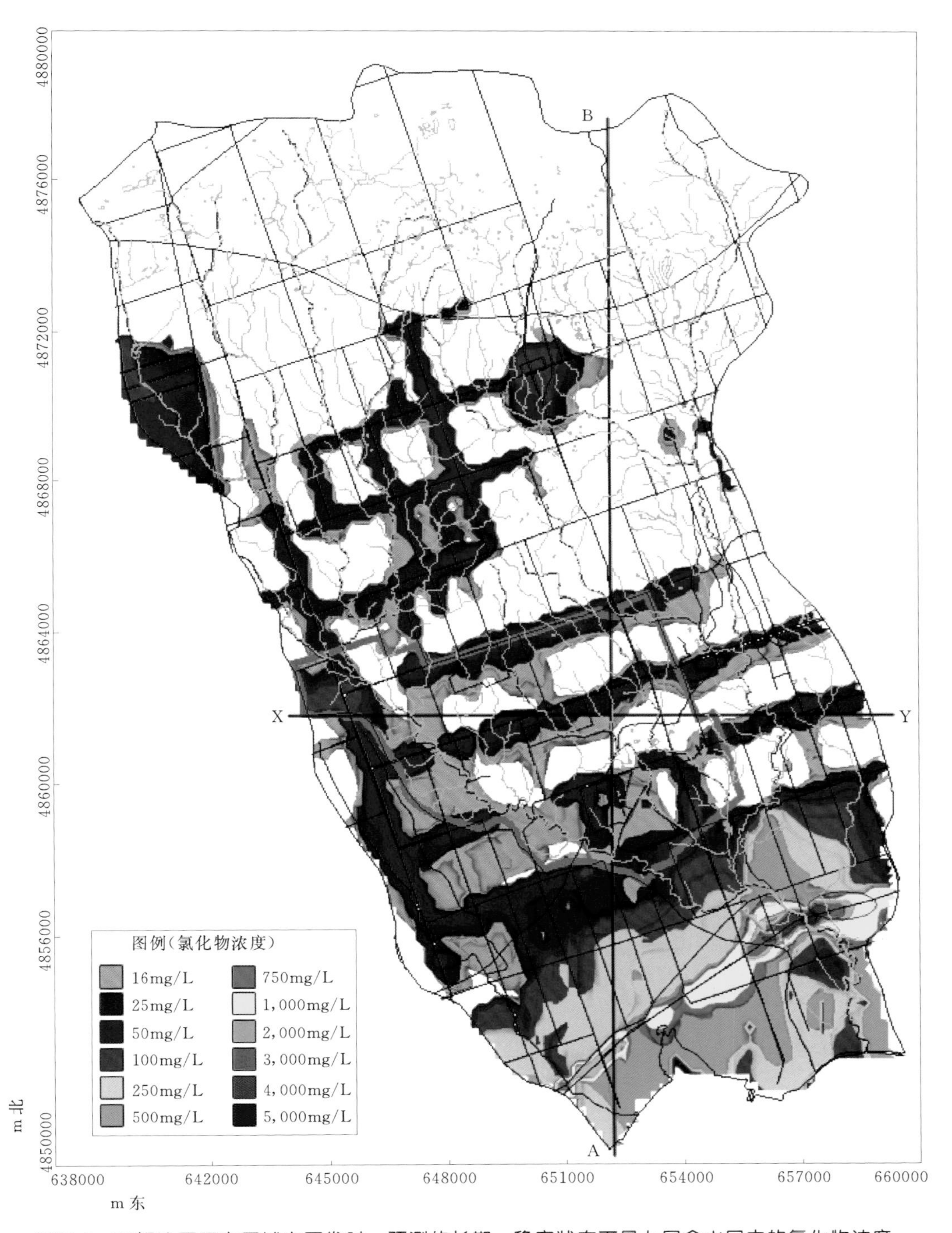

彩图 3 西顿地区研究区域未开发时，预测的长期、稳定状态下最上层含水层中的氯化物浓度。几百年后仍未达到化学稳定状态，浓度变化主要发生在最初的 **100** 年内

来源：作者。

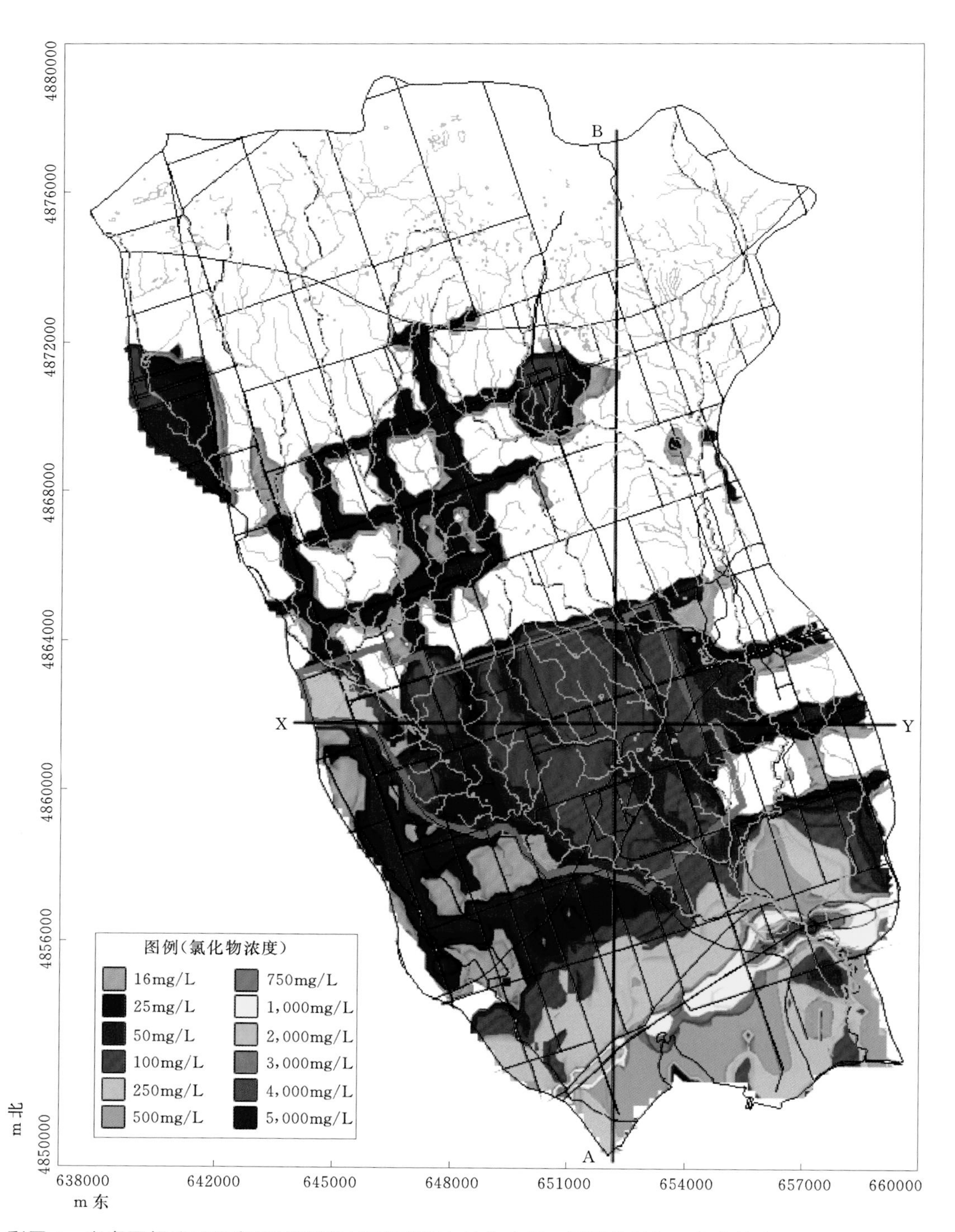

彩图 4 考虑西顿地区研究区域发展过程中道路上盐的应用，预测的长期、稳定状态下最上层含水层中的氯化物浓度。数百年来仍未达到化学稳定状态，改变大多发生在最初 100 年的时段内

来源：作者。

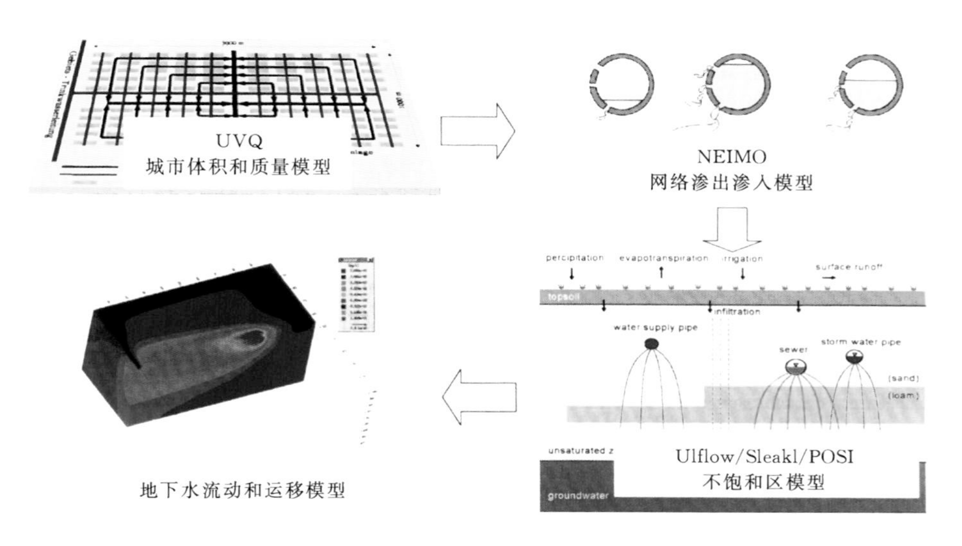

彩图 5　AISUWRS 集成方法的主要模型划分

来源：Wolf 等，2006b。

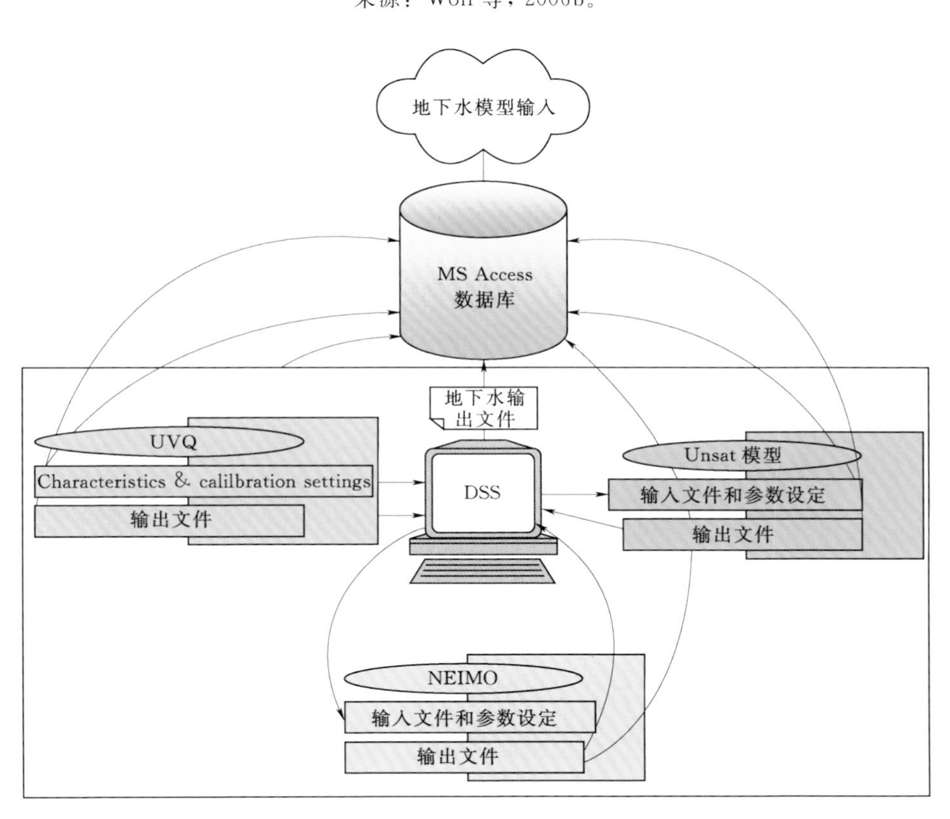

彩图 6　AISUWRS 模型组件、决策支持系统和 Microsoft Access 数据库之间的联系

来源：Wolf 等，2006b。

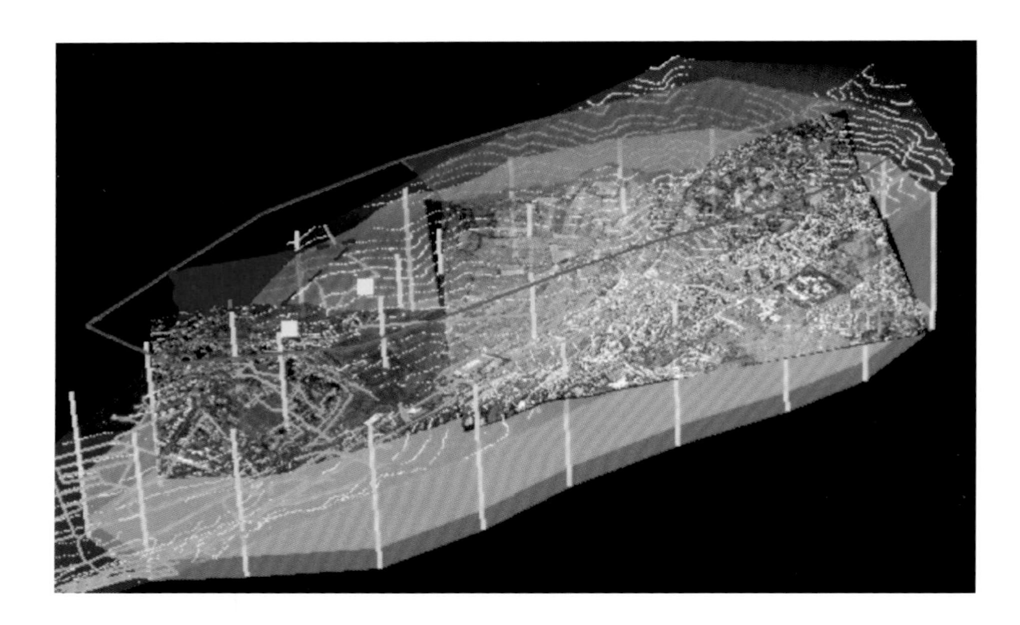

彩图 7　地形模型和水文地质层的三维视图

来源：作者。

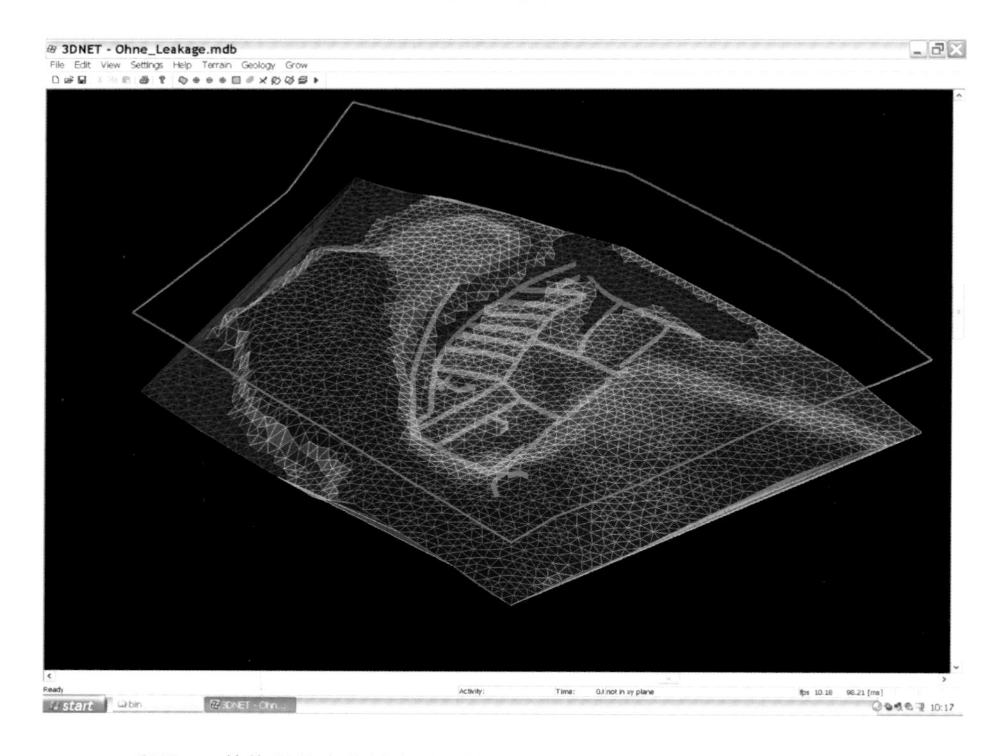

彩图 8　拉施塔特市的城市供水管和下水道。案例研究的细节见 3.1 节

来源：作者。

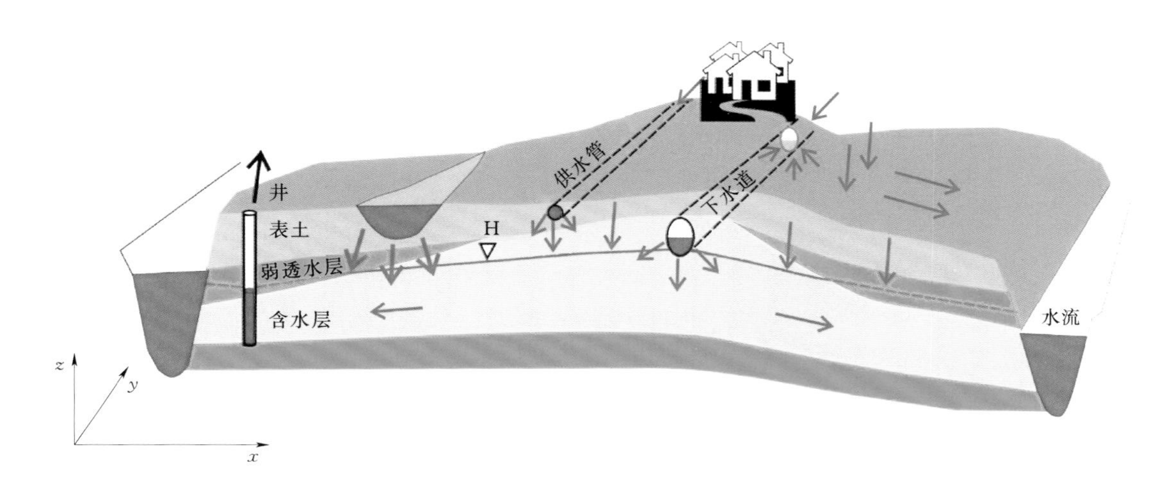

彩图 9　一个可以使用 UGROW 模拟的物理系统，包含不同用途的土地表面、含水层、上下弱透水层、不饱和区、供水管道、下水道、水井、水流和其他城市水结构

来源：作者。

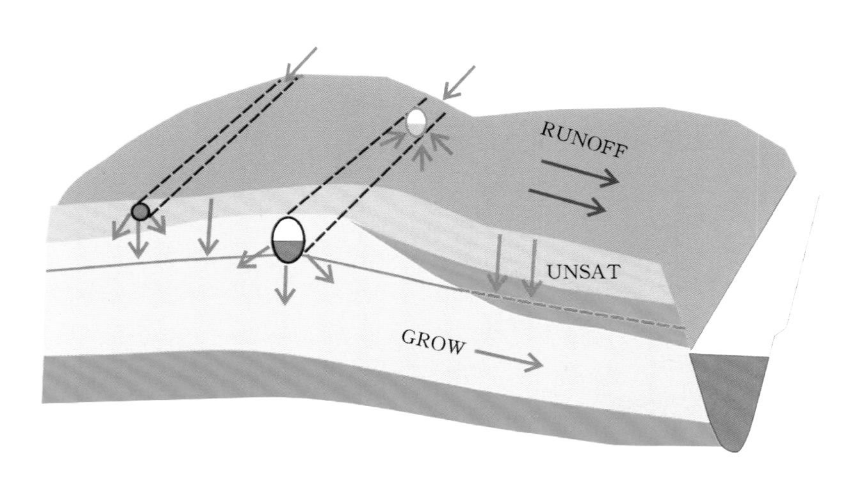

彩图 10　城市水平衡物理过程的 3 个模拟模型

来源：作者。

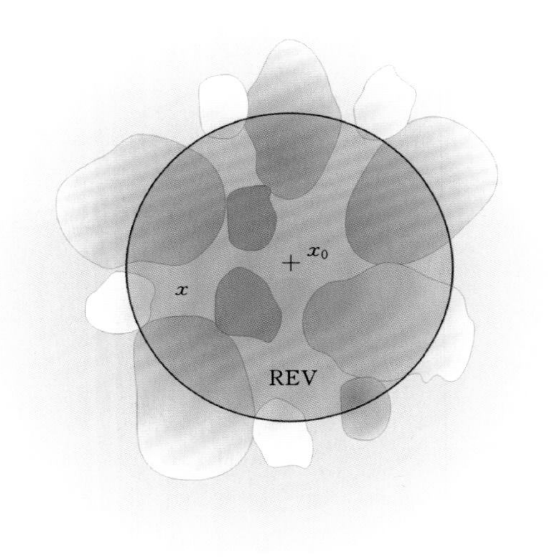

彩图 11　饱和土体中的代表性单元体

来源：作者。

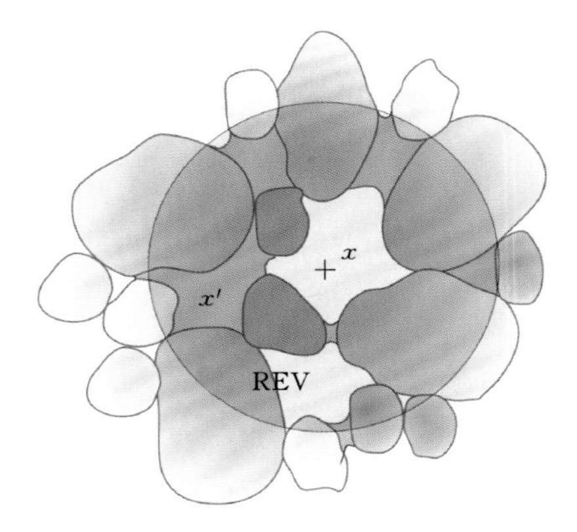

彩图 13　不饱和土壤中的代表性单元体：蓝色代表水，灰色代表空气，棕色代表土壤

来源：作者。

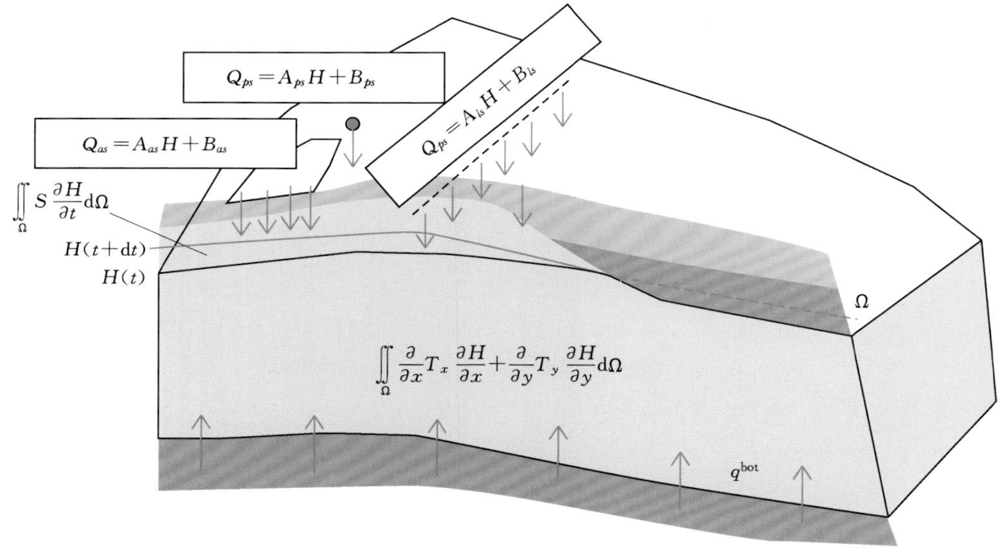

$Q_{ps}=A_{ps}H+B_{ps}$

$Q_{as}=A_{as}H+B_{as}$

$Q_{ps}=A_{ls}H+B_{ls}$

$\iint_{\Omega} S\frac{\partial H}{\partial t}\mathrm{d}\Omega$

$H(t+\mathrm{d}t)$

$H(t)$

Ω

$\iint_{\Omega}\frac{\partial}{\partial x}T_x\frac{\partial H}{\partial x}+\frac{\partial}{\partial y}T_y\frac{\partial H}{\partial y}\mathrm{d}\Omega$

q^{bot}

彩图 12　含水层水平衡的组分

来源：作者。

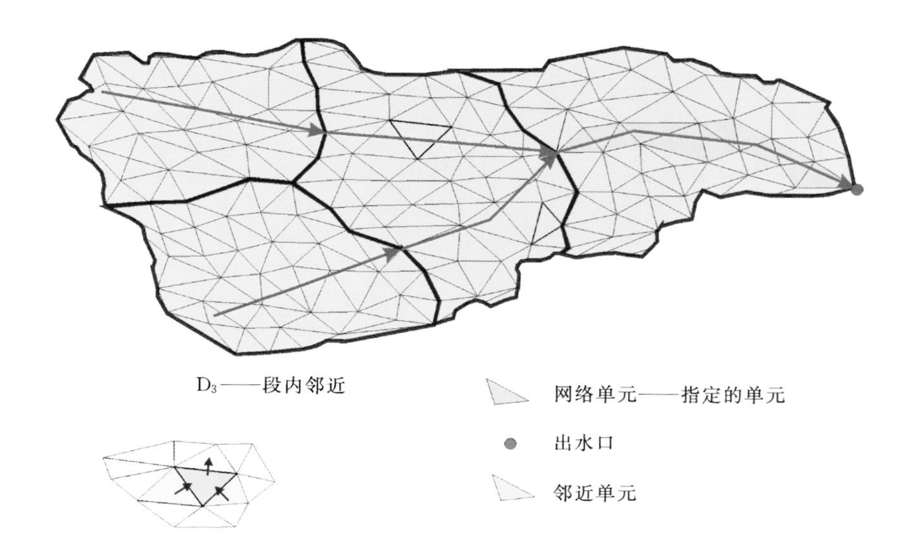

彩图 14　基于 TIN 的分区——D_3 传播算法

来源：作者。

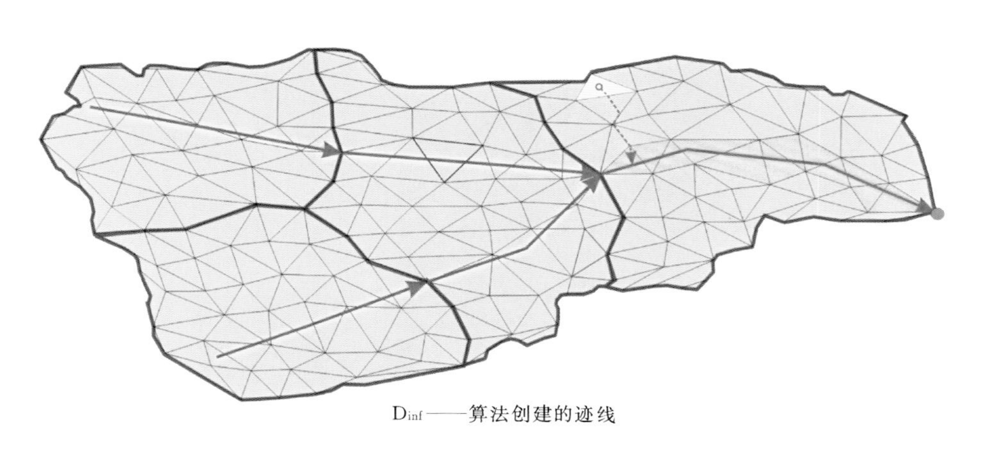

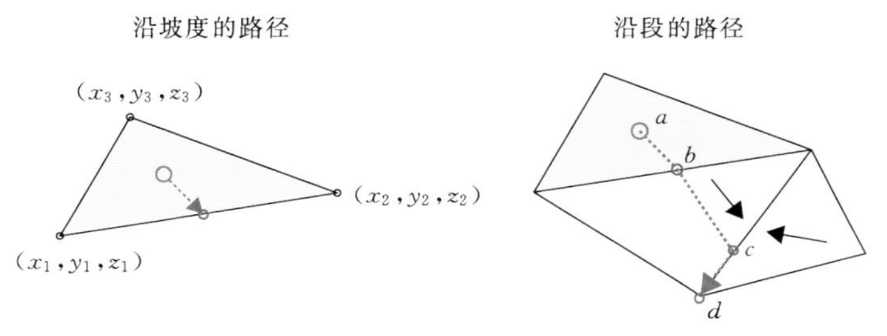

彩图 15　基于 TIN 的分区——D_{inf} 算法

来源：作者。

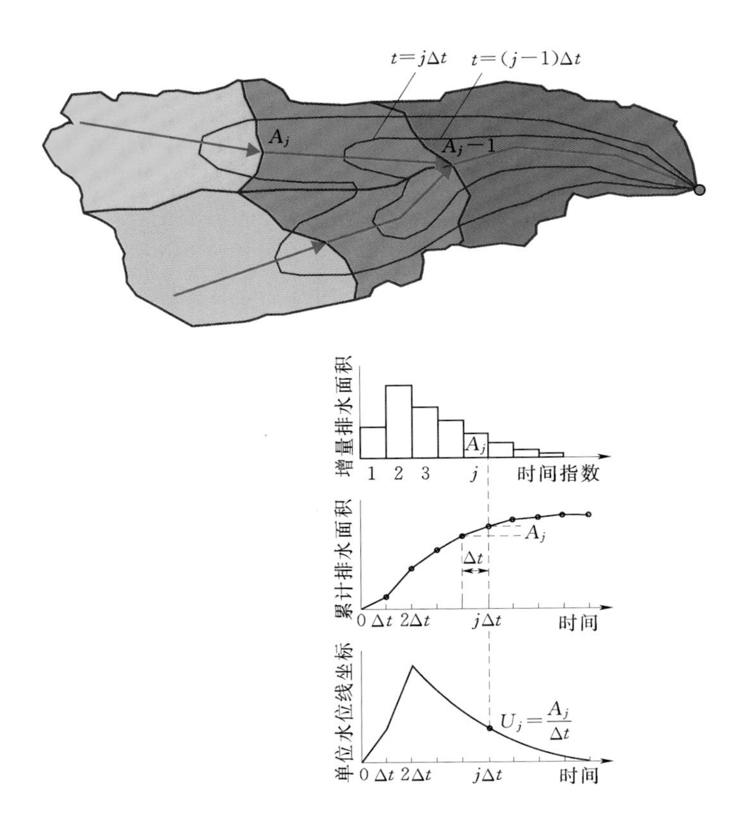

彩图 16　时间面积图和单位水位线

来源：作者。

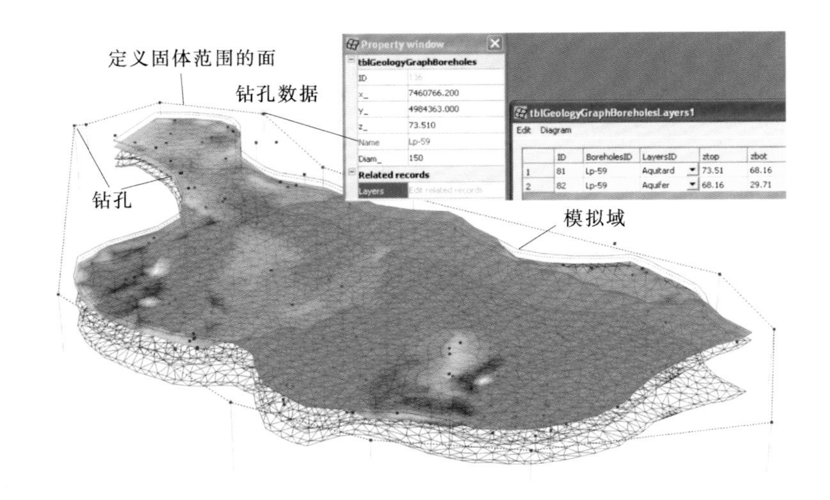

彩图 17　Pančevački rit 的地质层。案例研究细节见 3.2 节

来源：作者。

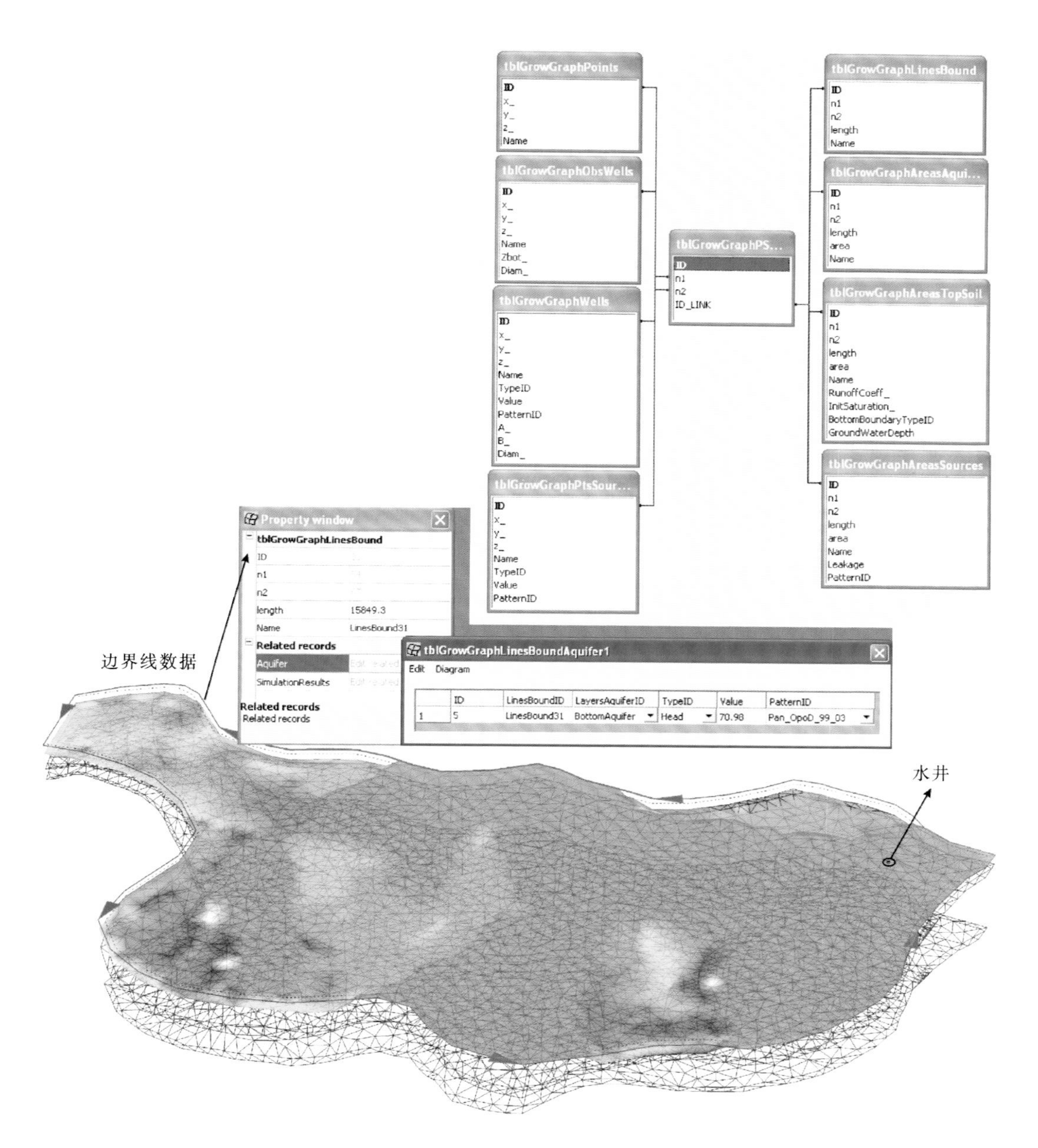

彩图 18　含水层组成

来源：作者。

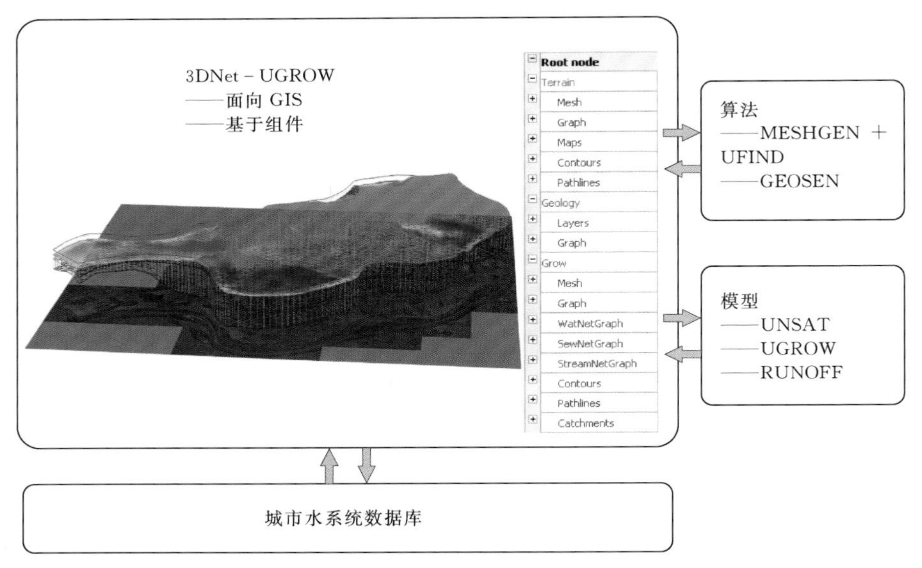

彩图 19　3DNet-UGROW 以及在屏幕上的链接

来源：作者。

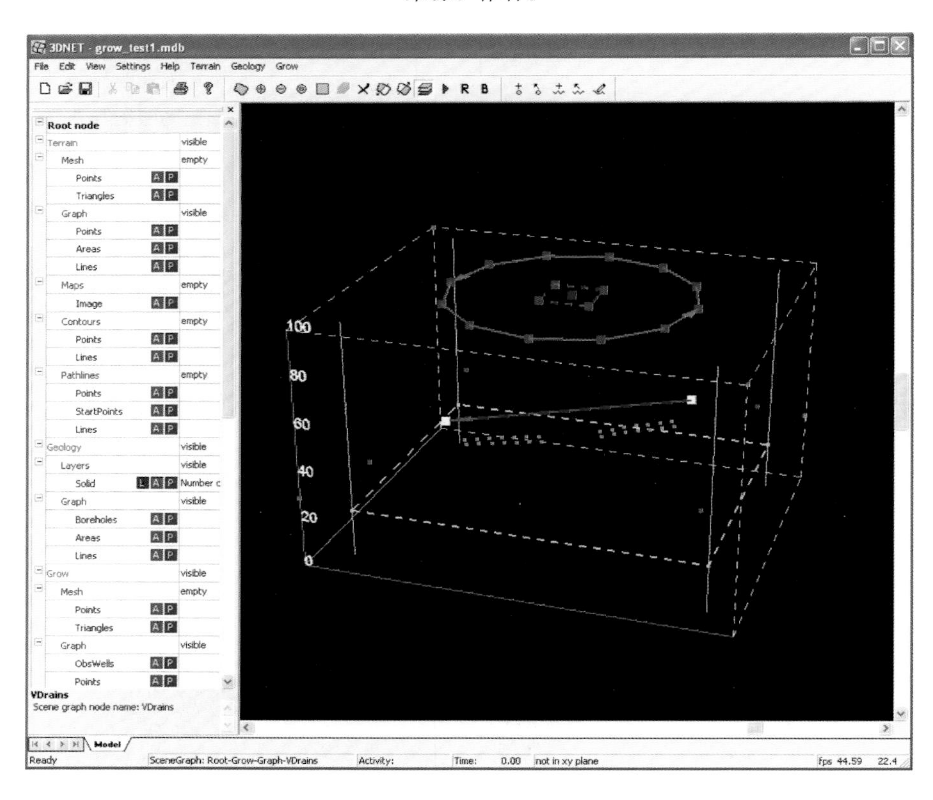

彩图 20　UGROW 与 SceneGraph 窗口接口的启动布局

来源：作者。

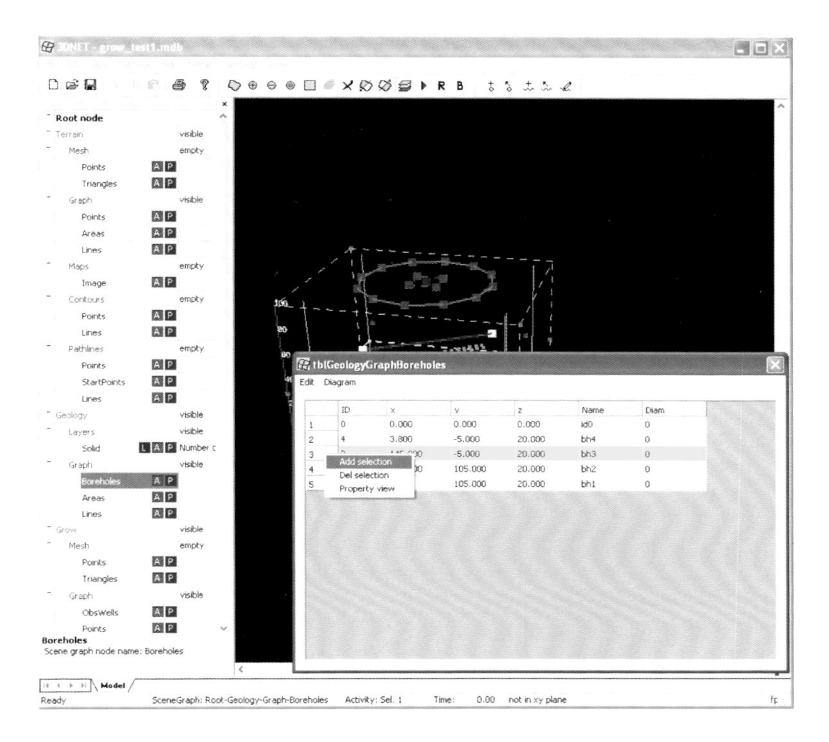

彩图 21　从网格属性对话框选择对象

来源：作者。

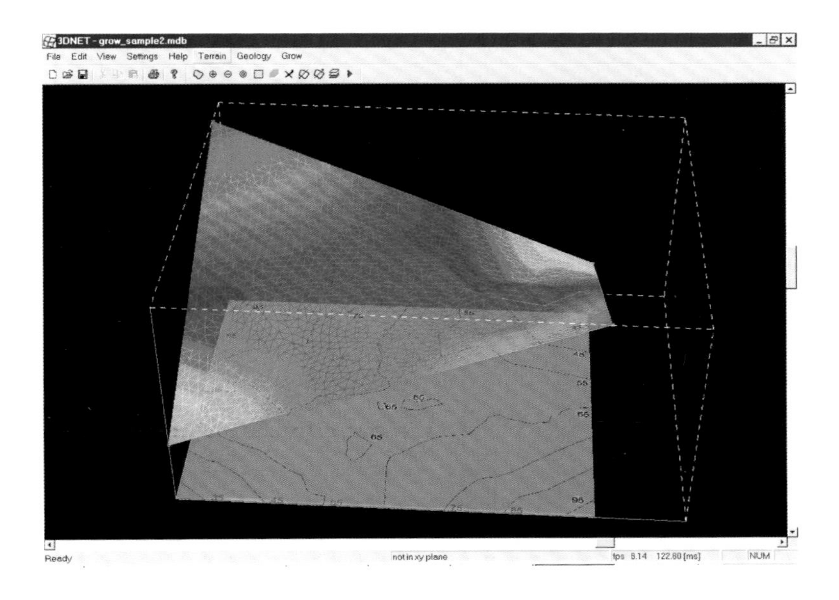

彩图 22　通过 Terrain→Mesh triangulate 命令创建 DTM 的一个例子

来源：作者。

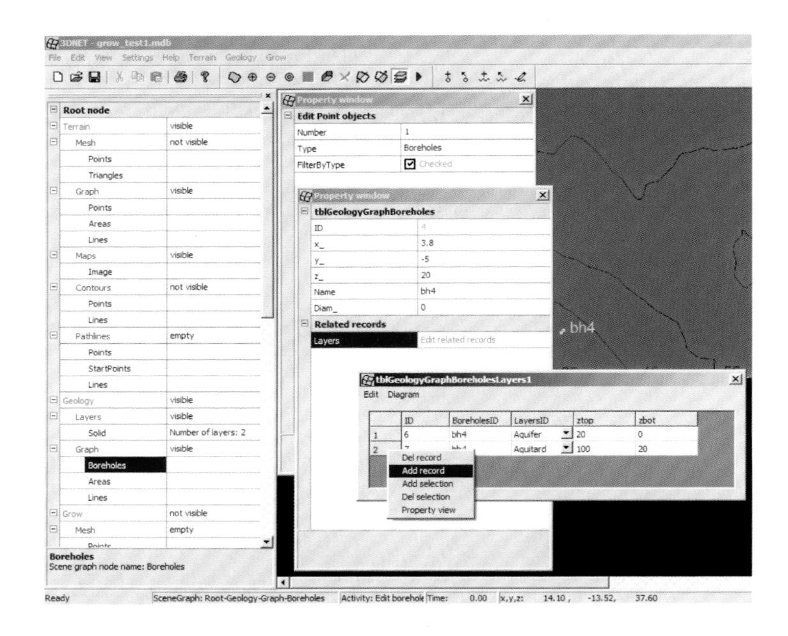

彩图 23　通过 Edit Points 工具和 Attributes 对话框给钻孔分配层

来源：作者。

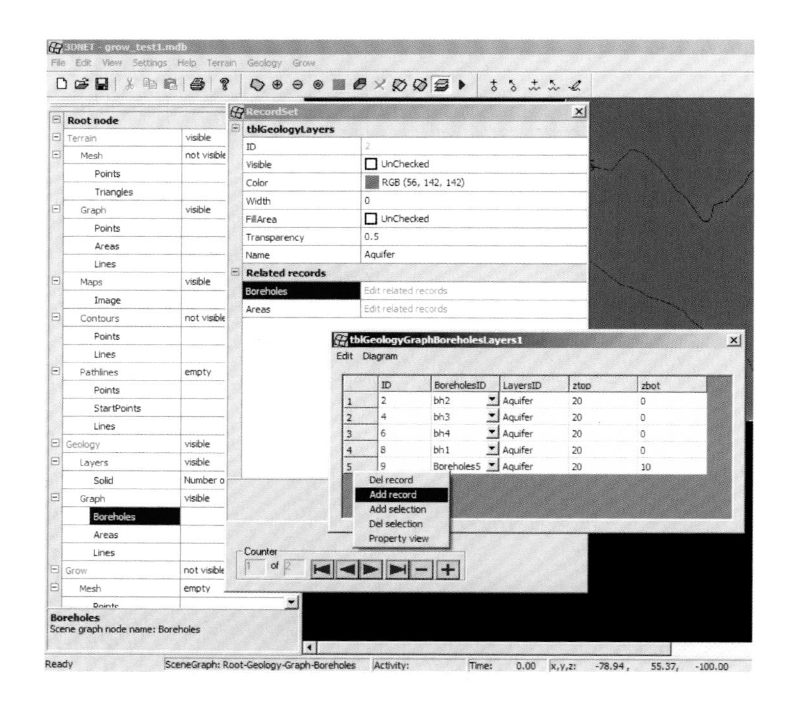

彩图 24　通过 Geology→Layer manager 命令给钻孔分配层

来源：作者。

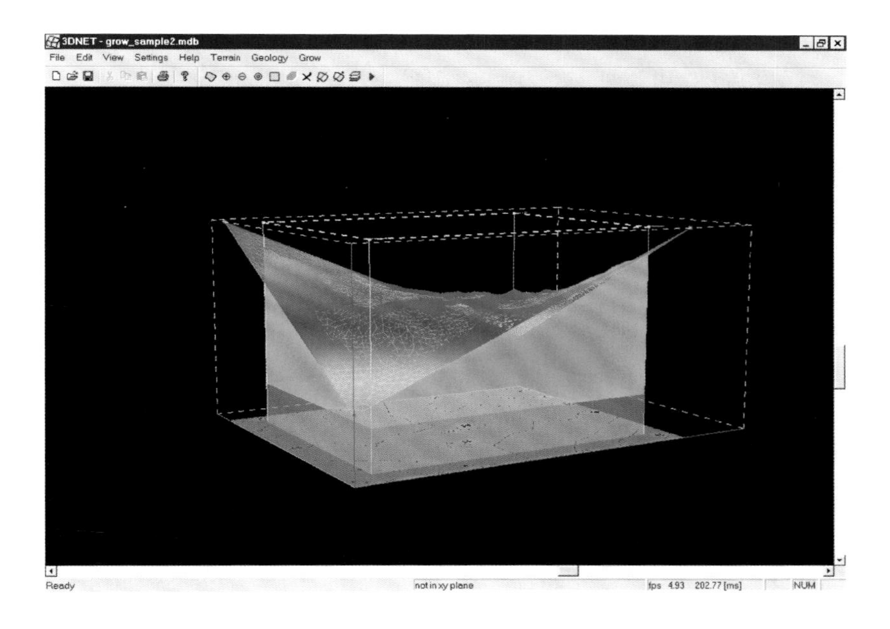

彩图 25 通过位于一个矩形区域四个顶点的钻孔中的地质层创建的两个简单的地质固体

来源：作者。

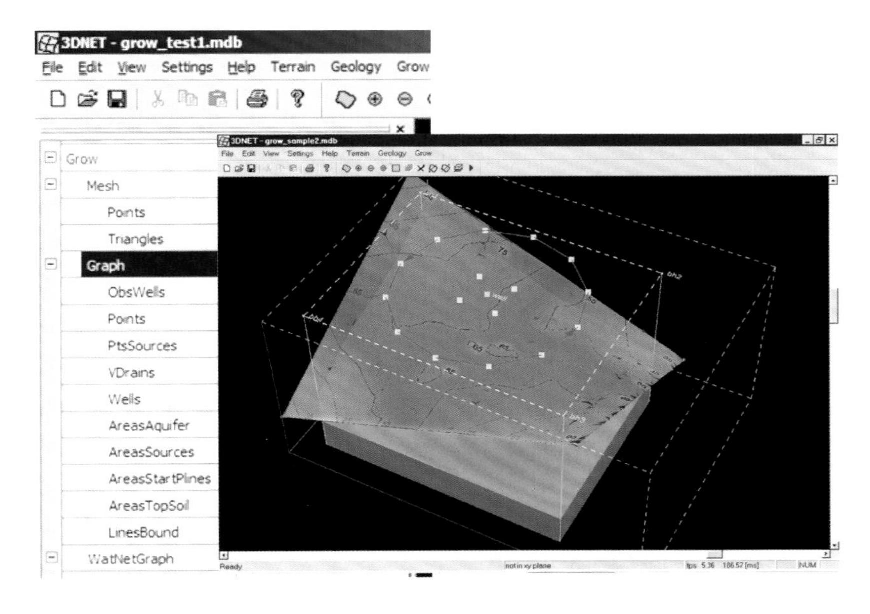

彩图 26 显示在 Grow-Graph 节点之下所有可用对象的 SceneGraph 窗口以及一个显示定义模型域的边界线的模型窗口

来源：作者。

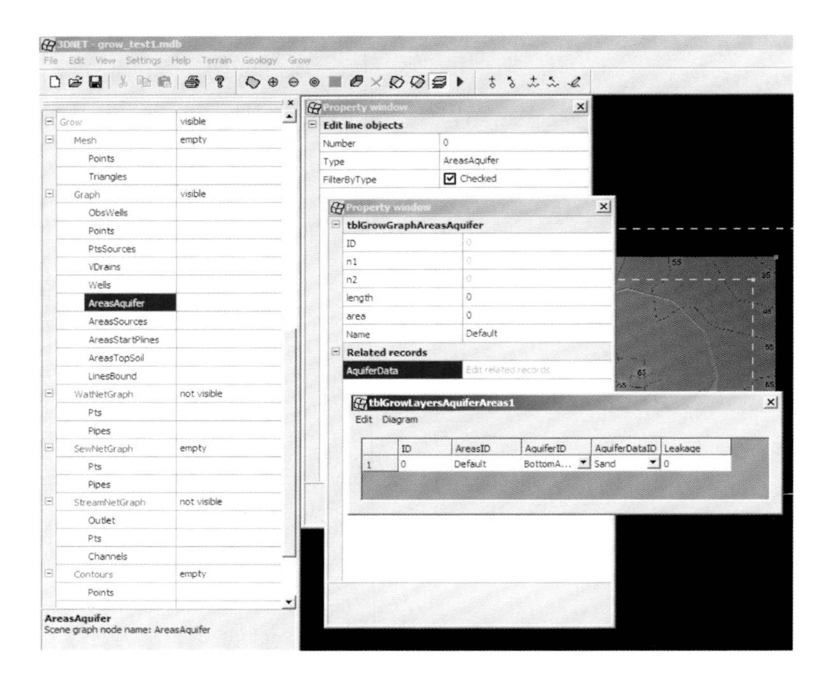

彩图 27　给表土固体和含水层固体指定类型

来源：作者。

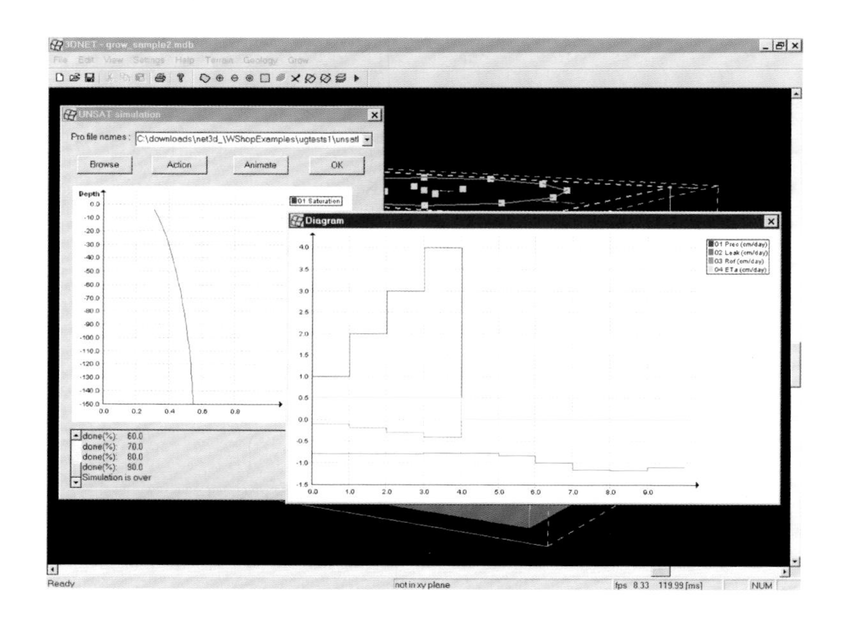

彩图 28　使用 UNSAT 模型模拟的结果

来源：作者。

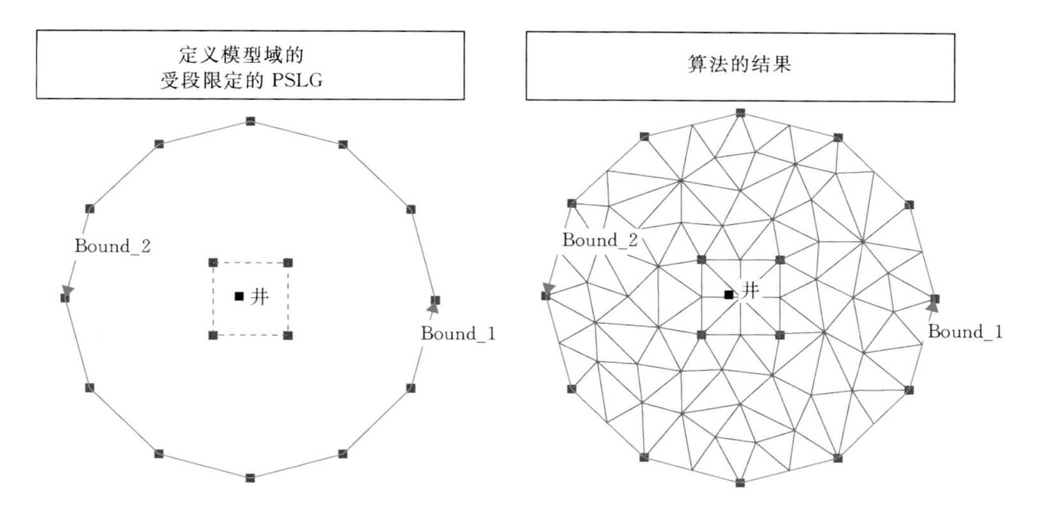

彩图 29　三角形化模型域

来源：作者。

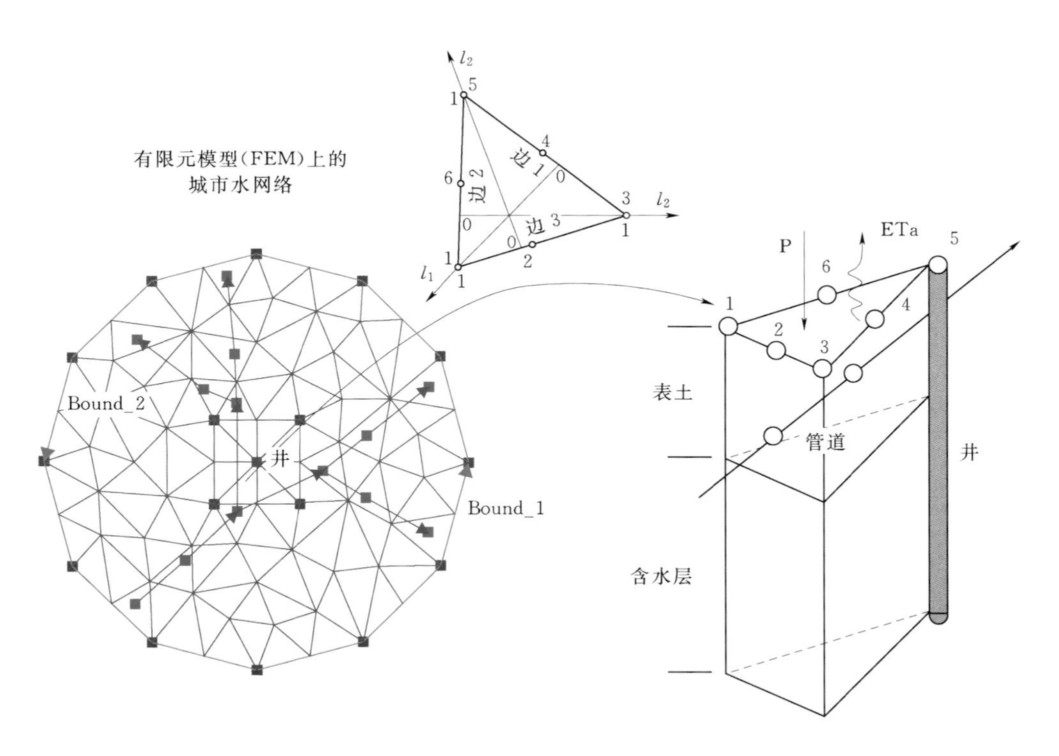

彩图 30　为每个网格单元定义垂直水平衡的输入数据

来源：作者。

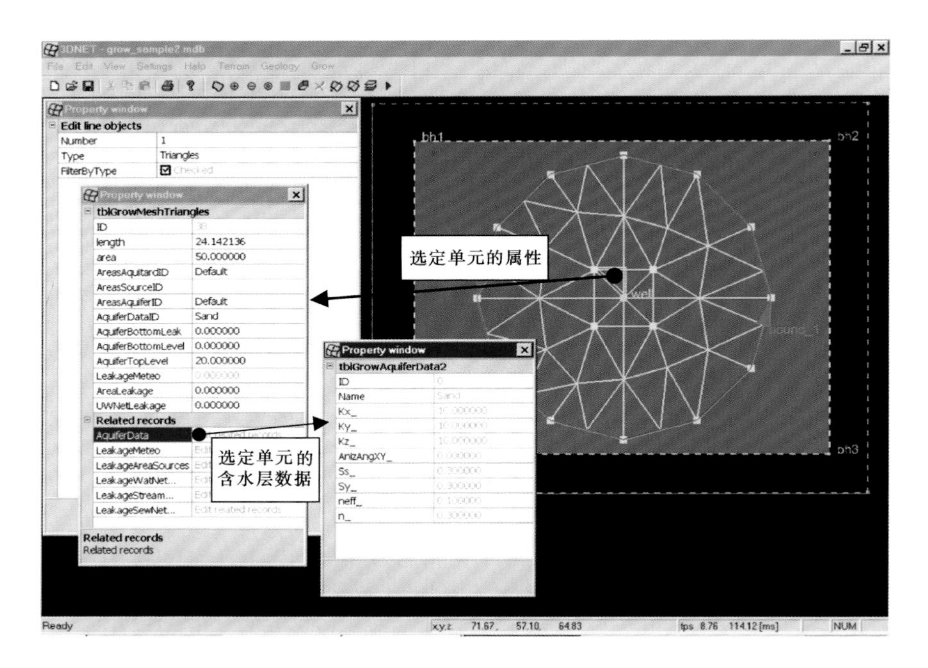

彩图 31　编辑网格单元并查看其属性

来源：作者。

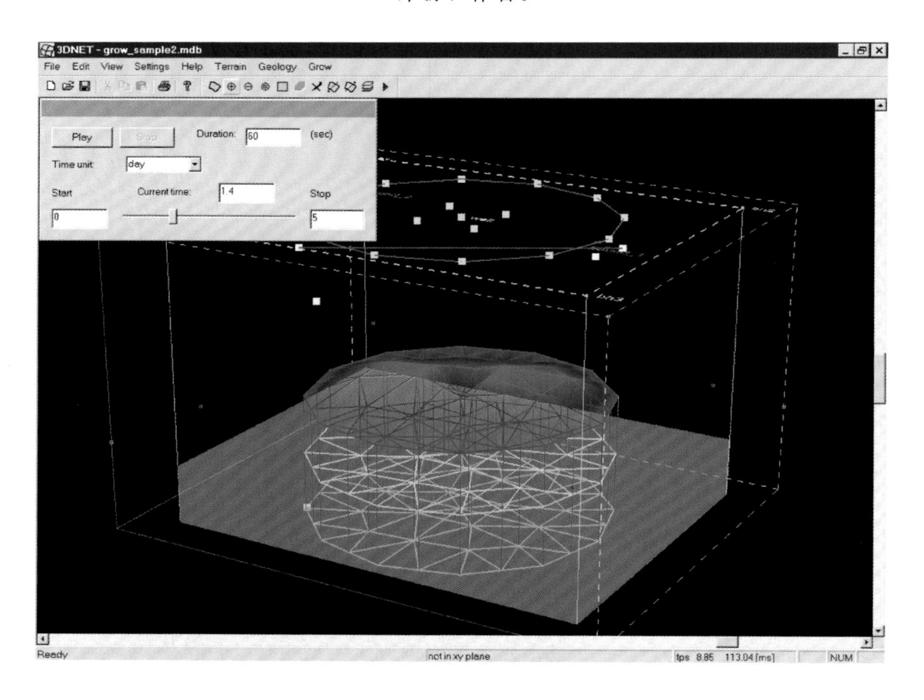

彩图 32　模拟受供水管渗漏和模型域中心井补给影响的地下水流动

来源：作者。

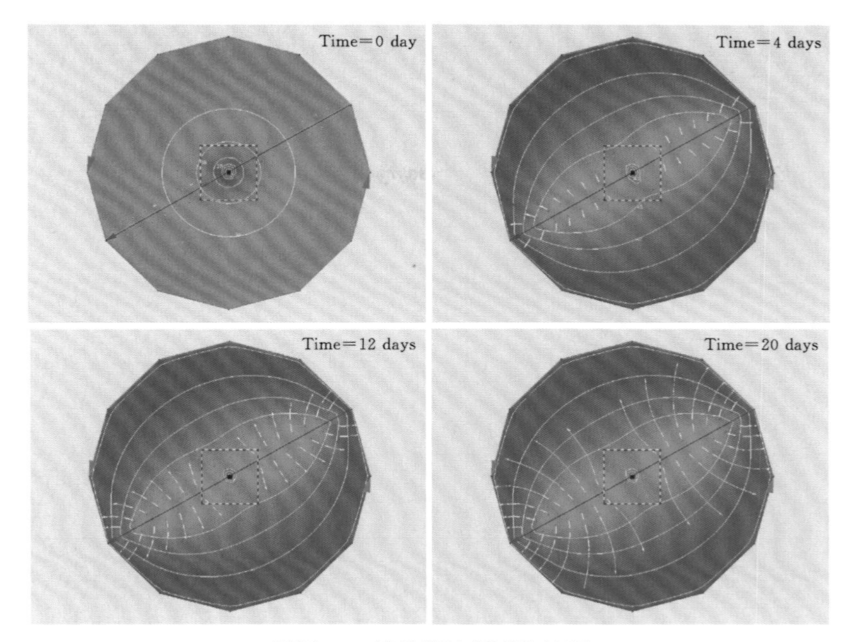

彩图 33　迹线算法得出的结果

来源：作者。

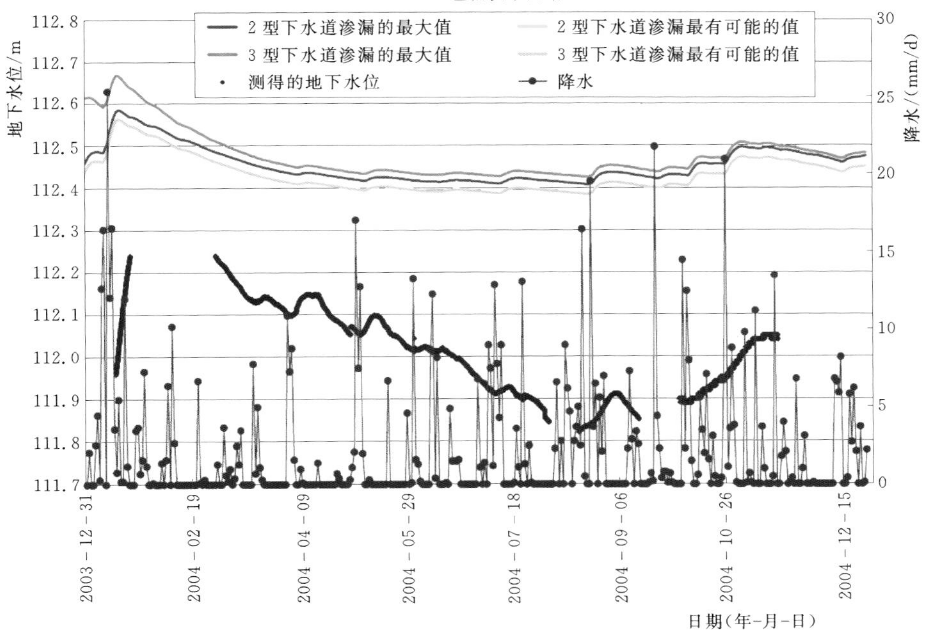

彩图 34　地下水位模拟值和实测值的比较

来源：作者。

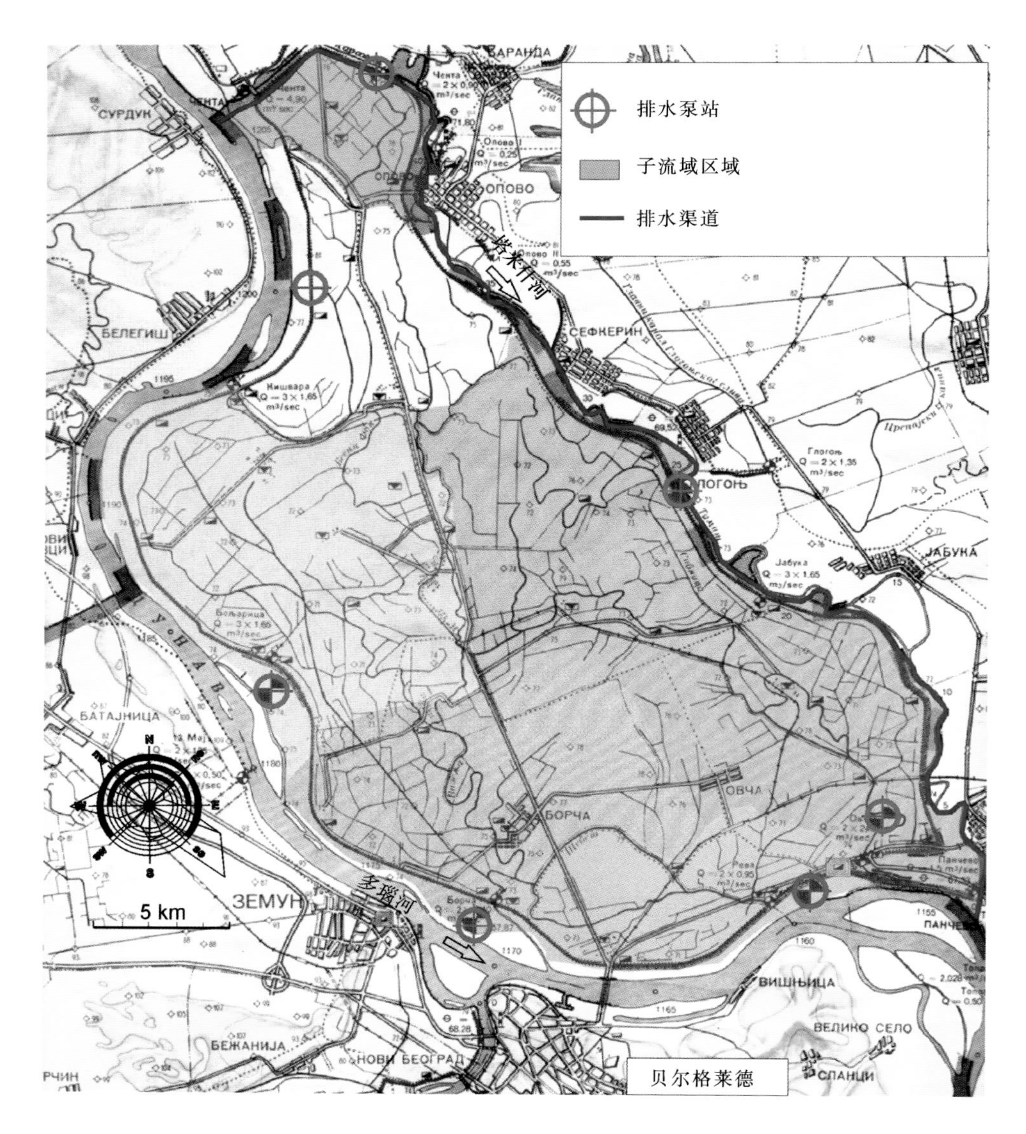

彩图 35　Pančevački Rit 地区：地理位置、子流域和排水渠道网络

来源：作者。

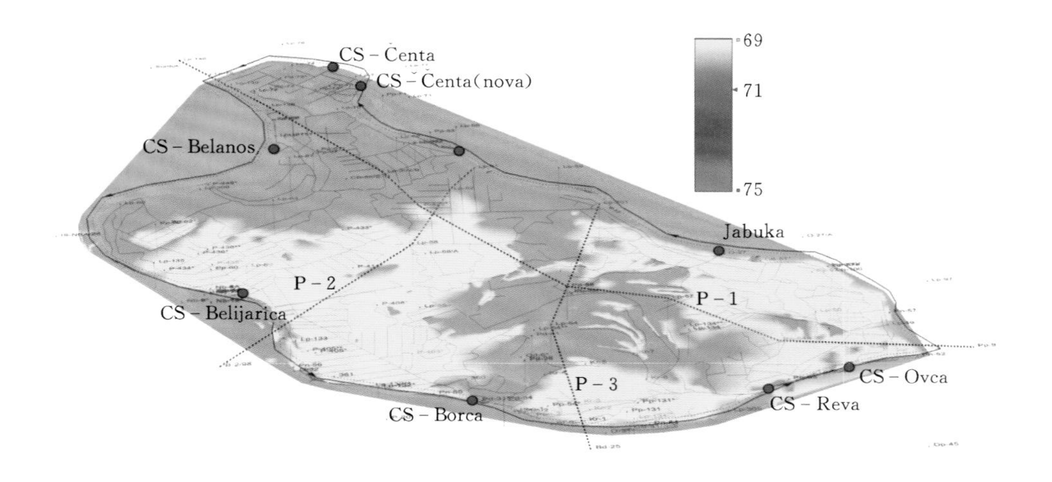

彩图 36　数字地形模型（DTM）、所选钻孔的位置和图 3.20 显示的横截面 P-1、P-2、P-3 的位置

来源：作者。

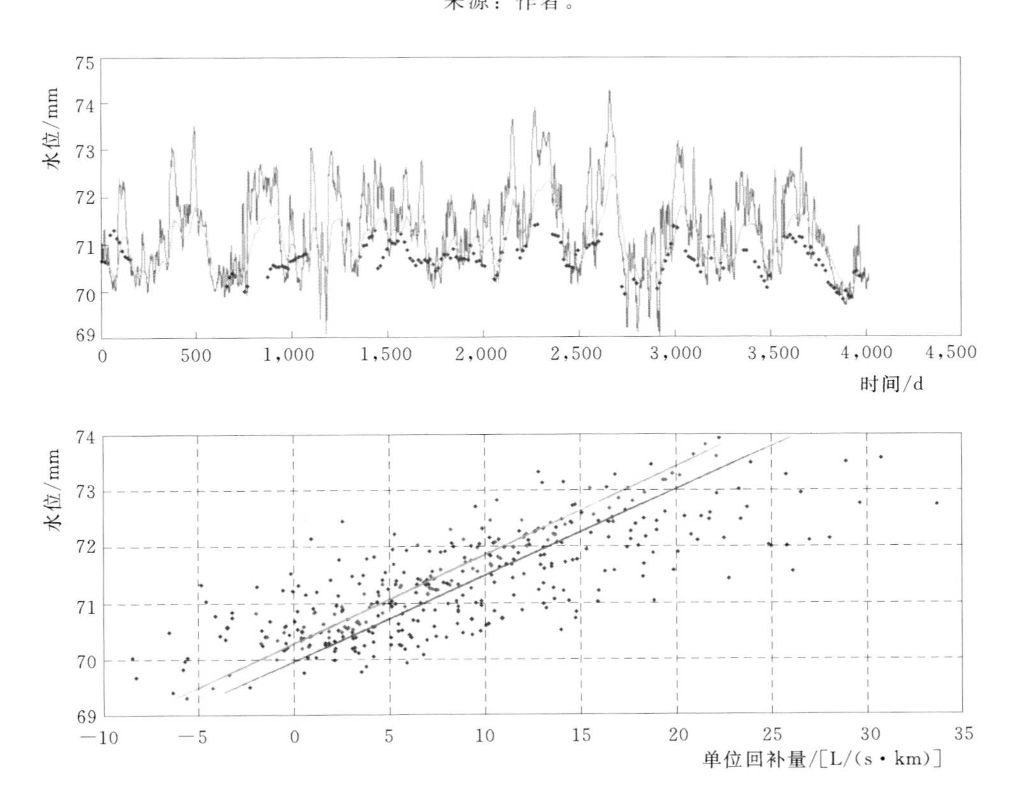

彩图 37　1D 模型的分析结果

来源：作者。

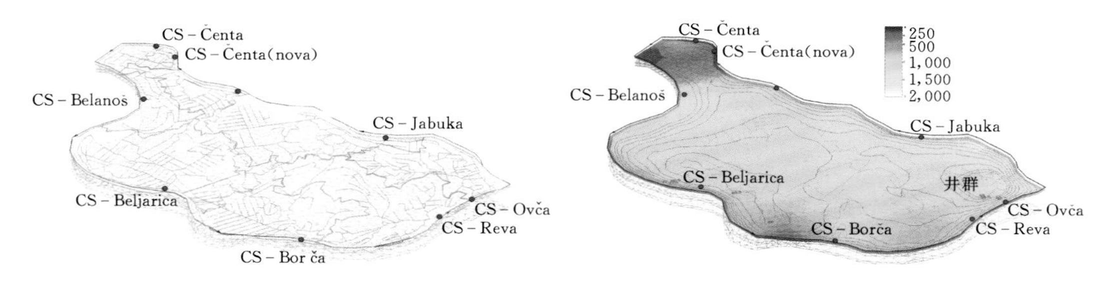

彩图 38　网格生成（绿色有限单元）和地表径流描述算法（红色虚线表示集水区及其相关的各排水口）的结果。排水渠道显示为蓝色

来源：作者。

彩图 39　含水层透射率（单位：m^2/d）

来源：作者。

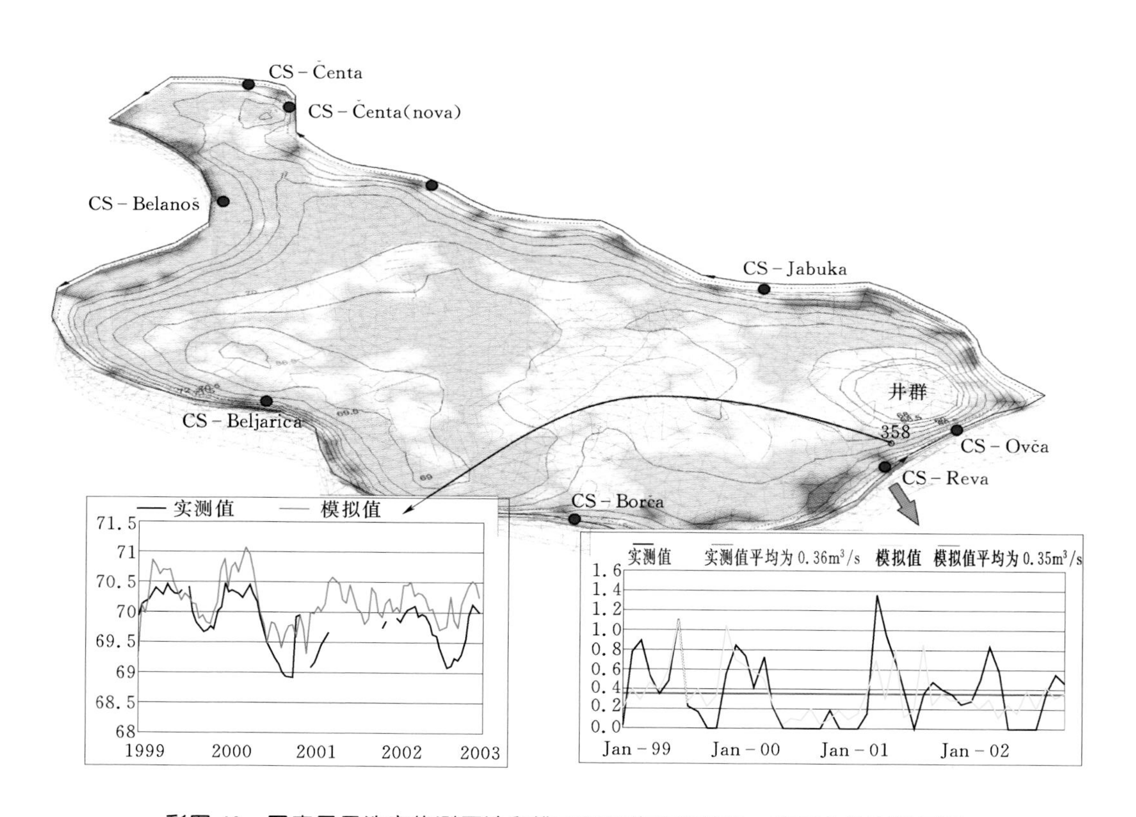

彩图 40　图表显示选定的测压计和排水泵站的仿真结果。地下水轮廓线显示 1999 年 5 月 15 日的仿真结果

来源：作者。

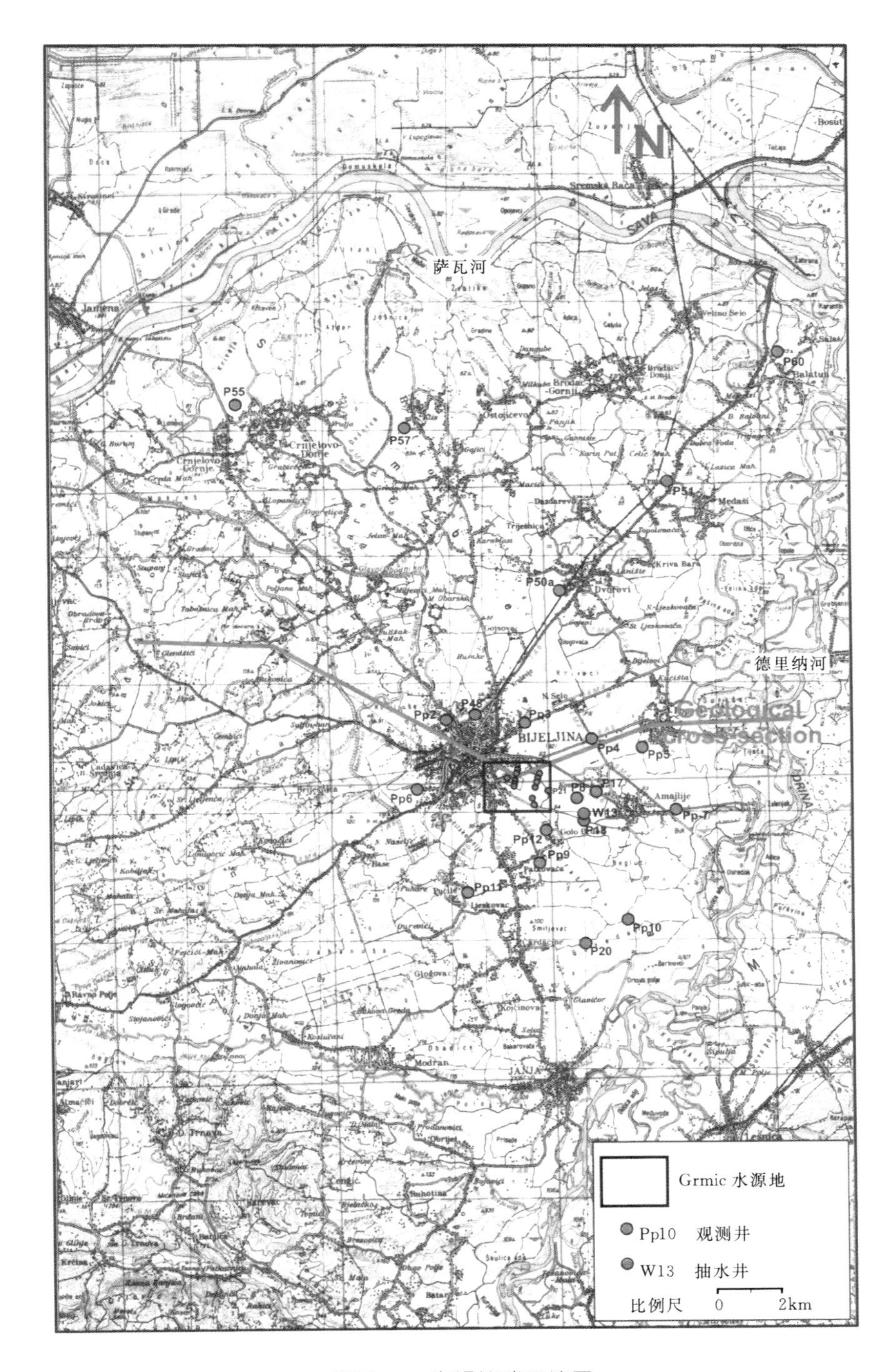

彩图 41 塞姆博瑞亚地图

来源：根据 Pokrajac（1999）编制。

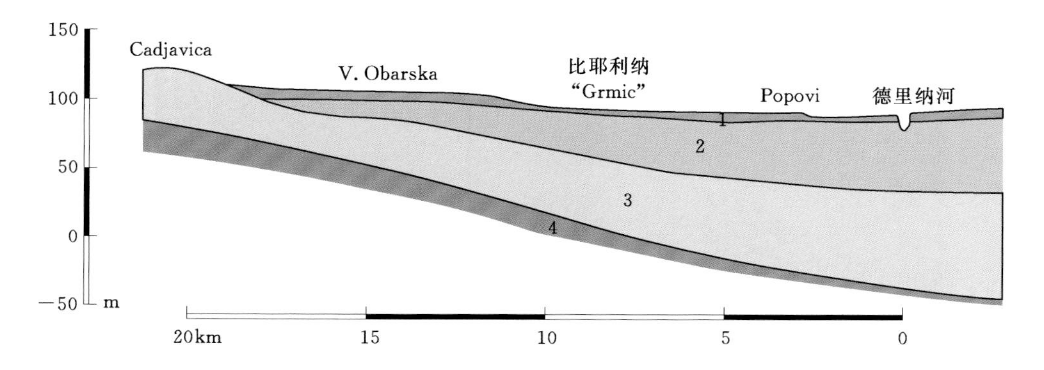

彩图 42　东西方向典型的地质截面：(1) 沼泽黏土；(2) 砂及砾石；(3) 砂及夹层黏土砾石；(4) 泥灰岩、泥灰质黏土

来源：根据 Pokrajac (1999) 编制。

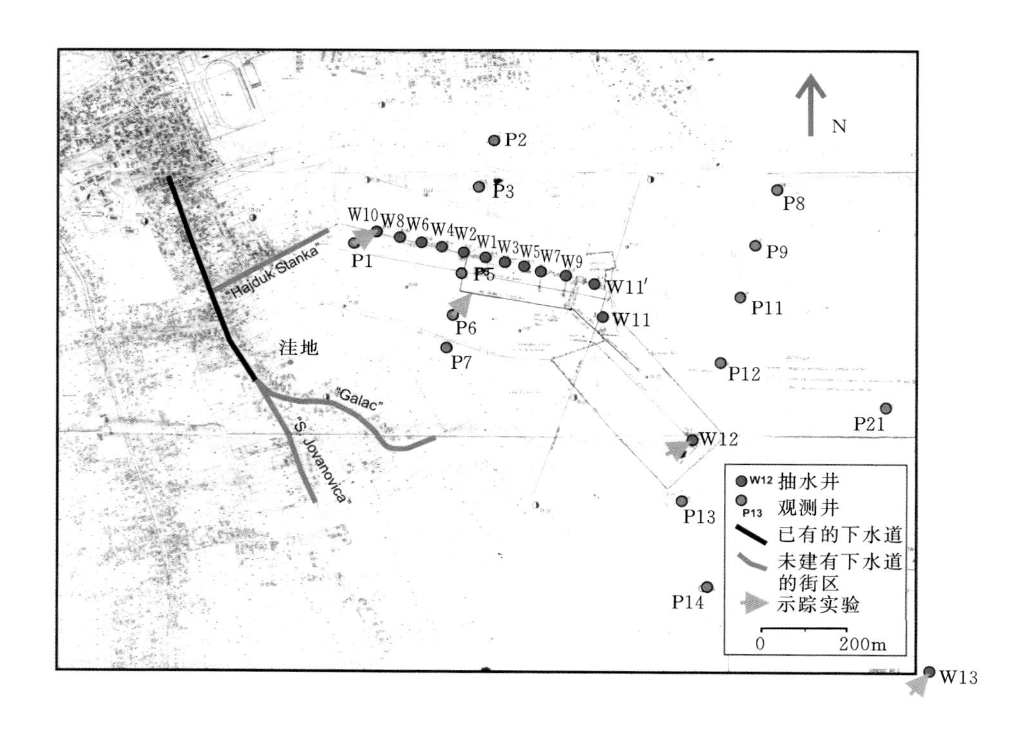

彩图 43　井场的布局图

来源：根据 Pokrajac (1999) 编制。

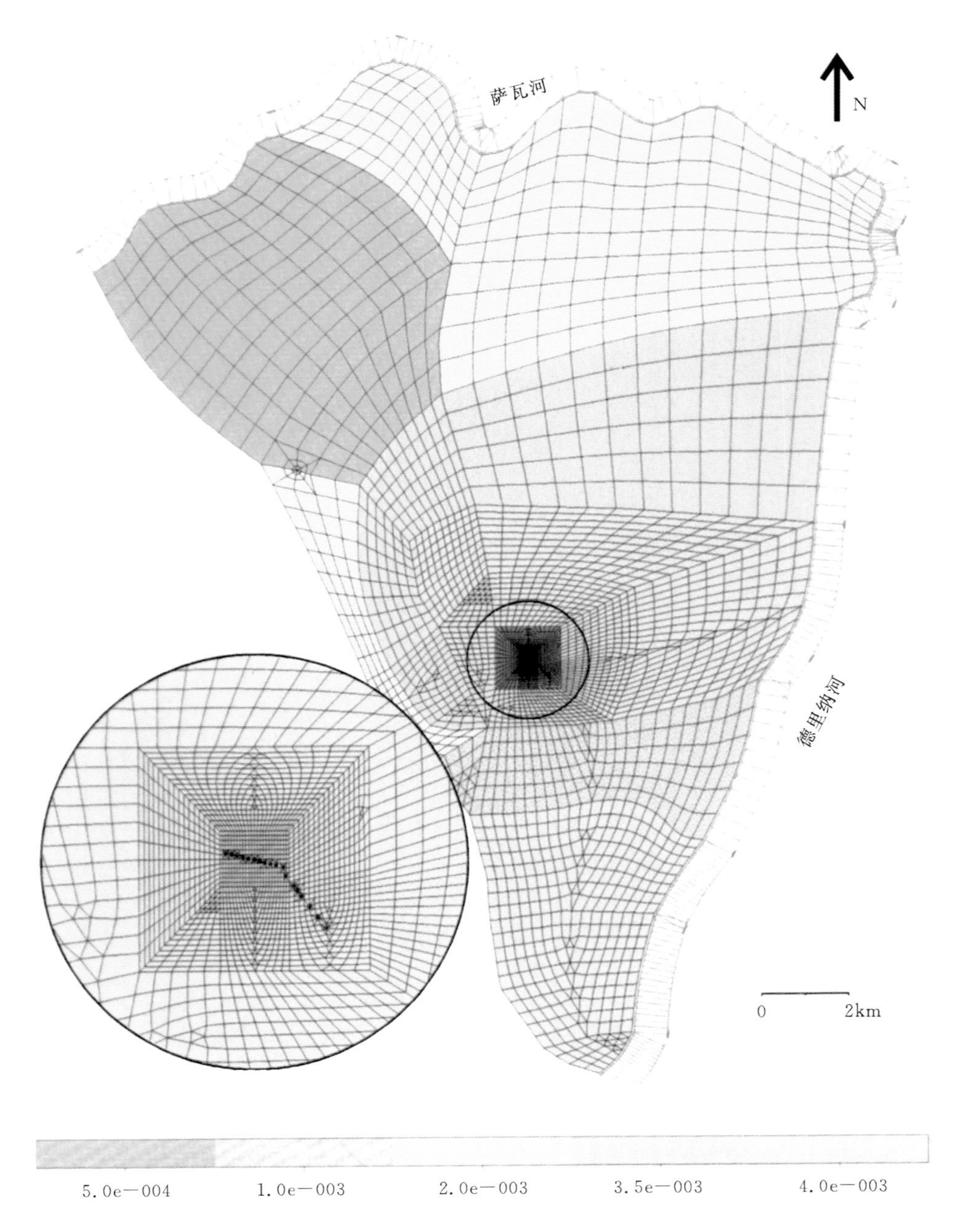

彩图 44　数值网格和水力传导率的空间分布（单位：m/s）

来源：根据 Pokrajac（1999）编制。

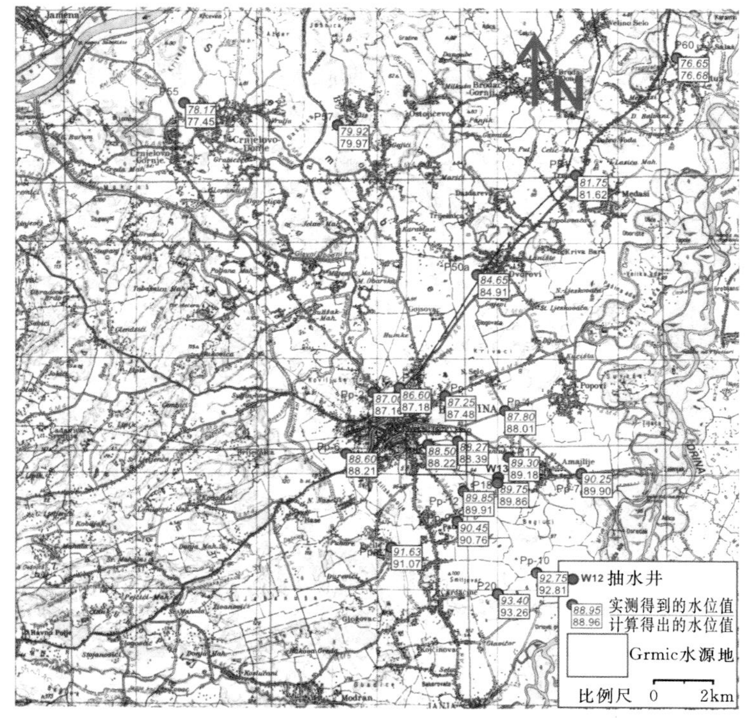

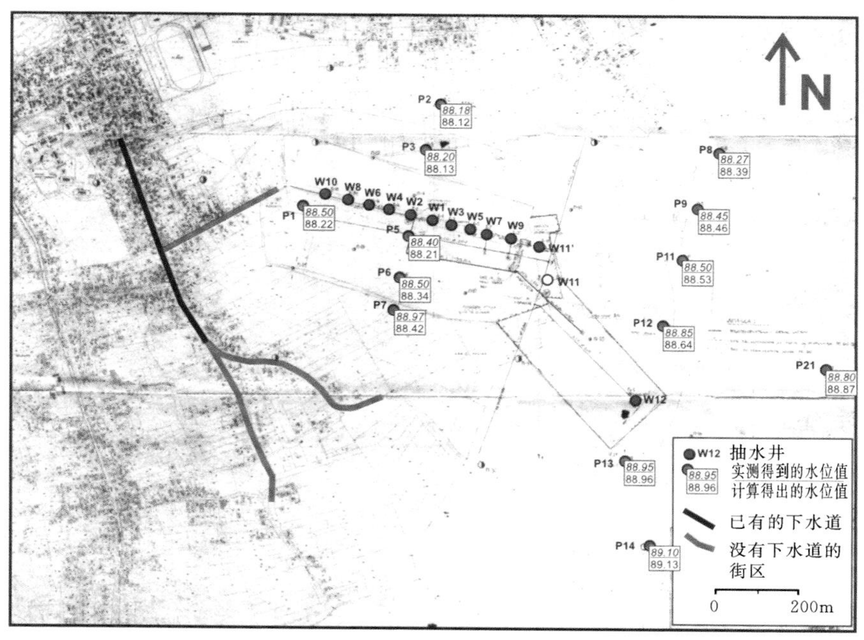

彩图 45　1985 年 11 月水位的实测值和模拟值（海拔，m）

来源：根据 Pokrajac（1999）编制。

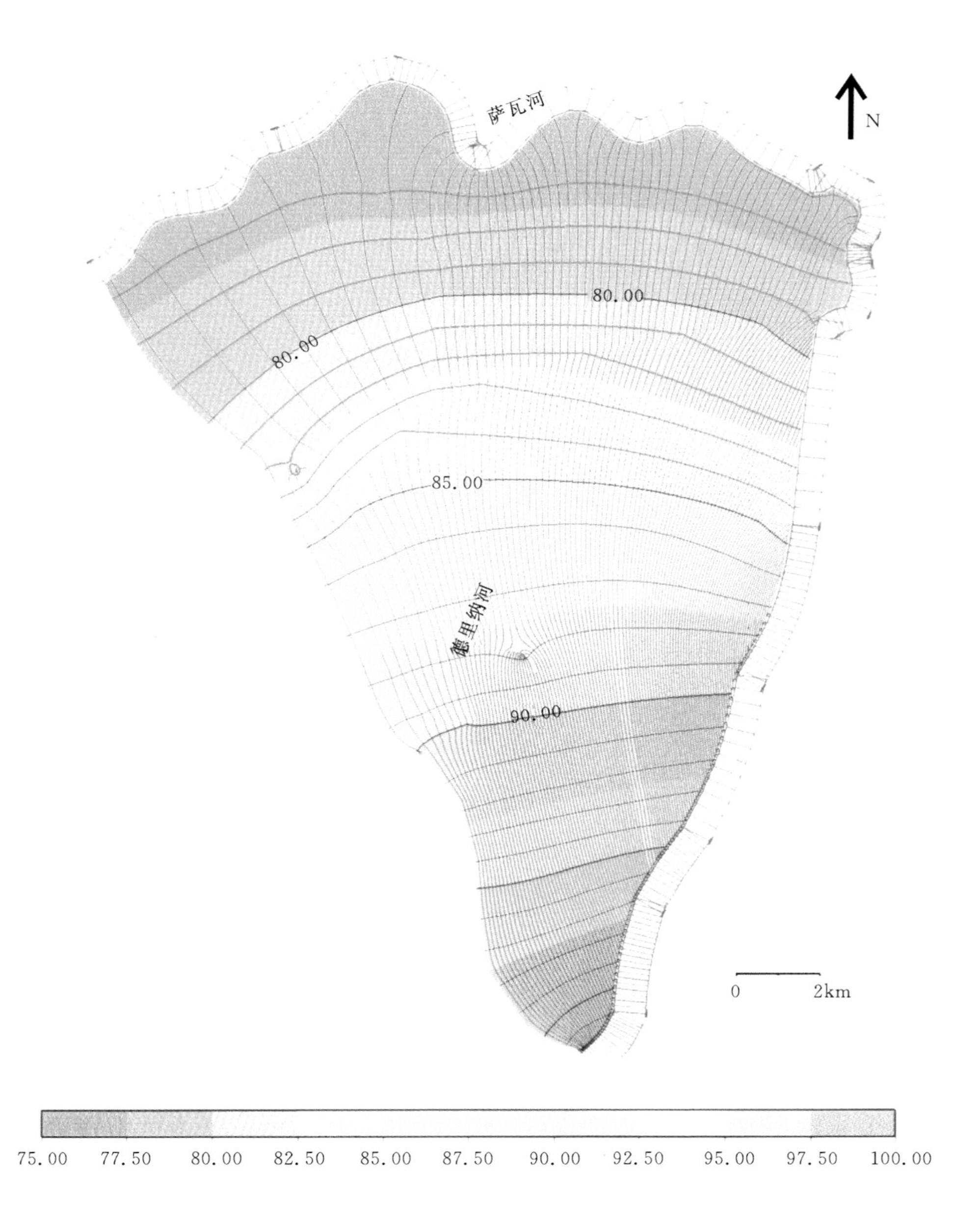

彩图 46　模拟 1994 年地下水水位（海拔，m）和塞姆博瑞亚的地下水流动路径

来源：根据 Pokrajac（1999）编制。

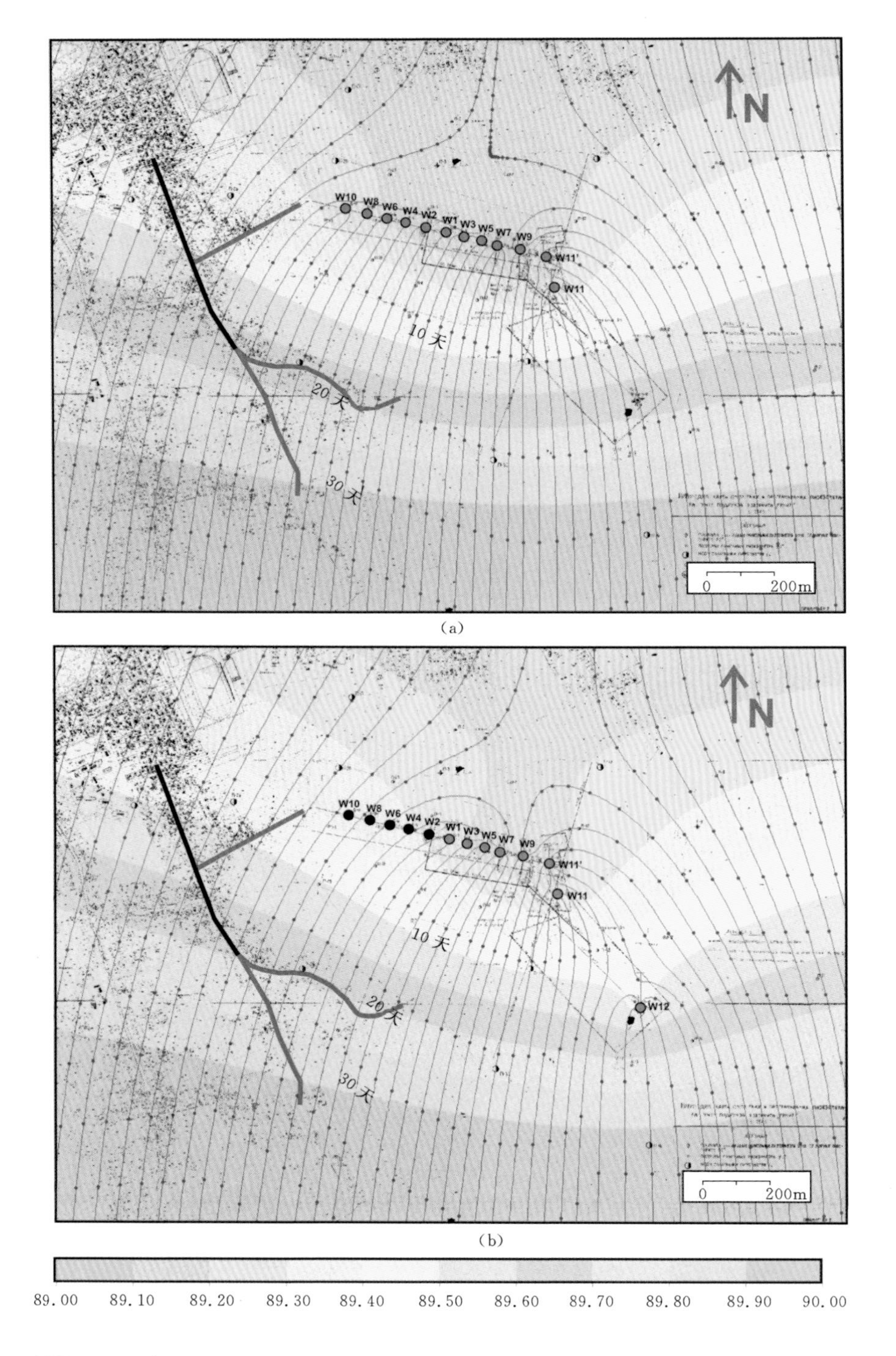

彩图 47 西部地区 5 口井关闭之前和之后的捕获区和运移时间。阴影表示水位高程

来源：根据 Pokrajac（1999）编制。